[英]肖恩·科尔 著
（Shaun Cole）
胡彧瑞 李学佳 赵晖 译

内衣的故事

The Story of Men's Underwear

（男士篇）

浙江摄影出版社

Author: Shaun Cole

Layout:
Baseline Co. Ltd,
61A-63A Vo Van Tan Street
4th Floor
District 3, Ho Chi Minh City
Vietnam

内衣的故事

The Story of
Men's
Underwear

（男士篇）

Artron

雅昌文化集团出品

献给赠予我人生中第一件内衣的爸爸妈妈

目 录

序

针对内衣的历史和意义的书已经多如牛毛，它们有的偏重于讲解内衣的某个方面，有的则从历史的角度进行纵览，但是男士内衣通常在这些作品中占不到一席之地，每当谈及男士内衣的时候，也往往跟科技发展、社会进步以及女士内衣相关联。在时尚史方面，不论是讨论男士时尚还是女士时尚，都倾向于排斥或者忽视男士内衣的发展。导致这种情况最重要的原因是相比于女士内衣，男士内衣较为简单，在设计上也几乎只是遵从实用主义。

在描写男士内衣时，人们常将内衣视为一个调侃的对象，反映出男人的形象在流行文化中如何制造出喜剧效果的方式，如在英国浪漫喜剧片《诺丁山》（*Notting Hill*）中瑞斯·伊凡斯身着灰色松垮三角内裤开门的镜头。然而，正如意大利布莱奥尼（Brioni）时装公司的加埃塔诺·萨维尼–布莱奥尼（Gaetano Savini-Brioni）在1961年所言："为什么一个男人只穿内衣就显得很滑稽？…… 男人应该像女人一样被精心打扮，背心和内裤也不能例外。"[1] 男士内衣理应被严肃对待，在时尚和文化史中受到重视，并成为男士衣物中关键的一类。正如《男装》（*Men's Wear*）杂志在1933年4月提到的"内衣应该有阿波罗的优雅，拜伦的浪漫，切斯特菲尔德爵士的卓尔不凡，以及圣雄甘地的淡泊、冷静和慰藉"[2]。

女士内衣的历史讨论了内衣在引诱异性和受到异性关注的情况下增强女性自信的作用。但策展人及时尚史研究学者理查德·马丁（Richard Martin）认为男士内衣是"现代化的标志"[3]。这两个观点又将我们引向许多其他

与男士内衣相关的问题，男士是怎样选择他们的内裤的？为什么是他们自己为自己选内裤？他们选择的标准是舒适和实用，还是外观和造型？男人是自己为自己选内裤还是他们的母亲、妻子和女朋友来选。[文化史研究学者珍妮弗·克雷克（Jennifer Craik）在《否认》（*Set of Denials*）中指出"女性为男性打扮，并为男性买衣服"，而且"男性的着衣标准更注重舒适和合体，而不是时尚和风格"。[4]] 男士的着装能否反映现代化和男性形象的变化？内衣是否是隐私？男士内衣是否与勾引异性（又或者同性）有关？在这个男色时代，只穿内裤的男士裸体是仅献给女士的呢，还是一种同性情色或者一种同性社交？

衣服除了遮蔽身体，同时也能引起人们对身体的关注。通常，出于保护自身或者羞怯，首先会遮盖的身体部位是生殖器，但正如人类学家们所论证的，遮盖生殖器的衣物通常会将外界的注意力转移到其下所覆盖的身体。奥托·施泰因迈尔（Otto Steinmayer）在其研究缠腰带（Loincloth）的一篇文章中写道："人们通常想要将生殖器符号化表现出来，带上一些没有恶意的覆盖物和装饰…… 以起到装饰化、人格化和社交化的效果。"[5] 时尚史研究学者瓦莱丽·斯蒂尔（Valerie Steele）认为这些装饰比保暖、保护和遮羞的作用更重要。[6]

所谓的内衣，即全部或大部分被外层衣物遮盖在里面的所有衣服，而遮住内衣就如同遮住身体。一个人如果只穿内衣可以说"既穿了衣服，也没穿衣服"[7]。因为内衣既是私密的，又可以公开穿在外面。直到20世纪，男士内

7

"I—ER—WANT ONE OF THOSE 'HOWDYER-DOOS' WITH LONG SLEEVES"
"MISS SMITH, SHOW THIS GENTLEMAN SOME THINGAMEBOBS'!"

SHORTS SHIRTS FOR SHORT PEOPLE.

DEPT FOR UNDERWEAR

第8页
明信片上的广告语：
"我，啊，要一件带长袖子的那啥。"
"史密斯小姐，请给这位男士来点那玩意儿。"
1932年
私人收藏，伦敦

衣的发展还是没有受到关注，当时的主流态度是"眼不见，心不念"。珍妮弗·克雷克写道："将男士内衣设计得简单实用，好像能够防止男性放浪不羁一样。"[8] 但这一点的确削弱了人们对男士内衣不论是科技还是样式层面上升级换代的动力。在过去的100年间，男士内衣越来越多地进入公众视线，但并不是所有人都愿意看到这一点，正如记者罗德尼·贝内特－英格兰（Rodney Bennet-England）在1967年所言："男人穿什么，不穿什么，只要穿在裤子里面，就是他自己的事。"[9]

不论是男士内衣还是女士内衣，都起到了一系列的作用：提供保护，保持清洁，端庄仪表，道德需要，为外层衣服提供支撑，表现社会地位，或者呈现诱惑和性吸引力。内衣从两方面保护身体：一是可以起到温度调节的作用，气温低时为身体保温，气温高时与外界高温隔绝，保持凉爽；二是可以减少身体与粗糙面料的摩擦与不适。与此同时，由于内裤易清洗，能让身体保持清洁而无异味，也为外层衣服提供了一层保护，防止来自身体的污物和气味将外层衣服弄脏。如果因为种种原因不能经常洗澡，经常更换内衣裤也有助于保持个人清洁。"干净"和"污秽"，"里面"和"外面"这些概念，无论是在生理上还是在道德上，都给内衣的作用添加了一份宗教说教的味道。道德上要让人有羞耻心，因为裸体通常被认为难以接受，内衣裤则通过遮挡某些身体部位来防止穿衣者和看到他的人感到尴尬。女士内衣通常有一个重要作用，即支撑外面衣服的形状，但这一点对男士内衣而言则没有那么重要。在19世纪以前，男士曾在内衣上使用垫充（padding）和束腹（corsetry）来制造出一种理想的体形。大部分的男士内衣是隐藏在外衣里面的，而露出部分的干净与否通常会反映出穿衣者的社会地位。在历史上，男士内衣并不会像女士内衣那样让人觉得色情或性挑逗。

但是瓦莱丽·斯蒂尔在针对英国服装史学家詹姆斯·拉韦尔（James Laver）关于"转移性感带"问题的评论中，曾断言男士的性特征或性欲主要集中在生殖器上。[10] 因此，男士的内衣可以视为反映并加强了性欲和敏感，尤其是人们认为衣服的档部是具有情色意味的地方：让人注意到衣服里面的私处。男士内裤和随处可见的只穿内裤的男人体形象，产生的是性吸引力与性诱惑，而不仅仅是穿着玩而已。

在过去的50年里，男士内衣史的记录和撰写在学科上发生了转变。起初，男士内衣史只是服装史的一部分，如C.威利特（C. Willet）和菲莉丝·坎宁顿（Phillis Cunnington）在1951年撰写的《内衣的历史》（The History of Underclothes）和杰里米·法雷尔（Jeremy Farrell）在1992年撰写的《短袜和长筒袜》（Socks and Stockings），这两本书都对本书的研究产生极其重要的影响。但在最近几年，相关研究方向开始偏向于文化研究，从更广泛更全面的角度来分析服装以及它们的社会和文化背景，其中就包括男士内衣的推介和商业运作。因此，理查德·马丁将男士内衣的历史概括为"科技、发明以及文化上的进步"[11]。

本书涵盖了所有的内衣种类，甚至包括通常被认为不是内衣的袜子。本书主要讲述西方社会的内衣发展，但为了内容的完整和流畅，也会添加一部分其他地区的内衣介绍。在内衣发展史上，有一些内衣逐渐变成了外衣，如衬衣、背心、T恤衫。此外，有的外衣还变成了内衣，如早期的萨克森马裤（Saxon breech），原来穿在束腰外衣（tunics）里面，现在则变成了长内裤（drawer）。这种对于衣物层次搭配上的改变也使得它们的名字发生了变化。随着衣服的发展，它们的单词长度变得越来越短，如19世纪早期，男士裤子叫作"panta-loons"，之后变成了"pants"。本书的前四章是按照时间顺序来撰写男士内衣的发展史，列

出了服装风格的转变，提到了科技发展、男性身份认知、性别和性等问题。第五章也是遵循同样的叙述方式，讲述了男士袜子的发展。最后一章为主题研究，主要探讨20世纪以来，广告以及男士内衣的促销和销售方式。

第9页
巴黎Underflair内衣广告，1973年
私人收藏，伦敦

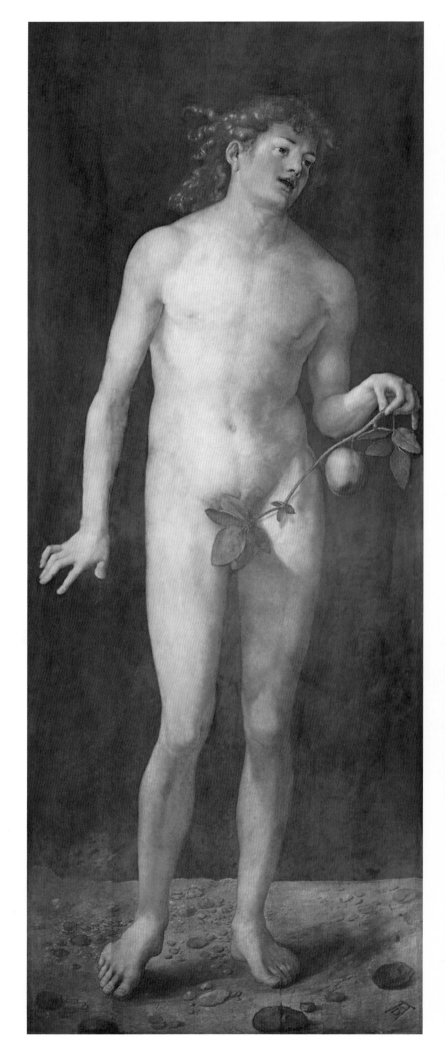

第一章
坚实的基础

对于信仰基督教的人而言，许多人认为无花果叶子是人类的第一件内衣，因为在犹太教和基督教的观念中，亚当被认为是第一个懂得用衣蔽体的人。但如果如其所说无花果叶子也是内衣的话，那我们也会想到，无花果叶子外面还可能会有一层更大的叶子。因此，更加贴切地说，各种形状的缠腰带才是男士内衣的始祖。缠腰带设计简单，形状根据男性身体打造。之所以会出现这种围绕在生殖器周围的衣服，是因为人们需要保护生殖器不受外界伤害，而且内衣服饰后期的发展无不与生殖器的保护和舒适度紧密相连。制作男士缠腰带并不需要多么高超的缝纫技法，一块简单的布料，缠绕到腰腿间成型即可。缠腰带在许多地方颇为流行，包括太平洋地区的马来西亚、波利尼西亚地区，东南亚地区，非洲大陆以及美洲大陆，这种简单的内衣直到现代才逐渐停止使用。古印度人是印欧语系唯一有穿缠腰带传统的，古代中国的男士穿着经过裁缝的缠腰带，这种内衣有点像尿布，通过两条布带固定在腰前。西方的男士内衣从中世纪开始，整体上也是同样的款式。

事实上，在现存的人类早期史料中能够证明男士内衣发展的并不多见。在公元前1352年的埃及，年轻的法老图坦卡蒙（Tutankhamen）身上缠绕了145条缠腰带，共分12捆。每一条缠腰带都呈等边三角形，采用手工编织的亚麻材质，带有可以系在臀部的系带。男人将三角形的亚麻布料搭在背上，这样就能从胯下将布料拽到上身，塞进前身的束带里。[12] 而这些缠腰带不但用作内衣，还当作仅有的衣服来穿。

1991年，一名登山者在蒂罗尔（Tyrolean）的阿尔卑斯山发现了一具被冰雪封存的尸体，死者大约生活在公元前3300年，与尸体一同被发现的还有其身上的缠腰带，此缠腰带由皮革制成，用动物的筋将其拼接起来。这条缠腰带和拼接起来的皮绑腿（leather leggings）可能曾经由一条皮带绑在身上。[13] 在北美洲，很多部落中的男性都会穿相类似的毛皮绑腿和缠腰带，直到20世纪才销声匿迹。公元90年至120年，不列颠的罗马人也穿内衣。除此之外，在英格兰东北驻扎的士兵必须获得内衣的寄送。在一份文德兰达（Vindolanda）木板信（此名源于所处地名）上，有一个名叫戈尔（Gaul）的人寄出一份衣物清单，其中包括袜子和两条内裤："他们来了，看到之后，又要了更多的内裤。"[14] 大约在同时期，罗马帝国的参议员和历史学家塔西特斯（Tacitus）发现日耳曼尼亚（Germania）的蛮族们认为"内裤是拥有大量财物的象征"[15]。C.威利特和菲莉丝·坎宁顿在1951年撰写的《内衣的历史》中承认，他们能找到的大部分男士内衣或关于男士内衣的记载，都是围绕着上流社会或者中产阶级上层人士的，直到20世纪早期才有针对工薪阶层的内裤出现。

中世纪内衣

在中世纪及中世纪以前，内衣完全是出于实用主义的考虑。它的作用有两个：一是保护身体免受外面粗糙布料的摩擦，二是防止身上

第10页
阿尔布雷希特·丢勒（Albrecht Dürer）
《亚当和夏娃》，木板油画，209×80厘米，1507年
普拉多博物馆（Museo Nacional del Prado），马德里

的污垢沾染到外衣上。内衣可以起到保暖的作用，除此之外，通常外衣较为昂贵，内衣又起到隔绝外衣与来自身体的热量、湿气和污垢的作用。这样一来，人们可以通过定期清洗内衣来保持整洁，不受来自身体的污垢和异味的困扰。而且随着上流社会的人穿的外衣越来越高级，对内衣的需求也越来越大。再有上流社会的织锦由丝绸和金属线纺织而成，羊毛制品和毛皮衬里质感都较为粗糙，内衣此时可以起到保护的作用。

男士内衣以前由两部分构成，上半身穿的衬衣和下半身的马裤。英国作家和诗人杰弗里·乔叟（Geoffrey Chaucer）在《坎特伯雷故事集》（Canterbury Tales）中的一篇《托巴斯先生的故事》（The Rime of Sire Tophas）中曾经描写过这些衣服：

> 他的细肉白皮上，
>
> 贴身穿着通透优雅的细麻衣衫，
>
> 上身衬衫，下身马裤。[16]

衬衫有很多种样式，男女都可以穿，但直到100年前才开始被当成贴身内衣来穿。长期以来，它在基本形态上并没有出现变化。在中世纪，衬衫由前后两块布料组成，在肩上及两侧缝接起来，上方留出空余让头部伸出，不翻边袖口直裁，简单大方。衬衫的长度也在这段时间开始出现变化，长度从齐腰至及膝都有。衬衫的材质依据穿衣者的地位而定，绝大多数是羊毛或者麻类（hemp）制品，而有时有钱人也会选择丝绸衬衫。社会地位高的人为了彰显他们的地位，会在衬衫的领口和袖口绣花。15世纪后期，有钱人所穿的优质亚麻的衣褶开始翻出来，落在短版的紧身上衣和长筒袜之间。

马裤事实上是外裤，在12世纪中期才开始真正变成内裤，人们在外面会穿一件束腰外衣，把大部分的马裤盖住。大部分的马裤都有肥大宽松的裤腿，一直垂到小腿肚，腰间会用一根绳或者一条皮带（braiel）系住。在此后的100年间，马裤的臀部逐渐处理得愈加丰满，裤腿更短，可以塞进长筒袜里，用绳子捆扎到马裤腰带上。此后的一个世纪，马裤的长度开始出现变化，长则触脚踝，短则及膝，但主要的潮流是变短。14世纪，马裤变得更短，裤腿部分挪至臀部。马裤在变短的同时也开始逐渐变得紧身，直到15世纪，它们不再仅仅是一块缠腰带，到中世纪结束，马裤开始变得有点像现代的游泳裤。随着马裤的知名度越来越高，穿着马裤成为一种高雅和文明的象征。法国编年史作家让·傅华萨（Jean Froissart）在其第四卷《编年史》（Chronicles）中记录了他是怎样"治好"爱尔兰人"众多粗鄙习惯"的，其中就包括纠正他们不穿马裤这一条。他订制了"一大批亚麻内裤，寄给了爱尔兰国王及其奴仆"[17]，并教他们如何穿内裤。

清洁和道德品行

历史学家尼基-古宁德·考尔·辛格（Nikky-Guninder Kaur Singh）认为"用衣服来遮蔽隐私部位与宗教并没有关系"[18]。然而，对内衣穿着的管制的确是许多宗教说教或行为准则的一部分。在中世纪，的确有一些神职人员穿内衣，但也不是所有人都穿。大约在公元391年，圣安布罗斯（St. Ambrose）写了《论神职人员的职责》（De Officiis）一书，书中讨论了与身体部位相关的庄重感，应该遵循天性，"教育并指导我们来遮盖某些部位"。他建议在布道或洗澡时要穿内衣或马裤，"持节庄重"，以此遵从《圣经》的要求——"摩西（Moses）曾转述上帝的旨意'要给他们做细麻布裤子，遮掩下体。裤子应当从腰长至大腿'，亚伦（Aaron）和他儿子进入会幕，或就近坛，在圣所供职时必穿上，免得担罪而死。"[19]西多会（Cistercians）的修士不允许穿内衣，但在

法国克吕尼（Cluny）的本笃会（Benedictine）修士则穿着亚麻内裤，与一般人无异，每个修士可以领取2条马裤、2顶通风帽（cowls）、2件长袍（gowns）、2件束腰外衣及5双袜子（socks）。在中世纪时期，内衣往往让人联想到身体，而身体是有罪的，需要时常受罚，如穿刚毛衬衣（hair shirt）。内衣也象征着谦卑和朝圣，如茹安维尔勋爵（Lord of Joinville），曾"仅穿内衣赤脚朝圣"[20]，以这种方式来进行自我贬抑，从此很快就发展成了强迫众人只穿内衣来进行惩罚。1347年，英格兰国王爱德华三世要求法国北部的加来市（Calais）市民只穿内衣来投降。

"洁净"和"污秽"这一对二元概念十分重要，它们区分了"里""外"两个概念。在宗教说教和文化方面，内衣的形象也受到身体的影响，并一直持续到20世纪。比如爱尔兰流浪者们（Irish traveler communities）有一条规定，"外衣不能跟内衣相混"[21]，甚至不能混洗。因此，来自身体的污物与来自外界的污渍可以分开。

天主教男人和哈西德派犹太人（Hasidic Jews）会在外衣内穿上塔利特小披巾（Tallit Katan），这是一种带着流苏的内衣，但并不能贴身穿，里面还要再穿一件贴身内衣。《圣经》上曾有训诫："你吩咐以色列人，叫他们世世代代在衣服边上做穗子，并在底边的穗子上钉一根蓝细带子。"[22] 与之类似的是，印度人会在外衣里面穿着神线（Yajñopavitam），作为已经通过"入法礼"的标志（"入法礼"仪式标志着男孩子开始正式的宗教学习）。神线被固定在左肩上，浑身缠绕之后，于右臂处落下。

在此时期，穷人和富人的内衣样式基本相同，不同的是在衣服面料、细节和装饰上。羊

第13页
《亚历山大大帝史》，手工绘本，15世纪
小皇宫博物馆，巴黎

第14页
彼得·阿尔岑（Pieter Aertsen）
《炉边农民》，木板油画，142.3×198厘米，16世纪60年代
梅耶博物馆（Museum Mayer van den Bergh），安特卫普

毛和亚麻的内衣社会各色人等都会穿，但贵族阶级还会穿更加昂贵的丝绸。据1344年至1345年英格兰国王爱德华三世的衣服账目上记载，爱德华三世及其亲眷拥有大量内衣，从提供布料到裁缝制衣，都是由一个皇室成员提供。[23] 历史学家弗吉尼亚·史密斯（Virginia Smith）认为内衣的发展"使身体在另一层皮肤覆盖之下，阻挡了身体与外界的接触，使异味得以存留"。在这一点上，"除了经济、宗教、教育、沐浴，它还是中世纪时期最为独特的一条准则"[24]。

清洁卫生的标准在上层社会中更加严格，如果要款待访客，主人则需要提供清洁用具和干净衣物，除此之外，还要有床和食物。法国社会学家和历史学家乔治·费加罗（Georges Vigarello）发现皮肤在中世纪被认为是"多孔的"，而亚麻内衣就如同是人的第二张皮肤，来隔离皮肤上的分泌物和寄生在身体上的害虫。[25] 所以，内衣比外衣清洗的频率更高，形成了有条理的习惯和清洁的意义，直到今天都依然存在。沿着费加罗的思路，社会学家伊丽莎白·肖夫（Elizabeth Shove）认为内衣的角色是一个"分界物"，隔开了具有社会意义的"外衣"和隐藏社会意义的"身体"[26]。清洁衣物，或者更换衣物，在下层社会是由穿衣者自己完成的。1499年，德国学生托马斯·普拉特

（Thomas Platter）"经常来到奥得河清洗我的衬衣，洗完晾干"。对于贵族和皇室，洗衣服的这项任务则被委派给一个专职人员。英格兰国王爱德华四世的账本上显示每月都会有一笔钱支付给"薰衣草工"（Lavender Man），他的职责是"采集芳草并给国王的长袍和床单熏香，让它们闻上去芳香宜人"[27]。

1500—1603 年的衬衫

直到 1510 年左右，衬衫才开始整体裁剪（full cut）并带有方形低领，穿衣者可以从此处将头伸出来。在富裕阶层，衬衫领口和腰间会配以刺绣，以此来彰显财富和社会地位。除此之外，刺绣还可以加固衬衫暴露出来的地方，并使得污渍不那么明显。1510 年以来，这种装饰性的刺绣逐渐被蕾丝（lace）装饰或细小的褶边（frill）取代。蕾丝深受众人喜爱，且这种装饰十分昂贵，如果有人穿戴蕾丝，那肯定会炫耀地展示出来。随着时间的推移，衬衫的领口开始逐渐变高，褶边也变成了环状皱领（ruff）。制作材料"选用能找到的最高档的材料，麻布（cambric）、荷兰布（Holland）、细棉布（lawn）都有"[28]，人们会将衬衫上浆，这样衣领就会挺拔起来。男士衬衫（或绅士衬

第 15 页

老彼得·勃鲁盖尔（Pieter Brueghel the Elder）

《婚礼舞蹈》，木板油画，119.3 × 157.5 厘米，1566 年

底特律艺术学院，底特律

第16页
带有刺绣的丝绸睡衣，约1581—1590年
伦敦博物馆

第17页
带有刺绣的丝绸睡衣（局部），约1581—1590年
伦敦博物馆

衫）一直以来都是社会地位的象征，1533年在英格兰专门颁布了一项禁止奢靡的法律，规定骑士爵位以上的人才可以穿着"编织衬衫或者装饰有丝绸或金银的衬衫"[29]。16世纪早期的宗教改革之后，社会上兴起了清教主义思想，反对衣饰的奢靡之风。而到了16世纪后半叶，从紧身上衣里露出衬衣又变得流行起来。16世纪后期，穿着白色亚麻衬衫逐渐变成朝臣的象征。费加罗指出，在法国，男士每天更换衬衫变得很平常，而且"如果他有上等亚麻而且保持得非常干净，这就足够了"[30]。

内衣设计的逐渐改变也表现出人们对男性形象认知的转变。16世纪之初的低胸水平领口（low cut horizontal neckline）袒露出部分胸部，凸显了穿衣者宽阔的肩膀。随着时代的发展，领口逐渐抬高，对肩部的重视程度逐渐缩减，男性的象征逐渐转变到了遮阴布（codpiece）。

遮阴布

从1468年开始，女士开始使用裙撑（farthingale hoops）；16世纪80年代，开始使用臀围撑垫（bum rolls）或者法式的裙撑（haussecul，这是一种轮状或鼓状的支撑物，束在腰间用来撑起裙子），以及抹胸（stomachers，这类似于一种紧身胸衣用来收住肚子）。相比之下，男士在内衣修饰方面则少有雕琢，遮阴布则是极其少有的饰物之一，其中衬垫变得更加重要。遮阴布大约出现在14世纪末期，名字来源于一个古代表示"阴囊"的词语，意大利语称为"bragetto"，法语为"braguette"。起初遮阴布是为了遮挡长筒袜的前开口，出于十分实际的考量，稍微加了衬垫来防护这个容易受伤的部位。遮阴布原来固定在长筒袜、紧身短上衣（doublet）上，有时选用皮革材料，逐渐地，遮阴布变成了一种装饰品，尺寸也变得很不自然，甚至几近荒唐。而金属的遮阴布甚至变成了盔甲上非常重要的一部分。16世纪的医生和天主教修士弗朗索瓦·拉伯雷（François Rabelais）曾在其五卷的著作《巨人传》（The Life of Gargantua and of Pantagruel）中对遮阴布有过几段的探讨，其中一篇名为《为什么遮羞布在战士的铠甲中最为重要》（Why the Codpiece is Held to Be the Chief Piece of Armour amongst Warriors）。这些文章幽默地强调了遮阴布的尺寸问题："巴努日（Panurge）坚持要一条近一米长的遮阴布，裁成方形而不是圆形，一点都没开玩笑。做成之后，让人大开眼界。他经常说这个世界上没有多少人理解穿一件大小合适的遮阴布有多重要，而且像一个哲学家一样评论道，有一天你们会明白的，时间最终会揭示出所有的好东西。"[31]内衣穿在身上并不显露出来，而遮阴布则将人们的注意力吸引到生殖器部位，并通常予以大量装饰。他们主要的目的是对异性进行性挑逗，并同时对同性产生富有敌意的明显警告。这富有一种社会、世俗、领域意义上的重要性，不仅仅是炫耀性能力。其在欧洲之所以能够流行起来，是因为当地的男性普遍有很强的想要炫耀自己力量的欲望。英国剧作家威廉·莎士比亚在其剧作《维洛那二绅士》（The Two Gentlemen of Verona）中强调了遮阴布在男士衣物中的重要性。露西塔在给茱莉亚女扮男装的时候说道："小姐，你一定要穿上遮阴布。当前流行的长筒袜子，前头没有这个，可就太不像话了。"[32]除此之外，遮阴布还有口袋的作用，可以将钥匙、硬币和手帕放到里面。针对英国当时非常流行遮阴布的现象，英国政治小册子作者菲利普·斯达布斯（Philip Stubb[e]s）批评说"众人中了高傲的毒"[33]。14世纪末欧洲编年史学家恩德朗·德·蒙特雷（Enguerrand de Mon-

17

第18页
《亨利八世》，栎木板油画
237.9 × 134 厘米，约 1540—1545 年
沃克艺术画廊（Walker Art Gallery），利物浦

strelet）抱怨说，长筒袜、新式马裤和及膝短裤[因为勃艮第大公菲利普三世（Bergundian Grand Duke Philippe Ⅲ）而流行]过度强调了男性生殖器，并谴责穿戴遮阴布。

衬垫在紧身上衣和长筒袜上都有使用。人们用棉花和羊毛来将紧身上衣填充起来，达到起伏的腹部填充效果。紧身衣的下摆通常指向下方，长度一般在24厘米，可将众人的目光吸引到遮阴布。在紧身衣里面，许多人会穿一件马甲，长及腰间，或有袖或无袖，通常带有衬垫或者衬垫绗缝，只有在脱下紧身衣换上便装的情况下才会脱下马甲，马甲只穿在紧身衣里面。这样看来，马甲也是一种内衣。长筒袜被一分为二——上半部分和下半部分，通常也被叫作上袜和下袜（upper-and nether stocks），由不同的材料制作。下半部分由传统的长筒袜或长袜改进而来（这部分详见第五章）。上半部分又叫宽松短罩裤（trunk hose），从马裤演变而来，在形状上逐渐发展成球状，里面衬垫棉花、羊毛或马鬃等。

紧身衣和马甲

17世纪前期,马甲(waistcoats)通常又叫"vests"。在美国,裁缝现在还会使用"vest"这个词。制作马甲的布料可以简单又廉价,如亚麻;也可以十分奢侈,如天鹅绒或丝绸,而且其上经常绣着字:"由带有银色光泽的布料制成,内中填充黑丝绸,外附优质麻纱。"[34] 17世纪30年代左右,在春冬两季,男士开始流行不系马甲的扣子,露出他们价格不菲又带有装饰的内衣前胸。与此同时,在16世纪60年代,宽松短罩裤的丝绸衬里通过垂直的缝隙和方格被拉出来,昂贵的衬衫衣料第一次通过紧身衣的缝隙显露出来,并逐渐开始流行。据说这种风格是由德国的雇佣兵(Land-sknecht)开创的,他们十分自豪地穿着在战场上已经被撕烂的衣服。富人采纳了这种风格,衬里的材料甚至比外衣的材料还要昂贵,并且敞开外衣,露出两种材料。据法国时尚史学家法西德·希努那(Farid Chenoune)的记载,将这种穿法变成"潮流"装扮的过程中,裁缝的作用功不可没。

第19页
雅各布·瑟塞内格尔(Jakob Seisenegger)
《皇帝查理五世与猎犬》,布面油画
203.5×123厘米,1532年
艺术史博物馆,维也纳

1640 — 1710年的衬衫

发展到1640年，紧身衣开始变短，将衬衫露在紧身衣和马裤之间。1660年英国王朝复辟时期，富人的画像中经常出现这种装扮，因此变得高贵起来。紧身衣也经常敞开着，露出衬衫或带有装饰的马甲。17世纪伊始，从环状领发展而来的蕾丝立领（stand-up lace collars），逐渐被精纺亚麻或蕾丝的平领取代，垂落在紧身衣上。20世纪中期，出现领带悬垂在衬衫前面，隐藏起衬衫的开口和系带。衬衫袖口延长至手，变成褶皱细麻布或花边袖口，表现出不同寻常的财富和地位。到了15世纪末，大衣的袖口已经取代了紧身上衣，袖口的暗纽通常不系，露出里面白色的奢华衬衫。对于社会地位没有那么高的人，领口和袖口的设计则趋于简单，去掉了奢侈的花边。英国海军军官、国会议员、日记作者塞缪尔·佩皮斯（Samuel Pepys）强调了干净亚麻面料的美学和社会学价值，认为在个人形象方面有很重要的作用，他说："我的确发现自己非常帅气，所以我需要穿麻料衣服，其他的行头都可以从简……清早起来将我打扮好，穿上我第一件崭新的花边衣服。它如此整齐，让我非常坚定地相信花大价钱也是值得的。"[35]

汗衫（undershirt）一直垂到腰部，通常被认为是"半衬衫"，一般在夏天穿，冬天有时会换成马甲，用于保温。塞缪尔·佩皮斯在1661年10月31日的日记中记载道："今天换下半衬衫，穿上马甲。"[36]半衬衫当时在法国非常流行。在他去世后，1949年出版的他的《衣服的故事》（*Histoire du Costume*）一书中也有描写。莫里斯·勒卢瓦尔（Maurice Leloir）称它们为女背心（camisoles），冬天穿的是法兰绒材质，夏天是亚麻材质。两个英国年轻人在1670年大旅行的时候记录下了在巴黎买的物品，其中包括"4件配花边半衬衫、4对花边袖口、4条领带、2条内裤、2双长筒袜，90.10法郎"，以及"给我的2件半衬衫、1条领带、2对袖口，32法郎"。[37]

时装历史学家威利特和菲莉丝·坎宁顿认为，17世纪之后，男人停止了通过内衣来进行性暗示的尝试。而这种色情倾向在20世纪晚期又重新出现，与菲莉丝·坎宁顿的文章相距不过半个世纪。他们引用了阿芙拉·本（Aphra Behn）夫人在1677年的喜剧，剧中的一个男性角色在一场示爱戏中只穿了"他的衬衫和内裤"，这有点像是男性版的脱衣舞，非常吸引剧中的女性（而且尽管菲莉丝·坎宁顿没有道明，我们从今天的角度来看，可能会猜到他是一个男同性恋）。

1640 — 1710年的内裤

从17世纪中期开始，宽松短罩裤不再附带衬垫，并加长到膝盖，变成马裤，这使得宽松短罩裤从内衣变成外衣。在马裤里面，男人会穿两种内裤，长版内裤一直落到脚踝，箍住以防滑落，长版通常由亚麻制成，在冬天会换成精纺毛料材质；短版内裤通常是丝质，在正面由丝带系紧。到了17世纪后期，除了最为贫穷的阶层，大多数男人还穿可以反复洗涤使用的亚麻马裤作为衬里，在膝盖偏上或偏下处系紧，另外在腰部固定住，这使得人们既免受羊毛制品的摩擦之苦，又防止损伤丝绸马裤。对于那些不穿内裤的人，也可以将长衬衣的下摆塞到两腿间，这样也可以防止他们的马裤被身体上的污渍弄脏。

锡克内裤（Sikh Kacha）

1699年3月30日，第十任锡克领袖哥

第20页
安东尼·范戴克爵士（Sir Anthony van Dyck）
《卢卡斯和科内利斯·德·瓦埃勒》（*Lucas and Cornelis de Wael*），布面油画，120 × 101 厘米，约1627年
卡比托利欧博物馆（Pinacoteca Capitolina），罗马

第21页
约翰·乌利希·迈耶（Johann Ulrich Mayr）
《一手扶在古代半身雕塑上的自画像》，布面油画
107 × 88.5 厘米，1650年
日耳曼国家博物馆，纽伦堡

宾德·辛格（Gobind Singh）订立了经过受洗的新兄弟会卡尔萨（Khalsa）的五条信仰，规定所有受洗的锡克教徒必须蓄长发（the kasha）、佩戴梳子（kangha）、戴铁镯（kara）、佩剑（kirpan）和穿内衣（kacha），这是他们信仰的标志，尊敬锡克教理想的象征。他们把内衣叫作"Kacha"，又通常拼成"khaccha""kachhehra""kachera"和"kakar"，一般被翻译成"马裤"，专门提醒人们要控制五恶，尤其是淫欲。这种内衣不分性别、不分等级。这种不分性别的衣服可能意味着消除男女之间的不平等和分化。然而，历史学家尼基–古宁德·考尔·辛格表示人们通常将内衣理解为一种男性的衣服，并在有关锡克教的文本中大量提到，能够非常有效地提供"男性保护""士兵式的负责""控制阴茎"，并且摆脱"阴柔的服从"和"印度教的习惯和迷信"[38]。锡克的内裤经过裁剪缝制，类似于短裤，与印度教裹在腰间的缠腰布十分不同，以此来表示出对印度婆罗门说教的抵制和离弃。锡克内裤腰间会有束带将内裤系住，在穿戴者解带的时候，也给了他们时间去考虑接下来的行为是否妥当。起初，这种内裤想要用一种又厚又粗的布料，在正面加上许多褶，这种设计用拉

東洲齋寫樂画

24

维·巴特拉（Ravi Batra）的话来解释是"为了提供缓冲的作用，在与敌人肉搏的时候，防止自己最脆弱的部位受到伤害"[39]。然而，今天锡克内裤的材质已经改变，多采用更为轻便的白棉，保护性的褶也变少了，形状大致还与原来相似，与现在的印度教缠腰布（dhoti）、印度男人的缠腰布（lungi）或其他内裤相比，更加便于制作、洗涤、携带和保养。

日本兜裆布（Fundoshi）

大约在同一时期，中国和日本都出现了一种没有经过裁剪的，缠绕在腰间的布作为内裤，这是一种缠腰布。日本的兜裆布一开始使用亚麻制作，但在1600年左右，也就是江户时代初期，棉布变得更加流行，于是制造出大量的棉质兜裆布。出土自古坟时代（约300 — 710年）的雕像以及成书于公元720年的日本编年史《日本书纪》（Chronicles of Japan）都表明这种衣服在当时就已经开始兴起。[40] 兜裆布的使用在日本不分阶层，但在战国时代（1568 — 1615年）它与武士阶层有一种特殊的联系。武士会穿戴一种内衣，叫作"下着"。这种内衣与和服相似，但袖子较窄，全身套上之后在腰间绑腰带，系在背后。服装史家瓦列里·M.加勒特（Valery M. Garrett）发现，在中国的明朝时期（1368 — 1644年），"内裤是一层非常纤薄的丝质袍子，腰间束腰带"[41]。兜裆布变成了标准的内衣，不分等级和性别，一直到第二次世界大战结束，西式的内衣才开始逐渐变成了日常的穿着。就像许多其他东方国家那样，兜裆布或者缠腰布是男人在夏日工作时唯一被允许穿着的，尤其是社会底层，如苦力或者马夫等。

17世纪的清洁

清洁在16世纪和17世纪对大多数人来说并不重要，甚至高层人士也经常脏兮兮的，浑身虫虱，很少洗澡。人们通常"干洗"，更换或者"轮换"内衣，而这也被视为有纪律、有教养。法国历史学家丹尼尔·罗什（Daniel Roche）曾说："这表现出一种与我们不同的卫生状况，与举止文雅相符，在那个缺水的时代与当时的科技能力相符。亚麻的发明标志着贵族文化的最高点，仪表变得十分重要。"[42] 两篇现代的文章强调了这一点。纽卡斯尔公爵夫人形容她的丈夫"每天换一次内衣，每次做完训练换一次，或者每次脾气暴躁的时候换一次"[43]。而约翰·奥格兰德爵士（Sir John Oglander，1585 — 1655年）蔑视地写道："一个笨重、呆傻、醉醺醺的家伙，不修边幅又让人讨厌、贪得无厌，从不穿亚麻衣服来让他变得好一点。"[44] 1626年，一个时尚的法国建筑师发现了现代社会是怎样不洗澡还能生活的，"因为我们使用亚麻，而今天我们使用亚麻来保持身体干净，这样比那些不使用亚麻而使用蒸浴和古代的洗浴的做法更方便。"[45]

丝绸和亚麻布料的衣服之所以能够逐渐变成贴身内衣材质，原因之一是因为它们不像羊毛类的衣服那样会招虫虱，虫虱喜欢寄生在穿着动物制品衣服的身体上。托马斯·弗尼（Thomas Verney）在他的《弗尼回忆录》（1639年）中曾写道："给我一件花边衬衫，我就不再长虱子。"[46] 在英格兰，1678年的国会法案让这种不喜欢穿羊毛织品的风气更加盛行，法案命令民众"除羊毛外的一切材料"[47] 都不能够用于墓葬。白亚麻内衣可以频繁地进行手洗，这并不复杂，它们十分耐穿，尽管容易起皱。白亚麻的内衣可以在冷水中用脚踩踏洗涤，拧干后放在草坪或篱笆上晾干。阳光是漂白衣服的主要手段，尽管也会使用一

第24页
东洲斋写乐（Tōshūsai Sharaku）
《市川男女藏的富田兵太郎和三代目大谷鬼次的川岛治部五郎》，彩色木版画，38.8 × 25.8厘米，1794年
火奴鲁鲁（Honolulu）艺术学院，火奴鲁鲁

些其他的漂白和清洁剂，如传统的陈腐尿液，其中含有氨。到 17 世纪中期，发现了新的洗涤剂碱液（一种取自草木灰的碱性溶液），与水混合之后制成"碱水洗涤剂"（buckwash），这种洗涤剂液逐渐开始流行。清洁的标准在 17 世纪后期也逐渐提高。逐渐在铜制容器中用烧开的热水和肥皂来洗涤亚麻，而且谨慎地采用平滑的石头和平熨斗来去掉皱褶。

1711 — 1799 年的衬衫

在 18 世纪，穿白衬衣依旧是明显的社会阶层标志。在世纪伊始，衬衫前面还有褶饰，用料颇巨。马甲和短上衣不系扣，露出衬衣的正面。大约从 1710 年开始，悬垂的领带逐渐被系在脖颈处一块横向的布所取代，并逐渐变宽，将衬衣正面越来越复杂的褶饰和绣花露出来。1711 年 7 月的《旁观者》（The Spectator）曾说："他那件新的丝绸马甲好几处没有系扣，让我们看到他穿了干净的衬衫，直到腰间都是褶饰。"衬衣正面的褶饰表示出穿戴者并不是一个手工匠。褶饰通常可以单独洗涤，装饰褶裥（jabots）则不是，这样一来一个时髦的绅士就需要很多的衬衫。1710 年的《闲谈者》（The Tatler）杂志曾描写一个纨绔子弟"一周穿 20 件衬衫"。衬衫的领口处伸出一个附加的领子。在法国，这种领子高到足以可以翻下来将衬衣领口盖上。同样地，大衣宽大的袖口也会露出衬衫的袖子。褶边和袖口通常会绣上花边，在 20 世纪后半叶，衬衫逐渐失去了炫耀财富的功能，褶边和花边也都逐渐停止使用。一个人越有钱，就会储备越多的衬衫和亚麻，并准备房间放置它们。到了 18 世纪后期，发展出一种家庭的洗衣传统，分每周一洗、每月一洗、3 月一洗。一个家族越有钱，则他们的洗衣周期越长，这变成了一种社会地位的标

志。衬衫的数量和洗换衣服的频率会表明他是否会亲自干活。丹尼尔·罗什说道，在 1700 年的法国，工人平均拥有 6 件衬衫，主要是粗糙的亚麻布（flax）和大麻布。然而对于从事"文职工作的人"而言，他们"三分之一的衣橱会存放 10 打高质量衬衫，尽管很少打理"[48]。1762 年，一个年轻学生在他的日记中写到他带了 9 件衬衫去牛津大学求学。[49] 1766 年，圣阿芒女士（Mme de Sant-Amans）的长子要离开巴黎前往安的列斯（Antilles）的时候，她为儿子打包了 38 件亚麻衬衫、25 条领子、6 条内裤、25 双长筒袜和 13 双半袜。[50]

在当时，一个男人只穿衬衫被认为是只穿了内衣，是不妥当的装扮。在亨利·菲尔丁（Henry Fielding）的《汤姆·琼斯》（Tom Jones）一书中，德博拉·威尔金斯女士（Mrs. Deborah Wilkins）"看到他的主人在床边站着，只穿着衬衫，手擎蜡烛"，并且"如果他当时没有意识到自己没有穿衣服的话，可能已经昏过去了，还好为了让她留下，他开始快速地穿上衣服"。菲尔丁继续写道："52 岁的德博拉·威尔金斯女士发誓她从来没遇见到过一个没有穿衣服的男人。"[51]

便服（Undress）

在法国，从 18 世纪中叶开始，上流社会出现了两种截然不同的衣着风格，不同点主要是在领子的样式上：在正式场合或者沙龙聚会的时候会穿"礼服"（full dress）。这种礼服带有挺拔的"法式"领子，而"便服"则是一种更加随意的市民装扮。所谓"便服"即平常的细布大衣，正面呈方形，里面是背心（后逐渐变短），还有马裤（有时是绒面革材质）和需要系带的鞋子和浅黄褐色的马靴。领子是下翻的"英式"风格。外衣则是柔软的羊毛布料，而不

是紧绷僵硬的织丝（woven silk）。弗雷尼利男爵（Baron de Frénilly）在其1905年出版的回忆录中写道："男人现在已经征服了背心。在当时，这产生了巨大的慌乱，男人穿着背心进客厅会遇到了很大的困难。讲究礼节的人说，什么都没有穿，男人们到处不穿衣服游荡，没有东西蔽体。"[52] 有一种"便服"，通常被称为"negligee costume"，非常流行在家里穿。衬衫的领子下翻时会露出脖子，外面会穿一种叫作榕树（banyan）的合身罩衣，制作这种罩衣的材料非常昂贵，像丝绸缎子。这种装扮可以搭配非正式的室内帽子，而不需要戴正式的假发，在当时十分流行。玛丽·沃特利–蒙塔格（Mary Wortley-Montague）女士在1753年的一封信中曾经描述过在一次非正式的夏季聚会中所见到的一件相似的意大利服装："这位绅士穿着轻便的睡袍，戴着睡帽，而且我敢肯定在睡袍里面没有穿马裤，也没有穿拖鞋。这种装扮叫作'信心装扮'（vestimenti di confidenza），而且他们从来不穿出门，只是夏天在家里穿。"[53]

1711 — 1799年的内裤

这个时期的内裤通常较短，长度只到膝盖处，腰间有一根绳子固定。先生们还会穿着可以换洗的马裤，材料通常是亚麻的，或者穿一种羊毛"小长筒袜"（stockingette），为了卫生，也为了保暖和保护身体。1780年的一份清单显示，一个住在英国的马萨诸塞州商人塞缪尔·柯温（Samuel Curwen），拥有"4条亚麻内裤、3条皮内裤和1条法兰绒内裤"。18世纪70年代，对于紧身马裤的时尚追求导致内裤变短，并更加贴身。记录在法国大革命之前的一份关于两个法国贵族的洗衣清单体现出他们更换内衣的频率。孟德斯鸠（Montesquiou）先生隔一两天换一次内裤，而朔姆贝格（Schomberg）先生则一周换一次内裤。[54]

内衣作为一项专门的生意

到18世纪中叶，制造内衣已经发展成一种专门的行业。在《缝洗妇女的艺术》（L'art de la Lingère）（1771年）一书中，F. A.德·加尔索（F. A. de Garsaul）描述了在法国制造及销售亚麻布的情况。缝洗妇女提供面料并专门制造内衣，如女士内衣和衬衫。在英国，女帽饰物商提供亚麻制品、花边以及其他附件，如针织品。《伦敦商人》在1747年指出："女帽饰物商买入各种布料来制作女帽，如荷兰白亚麻、麻纱、上等细麻布和花边等，用这些材料制成罩衫、围裙、手帕、领带、褶饰、抹布、帽子、头饰等，种类之多，足可以从查令十字街广场排到皇家交易所。"[55] 1794年，一个来自英格兰拉夫伯勒（loughborough）名叫卡特赖特（Cartwright）的先生，构想出一种不会缩水的内衣，布料采用一种棉毛混织的材料。[56] 这些发展使得内衣的好处更多了。丹尼尔·罗什把18世纪或者启蒙时代看作是内衣大众化的时代——启蒙时代的伟大胜利：它们都是麻制品。[57]

第29页

让－昂诺列·弗拉戈纳尔

《门闩》，布面油画，74 × 94 厘米，约1777 年

卢浮宫，巴黎

第二章
1800—1899年的内衣

18世纪后期以前，内衣是笑话和幽默的话题，也是性喜剧的一部分。到了19世纪初，兴起了一阵过分守礼的风潮，席卷了任何与性相关或是看起来与之相关的物品。结果，内衣成为一种禁止讨论的物品，并在"沉默的道德迷雾"笼罩之下。[58] 不仅形容身体的语言受到影响，随后衣服也受到了影响，变得更加委婉和医学专业化，所以"腿"变成了"四肢"，男士裤子在1805年被称为"无法言说"（inexpressibles），之后变成"覆盖在下面的衣服"（nether integuments），内衣则被称为"麻"。

19世纪初又看到了一个转变的端倪，即从有男性特征饰品的衣服转换到对男性肉体的骄傲上，这种转变表明了19世纪后半叶和20世纪前半叶的特点，心理学家约翰·卡尔·弗卢格尔（John Carl Flugel）将其描述为"男性的平淡着装"（Great Masculine Renunciation）："男人放弃了他们对所有更加艳丽、奢华、复杂、多变的权利，并将这些完全留给女性去使用，从而将他们自己衣服的裁剪变成了最为朴素简单的艺术……时至今日，衣服对他们来说依然重要，但他们努力去把握的是穿衣'正确的'方向，而不是优雅或精心打扮。"[59]

花花公子博·布鲁梅尔（Beau Brummell）和花花公子风格

18世纪后期所产生的新的社会习惯，对欧洲所有的服装都产生了影响，其中也包括内衣，尤其在英国，19世纪有着大量对个人清洁方面的各种看法，同时也促进了清洁技术的发展。奢华的风格在19和20世纪是男性穿着的标准，后来社会中这种趋势逐渐弱化。英国人风流乔治"花花公子"博·布鲁梅尔，因为挑战这种弱化的趋势而为人所知。除此之外，他还是英国推崇清洁新风尚的代表人物，对于博·布鲁梅尔而言，清洁是一个绅士的标志。博·布鲁梅尔倡导使用"大量优质细麻，并进行乡村洗涤"（country washing）[60]，在《布鲁梅尔的一生》（Life of Brummell）（1844年）一书中，威廉·杰西（William Jesse）写道："清洁是一条准绳，（博·布鲁梅尔的）熟人无一例外地被检验过。"[61] 斯克罗普·戴维斯（Scrope Davies）是博·布鲁梅尔的一个风流朋友，曾谈到将小块三角形布［又被称为角撑板或三角形区域（gores）］缝进他的衬衫的腋下，当出汗时，他们可以很容易地进行更换。[62]

博·布鲁梅尔所提倡的白色棉麻服装逐渐发展成为一种社会现象，影响了社会各个阶层，建立新的社会地位标志和区分点。人们认为博·布鲁梅尔对衣物最大的影响体现在衣服的颈部，他穿的衣服衣领是"没有任何形式的上浆，在前面膨开，一直卷裹到下巴"。他的领子是固定在衬衫上的，"大到如果不全翻下来的话就会完全挡上头和脸……第一件'coup d'archet'是短领子，博·布鲁梅尔将他卷下来呈正常大小。"[63] 一个博·布鲁梅尔的追随者写道：

> 我的领带，当然，是我所主要关心的，只有这样我们才有优雅的标准。

第30页
乔瓦尼·博尔迪尼（Giovanni Boldini）
《罗伯特·德·孟德斯鸠－法曾萨克伯爵》（Count Robert de Montesquiou-Fezensac），布面油画
116×82.5厘米，1897年
奥赛博物馆（Musée d'Orsay），巴黎

第32页
德雷斯（Desrais）（绘画），杜宾（Dupin）（印制）
《模特画廊1778—1787年》，图版67
时装博物馆，巴黎

每天早晨都会让我忙乱几个小时，让它看上去像是匆忙系好的。[64]

博·布鲁梅尔所发起建立的"花花公子"的"绅士"形象，以及"他所具体化的复杂形象"[65]不仅受到了工业生产方法的发展和新裁剪技术的影响，还受到亚麻布和细布的新材料环境的影响。清洁以及整洁的仪表形象要求人们更频繁地更换内衣，因而增大了需求。因此，人们花更多的钱用来购置内衣，导致这种转变的不论是出于习惯还是能力，不论是出于财富还是爱好，都成了一种贵族特质。一个德国王子在访问伦敦期间写道：要变成一个伦敦圈的花花公子，需要"20件衬衫、24条手帕……30条围巾（neckerchief）、一打马甲和长筒袜，并酌情增减"[66]。衬衫领子的清洁度在19世纪仍然是一个绅士的标志，而进入20世纪早期，小说家如阿诺德·本内特（Arnold Bennett）经常用描写的手法来对人物或社会状况做出评论。

推销员杰拉尔德·斯凯尔斯（Gerald

第33页
德雷斯（绘画），杜宾（印制）
《模特画廊1778—1787年》，图版279
时装博物馆，巴黎

Scales）谈到"领子、大号前襟和腕带，会给人一种挥之不去的廉价洗涤的印象，表现出一种即将发生的灾难的沉重感"[67]。随着博·布鲁梅尔在1817年迁居巴黎，这种清洁的时尚也在巴黎当地和在那些热衷于英国"花花公子"风格的人中兴起。一个时尚的外省人第一次去巴黎待一周，会准备"3条裤子、1条丝绸马裤、顺带2件大衣、12件衬衫（都有胸部褶裥）、3条围巾、1包手帕、丝绸袜子、棉布袜子和半打内裤"[68]。历史学家亚瑟·布赖恩特（Arthur Bryant）将"花花公子"的装扮描述为"精细裁剪的大衣不系扣，露出里面穿的黄色或玫瑰色的皮马甲，以及带有刺绣的雪白的细棉布衬衫"[69]。

在19世纪上半叶，衬衫和内裤的不协调配备比例可以从物品清单上体现出来，如1810年，托马斯·弗里曼特尔（Thomas Fremantle）队长有56件衬衫和32块颈布（neck clothes），但只有9条内裤。[70] 由此我们可以发现，衬衫是多么容易变脏，而对于一个绅士而言，穿着干净的衬衫是多么无可厚非。这种类似的不协调也可以从1829年和1837年绅士们的物品清单中一窥究竟，23件衬衫、6条内裤——2条法兰绒内裤和4条棉布内裤（1829年），19件衬衫和4条内裤——2条薄裤、2条厚裤（1837年）。美国海军上将纳尔逊勋爵（Admiral Lord Nelson）在1805年逝世的时候，曾有一件高领衬衫，前襟带褶边，并"标有'HN.24'和蓝色十字绣花"[71]。亚麻的衣服经常会做这样的标记，用来帮助专门负责为绅士洗涤衣服的人检验衣服状况。"HN.24"这个标志意味着纳尔逊至少拥有24件衬衫。《卡塞尔家庭指南》（Cassell's Household Guide）在1869年推荐使用衬衫标记，"用墨水在腰带以下的部分书写全名"，如果是法兰绒衬衫，油墨写在衬衫上不明显，推荐使用"标记棉，并使用缩写标记"[72]。

白衬衫

19世纪初，男性的衬衣依旧发挥着表明绅士身份的作用，在此时期，人们依旧穿着18世纪风格的衬衫。衬衫的领口贴在衬衫上形成深立领，几乎将颈部隐藏起来。18世纪，人们将衣服的肩部塞进三角垫肩，显得更加合身，并使得颈部的不适感得以缓解，衬衫的主体依旧集中在脖颈部位。衣领逐渐开始增加高度。由于博·布鲁梅尔，英国的绅士们开始穿着一种特殊的领口，衬衫领口脚朝上竖立，之间留有一定间距。"花花公子"穿上衬衫后，领口脚则落在他们的脸颊上，通常几乎到了自己的眼睛，如《伦敦隐士》（The Hermit in London）在1819年所描写的："一件细棉布的衬衫，领口在穿着的时候高度上浆——它们其中有一件看上去像是眼睑。"[73] 类似的风格在同一时期的法国年轻人里同样十分流行。1822年，像

衣领一样的高颈带（neckband），孩子们都知道叫作白色领巾（stock），材料有天鹅绒、锦缎、棱纹布（pique），甚至丝边，这种领子之前只是军队里的军人穿，现在英格兰平民也可以穿着了。法国诗人、小说家、记者和文学评论家德尔菲勒·戈蒂埃（Théophile Gautier）在1833年的法国浪漫主义的讽刺作品《年轻的法国：罗马嘲笑者》（Les Jeunes-France: romans goguenards）中描写了一个富商的儿子丹尼尔·若瓦尔（Daniel Jovard）：他身穿一件淡黄色的马甲，一件淡蓝色的外套和一条露出脚踝的铁灰色的裤子，他带着"白色的穆斯林围巾，上浆后直立的衣领遮住了他的耳朵，给人一种庄重的感觉"[74]。

到1806年，前襟上有褶皱的衬衫已经变成正规的流行装扮，白天和晚上都可以穿。然而形式更简单、更朴素，前襟上没有褶皱的衬衫开始出现，并于1806年被刊登在《时髦界》（Beau Monde）上。1807年，《时髦界》谈及时髦人士的喜好是"白天穿着的编织衬衫，系扣不带褶皱，马甲只系下面的2到3颗扣子"。到了19世纪20年代，带褶皱的衬衫逐渐失去了市场，被前襟带一些竖褶的衬衫代替。然而，带有褶皱的衬衫的确保留了它们的一席之地，但只在晚上穿着，并在年老的绅士人群中流行，他们还是对于年轻时的时尚穿着念念不忘。此外，一些中产阶级和越来越多的管家和上等仆人也会穿。

基于民主平等的原则，衬衫的白色袖口开始从外套的袖子里"露出来"。19世纪20年代早期，这种趋势变得更加明显，因为上衣袖子不再系边扣，这样能更好地露出衬衫袖口。然而，在衬衣面料方面却存在着阶级差异。绅士们的衬衫继续采用昂贵的爱尔兰上等亚麻、细麻布，或者采用"长布"（long cloth），但是，对从事体力劳动的工人来说，则采用便宜和质量更重一些的亚麻面料，这种面料叫作

第35页
罗伯特·勒菲弗（Robert Lefèvre）
《画家介朗》，布面油画，1801年
美术博物馆，奥尔良

Par Daumier & Philipon.

293

Chez Bauger R. du Croissant 16.

Chez Aubert. Place de la Bourse.

Imp. d'Aubert

"衬衫亚麻"（shirting linen），又或者使用未漂白的印花棉布，亚麻则被用在能露出来的领口和腰部[75]。同样，1835年，在法国北部地区，纺织工人穿着"粗棉布裤子、粗棉布夹克、斯莫克衬衫（smock-shirt）"[76]。在19世纪30年代的法国，上流社会白领逐渐被浪漫主义运动视为轻视的对象。1832年3月27日，《费加罗报》（Le Figaro）声称白衬衫"被废止，（因为）它们只会导致一种一再式微的风格，并一再提醒平民与贵族之间的差别"[77]。在德尔菲

勒·戈蒂埃的《年轻的法国：罗马嘲笑者》一书中，丹尼尔·若瓦尔用剪刀将自己的衬衫剪坏，以表达自己转投浪漫主义之后，对其原有立场的鄙视。

19世纪40年代，白天穿的衬衫前襟变得越来越简单，搭配开领较高的马甲，领带几乎隐匿起来。在R. S. 瑟蒂斯（R. S. Surtees）的小说《希灵登厅》（Hillingdon Hall）（1845年）中，侯爵戴了"一个饰有白花的巨大珍珠胸针，将淡紫色的丝绸围巾收拢住，几乎掩盖了做工

第36页
奥诺雷·杜米埃（Honoré Daumier）
《吵闹》，出自"罗伯特·马盖尔"系列，图版18
平印版画，1841年6月27日
私人收藏

第37页
古斯塔夫·库尔贝（Gustave Courbet）
《艺术家画像》，又名《绝望的人》，布面油画
45×54厘米，1844—1845年
私人收藏

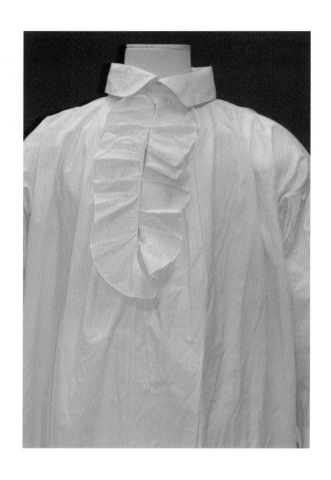

第38页
男士轻薄毛葛衬衫（局部），约1830年
时装博物馆，巴黎

第39页
男士轻薄毛葛衬衫，约1830年
时装博物馆，巴黎

精细的衬衫前襟"[78]。正装衬衣（dress shirts）也去掉了大部分的褶饰，装饰也减少到只有几处刺绣或几道衣褶。随后，马甲承担了大部分的装饰功能。衬衫逐渐开始在后背收腰，使得衬衫背部变得饱满贴身，肩部更加契合。到了1850年之后，衬衫的底部开始由直线裁剪变成曲线裁剪。

到了19世纪50年代后期，英国非正式男装开始变得以放松和舒适为主，《时尚公报》（Gazette of Fashion）（1861年）曾写道："只要是一篇关于衣服的文章，就一定会要求舒适，尤其在乡下穿的衣服，没有比舒适更重要的了。"[79]领口缩小，而且要么是一个小型倒V形的低单领（shallow single collar），要么是一个低领折下来，或是两者兼备。同样，昂贵的硬领日渐被领带代替，领带是一条丝织物，环绕在脖子上，打成一个领带结，或绑成一个领结垂在前面。白天的正式装扮是，大部分衬衫前襟被高开领的马甲和外套或大号折叠领带覆盖，只露出最上面的饰钉或纽扣。以前，衣领曾经竖立，领尖触到下巴，而30年间，这种装扮大幅减少，男士服装中越来越明显地表现出"安逸和优雅"的特征。在时尚的休闲服方面，几乎见不到双领，领带会将衬衫前襟隐藏起来。白色浆硬的领子和袖口非常明显，它们的样式变得更加重要，因为衬衫的前襟被隐藏起来，已经不可见了。1850年之后，衬衫袖口是长方形的，而且像衣领一样可双或单，双袖口越来越被视为更加正式的款型。

男式衬衫在传统上由一系列的方形布制作而成，使得做出来的服装十分宽松。到了19世纪中叶，开始有人想要穿更加贴身的衣服，这导致衬衫的版型开始改变，衬衫制造商、裁缝和业余裁缝开始制作合身的服装。1845年，鳞状版型（scale pattern）衬衫被刊登在《佳人日报》（Journal des Demoiselles）上，文章中陈述了复杂的用法说明，并在最后声明道："如果你成

功了，请感到自豪！因为'没有瑕疵的衬衫的价值不亚于一首长诗'。"[80]到了19世纪50年代，裁缝们将他们设计的版型草图做成了实体衬衫，裁缝和其他工匠则尽力引入新的元素，使他们的衬衫更合体、更舒适。衬衫版型被刊登在面向男士的杂志里，如德维尔（Devere）的《绅士时尚月刊》（Gentleman's Monthly Magazine of Fashion）、《西区绅士时尚公报》（The West-End Gazette of Gentlemen's Fashions）和贸易期刊杂志，如《裁与剪》（The Tailor and Cutter）。[81]1871年，伦敦的衬衫生产商布朗、戴维斯（Brown, Davies）公司注册了一项设计：象形衬衫（The Figurative Shirt）。此衬衫前襟从上到下全部需要系扣，除掉了"陈旧而让人生厌的套头穿法"，允许"衬衫的裁剪在宽度上和袖子上都符合人的身材"。因此，生产商布朗、戴维斯公司声称"这样设计的衬衫比普通的衬衫要舒服得多。"[82]19世纪90年代中期，"外套衬衫"已经在美国很受欢迎，并且在欧洲各地逐渐风靡起来。

直到19世纪60年代末，自制的衬衫越来越多地被那些专门制作的商品衬衫所取代。根据《卡塞尔家庭指南》（1869—1870年）的说法，这是由两个原因导致的。首先是因为"制作衬衫这份工作十分封闭，又让人觉得厌烦，而且毫无疑问地落到女性头上"；其次是因为"自制的衬衫裁剪得不舒服，不整洁，很快就脏"。《卡塞尔家庭指南》中指出三种申请了专利的衬衫"胸部十分窄小，肩部不够宽"，因此，商业衬衫与自制衬衫相比"前襟并不宽松"[83]。莎拉·莱维特（Sarah Levitt）对英国已申请专利的设计做了研究，发现大量衬衫的设计结合了"削减成本的伎俩"，如注册于1848年的"厄普坦达"（Aptandum）衬衫，袖子和垫肩一体，领子与衬衫不分开，并且收腰。[84]1859年，由道森（Dawson）和麦克尼克（MacNicol）在格拉斯哥（Glasgow）登记注册的衬衫版型，在后

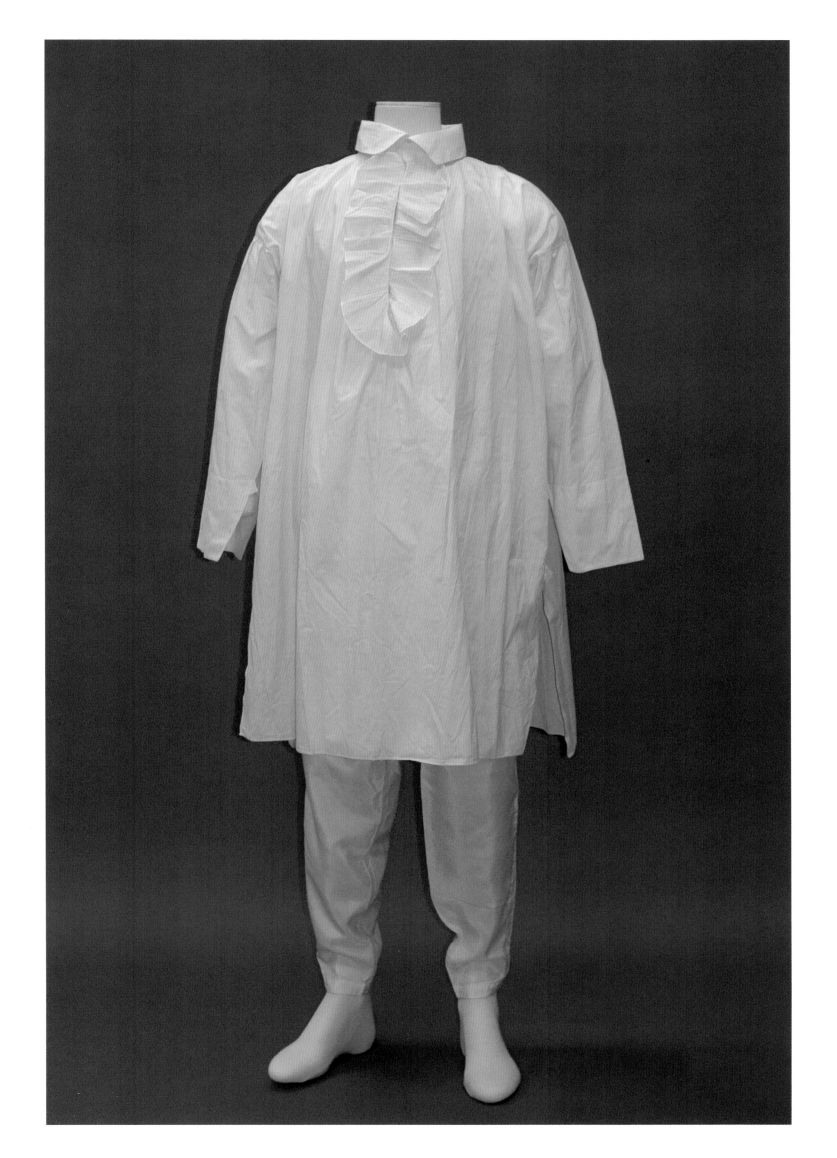

第40页

让·奥古斯特·多米尼克·安格尔（Jean Auguste Dominique Ingres）

《佛罗伦萨骑手》，约1820年

私人收藏

背系带（这个时期有许多此类设计），这样一来就不需要很多的扣眼，并且扣子系好之后，浆洗后的衬衫前襟也不再产生褶皱。这种衬衫还采用拉格伦（Raglan）袖（之所以如此命名是为了纪念克里米亚战争英雄——拉格伦勋爵）。这种衬衫不需要给衣袖造型，便于快速生产，"简单裁制，更好地适应人体，舒适轻松"[85]。

在19世纪最后的二十几年里，高扣马甲（high buttoning of waistcoats）和外套一直还被当作白天的正式穿着，只露出领子和袖口。然而，夏天的衣服和运动服更加休闲，扣子的位置更加偏下，露出衬衫最上方的3颗饰扣。《裁与剪》在1877年建议，应该"要放得够开，露出立起来的亚麻领子和打着水手结的围巾，围巾要够长，打出最时尚的结，显出立领"。在1900年出版的《衣服和男人》（Clothes and the Man）一书中，作者建议"马甲领子应该在左右两边都露出一小部分衬衫前襟，即使是宽领带（ascot tie）也不应该将衬衫前襟完全挡住"[86]。19世纪80年代，领子又开始增高，到了1894年，据说"不久之后，我们将达到7.6厘米高的标准"[87]。这种类型的领子是必不可少的，用于需要穿着正式礼服和晚礼服的场合，低衣领只用于运动衣，此外，刚成年的男性也可以穿低领。体育衣服的领子更加"舒适"。1887年至1888年，网球衬衣的衣领通常是浆洗后下翻，到了1890年，被软领子搭配牛津结（Oxford tie）代替。1896年，板球衬衫发展出一个柔软的下翻尖领，称作"莎士比亚"领，这种衣领须搭配领带。

衬衫领子、领结和领带的选择，仍然是非常重要的，"管辖穿着的法律似乎突然没有那么令人厌烦了"，而且"时髦的（绅士）必须在穿衬衫的时候，将他的领子和袖口附在衬衫上"[88]。某些穿衣方法从社会角度上看是一种耻辱。除了正式的晚装，如果露出太多的衬衣，还表明这个人"不太那个"（not quite）[89]，被视为有一种较低的社会阶层习气。《裁与剪》（1878年）曾强调，通过一个人的衣着选择可以看出其出身环境而不是单纯的财富："如果一个人穿衣服动作慢，应该会是一个势利鬼。"

正装晚礼服衬衫（Evening Dress Shirts）

19世纪，白天和晚上穿的衬衫之间有明确的区分，正装衬衫通常更趋向于装饰性。这可能是工业化加剧的产物，而且倾向于在白天穿着不那么艳丽的衣服和更加实用的衣服。褶边衬衫在白天过气之后，在晚上却依旧流行，并且随着世纪的发展，衬衫被遮挡在高领马甲和领带里面，只有在晚上才能露出来。正如《着装艺术大全》（The Whole Art of Dress）（1830年）中所指出的"袖口、领子和前襟是唯一显露出来的部分"[90]，并且"前襟胸部一直是采用细麻布或者加工过的麻纱，通常饰有各种褶皱和大量艳俗的饰边"[91]。正装衬衫领子僵硬笔直，领尖几乎相触，并搭配白色领结。这种风格因为爱德华王储和他的兄弟而成为时尚，他们"（硬领）总是穿在脸颊非常高处，这样两侧就贴近耳朵下方，延伸到下巴的最边缘处"[92]。19世纪50年代初，"专利椭圆领"被引入晚礼服，这种领子前低后高。

前襟带有褶饰的衬衫依旧有人穿，同时还有带褶纹前襟或刺绣前襟的衬衫，透过低领的马甲显露出来。1860年至1870年，包括褶纹在内的装饰数量从5条增加到13条，更加彰显了财富和社会地位。《卡塞尔家庭指南》（1869年）报道了可接受的各种装饰效果，从"半英寸宽的细麻纱花边，在前襟外沿处缝得整齐又紧密，饱满到足够可以用圆筒形熨斗（Italian Iron）熨烫"到"在平滑前襟上的缎子凸起刺绣"。其中还提出"设计绝对简单的前襟，加上饰钉……简单又不乏时尚"[93]。这些衬衫上的褶更窄，更不好定义，因而与那些较宽且容易制造的普通褶比起来，显得更优雅和独特。

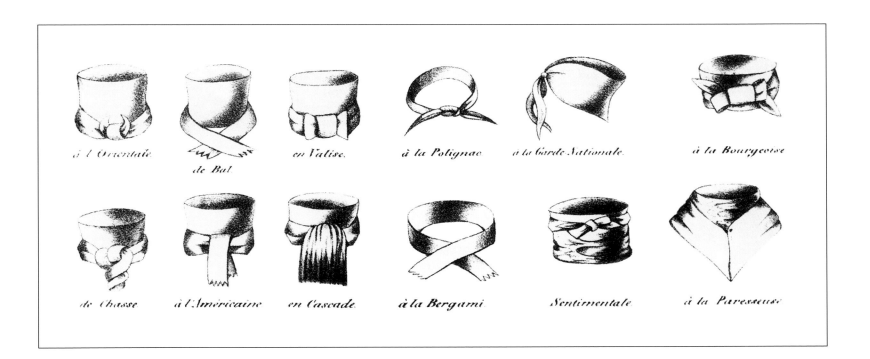

到19世纪70年代中期，正装衬衫几乎无一例外，都是光滑的上浆白色布料，表面十分平整，偶尔会有一两个饰钉，但绝对没有褶皱。时髦又僵硬的、犹如胸甲一般的衬衫前襟显露出太多，需要大量的维护工作。1879年《摩登讽刺剧》（*La Revue de la Mode*）建议"女士们，使用一切必要手段来防止你兄弟、儿子，尤其是丈夫去穿又往上蹿又笨重的衬衫"，因为他们"非常难看，蓬头垢面，又可怜兮兮，给人一种印象：像是精明的马贩子在星期天穿的盛装"。19世纪90年代的一次创新，使得衬衫前襟平整又优雅，秘诀就在于用一个小条把衬衫和内裤扣在一起，从而防止衬衫往上蹿。到了19世纪80年代，法国人普遍认为平整的衬衫太标准，很容易被误解为商品成衣的模仿品，还有高度加工的前襟，因此成为了"正装强制性的装饰"[94]。

可拆卸的领子、袖口和衬衫前襟

白色亚麻布长期流行，而保持衬衫干净所需的时间、成本和困难程度却没有消减，因此在19世纪20年代，引入了可拆卸的领子和袖口，便于每天更换，而不用更换衬衫。据称，美国第一个可拆卸的领子是由汉娜·蒙塔古（Hannah Montague）于1827年在纽约创造出来的。她的丈夫是来自特洛伊的铁匠奥兰多·蒙塔古（Orlando Montague）。因为厌倦了给丈夫洗衬衫，她尝试着剪掉了他的一件衬衫领子，清洗后再把它缝到衣领上。蒙塔古和一个前卫理公会牧师埃比尼泽·布朗（Ebenezer Brown）开始生产可拆卸的领子。随着蒙塔古工厂的建立，1834年，蒙塔古所在的特洛伊的格兰杰（Granger），被称为制造衬衫衣领之城。到了20世纪初，有15000人在衣领行业工作。[95]随着19世纪的发展，可拆卸的衣领及可拆卸的、多变的上浆衬衫前襟越来越流行。在一定程度上，社会地位与浆硬的白色衣领联系在一起，最初白领是一个上层和中层专业人士的标志，后期逐渐发展成为白领是一种社会财富的象征，可拆卸的领子和袖口与这种象征也联系起来。然而，关于领子和袖子，有一些严格的惯例，比如在某天的特定时间和特定场合穿。穷人和工薪阶层的男人除特殊情况继续不穿领子，为办公室人员设计的单独的袖口和袖

第41页
埃米尔男爵（Baron Émile）
《戴领结的艺术》，1827年
私人收藏

口保护也从未被社会认可。

专门在男士穿衣方面提供建议的书籍和杂志对可拆卸衣领的好处进行了详述。在英国出版的《系领带的艺术》（*The Art of Tying Cravat*）（1828年）建议，在旅行的时候，一个绅士应该"为自己准备一个盒子，其中包含（至少）三打衬衫衣领和一打白领带，十几条斑点和条纹领带，一打带颜色的领带和两条黑色丝制领带"[96]。在法国，《时尚理论》（*Fashion-Théorie*）曾于1851年3月解释道，可拆卸的衣领可以为打好领带提供一种"硬度"，而缝在衬衫上的领子则通常或多或少地被衬衫拖着走。[97]

衬衫的假衬胸（false shirt fronts）在英格兰又被叫作"Dickeys"（假前胸），起初人们会在没有干净的衬衣替换的时候穿，比如在外旅行时，或者为了掩盖衬衫的脏污和褶皱。但这种做法也不是总能被社会所接受，《女工手册》（*The Workwomen's Guide*）（1840年）推荐"最好立即穿上干净的衬衫"[98]。法国小说家和评论家马塞尔·普鲁斯特（Marcel Proust）并不喜欢这种二流的浮夸做法，因为到了第二天早上，覆盖在衬衣上的假衬胸就会"毁掉"一件晚礼服衬衫。[99]

历史学家莎拉·莱维特通过她对19世纪英国专利设计的研究发现，假衬衫前襟（false shirtfront）制造商的挑战之一是设计，如何让它们在被使用时保持在正确的地方。[100]托马斯·理查德·巴洛（Thomas Richard Barlow）在1858年设计的"新制服衬衫前襟"覆盖了所有的汗衫前襟，附带袖口，并用扣子固定在领子后面，在裤腰带背面带一个锁扣。而位于斯汤顿（Taunton）的生厂商A.K.库克（A. K. Cook）公司设计了一款类似于围裙上部分的衬衫前襟，带着领子和收腰，通过在脖子前面和右肩的饰钉固定住。[101]

到了19世纪50年代，衬衫的假前胸已经不再是一个有趣的新鲜事物（因为新鲜所以昂贵），下层阶级也会以此作为衬衫保洁的手段，避免频繁洗涤衣服的麻烦。在R.S.瑟蒂斯1853年所著的小说《海绵先生的运动旅行》（*Mr.Sponge's Sporting Tour*）中曾经描写到他的"英雄"几乎是"一个拥有两件衬衫和一件衬衫假前胸的男人"[102]，这是为了让人觉得他拥有"完美的白衬衫"。阿尔封斯·都德（Alphonse Daudet）在其1864年的小说《富翁》（*The Nabob*）中描述了一个小职员花数天时间用纸给自己制作衣领、衬衫袖口和衬衫前襟。便宜或自制的可拆卸衣领有着内在的缺陷："稍微一动……它们就会卷缩在他周围，好像在他肚子上有一个纸板箱。"[103]阿贝尔·勒哲（Abel Léger）也在清洁纸衣领方面遇到了问题。1912年，在意大利的博洛尼亚（Bologna），他把一些可拆卸的有布覆盖的纸衣领给他的洗衣妇人，"当她把我的衣服拿回来的时候，我看见她一脸沮丧，双手捧着一堆洗得乱七八糟的纸团。这个不幸的女人不熟悉纸制衣领，将它们水洗了"[104]。

衣领、袖口和衬衫前襟是否结实不仅与布料的质量有关，还与上浆材料中的硬化剂有关。在处理衣料、上浆和熨衣服时有处理的技巧，使用这些技巧才能让衣服看起来平整时髦。像将领子和袖子用大头针固定而"毁掉了扣眼"这样的错误的确发生过，专家们把领子和袖口缝上线。[105]从19世纪80年代开始，材料的新发展使得用赛璐珞（celluloid）制造可拆卸的衣领、袖口和衬衫前襟成为可能，这种材料增加了自然的硬度，降低了对上浆的需求。但是赛璐珞的衣领也有其缺点，到了19世纪末，赛璐珞的领子高度达到10厘米或13厘米。1903年，《男装》引用了《每日电讯报》（*Daily Telegraph*）的一封女士来信，警示了这种领子的危险性，因为她的儿子穿的"深伊顿式"（deep Eton variety）领子着了火。

可拆卸的领子和袖口有它们的优势，一

第42页
保罗·纳达尔（Paul Nadar）

《阿尔韦托·桑托-杜蒙》（*Alberto Santos-Dumont*），
约1900年

私人收藏

些厂家为了方便，加入了不同的元素。1849年，约翰·史密斯（John Smith）在伦敦注册了一款名为"组合衬衫马甲"的设计。伦敦的领带制造商理查德·穆林斯·穆迪（Richard Mullins Moody）注册了一个领子，不同之处在于这款领子前面已经缝上了一个领结，历史学家莎拉·莱维特认为"可能适用于炎热气候"[106]。

彩色衬衫、条纹衬衫和图案衬衫

整个19世纪的衬衫颜色不是全白色就是浅色，这是内衣通常的标准。然而，整个19世纪都在引入彩色衬衫、条纹衬衫和图案衬衫，最初是上层阶级在运动或休闲活动时穿的。然而这些衬衫的确发展和保留了其"独特的工人专用"的标志，而穿白衬衫的则是"中产和专业阶层"[107]，表明穿衣人不必通过又脏又累的体力劳动谋生。这就产生了"蓝领"和"白领"这些词汇，以此来区别文书工作和体力劳动。《着装艺术大全》的装甲兵军官作者认为彩色衬衫"不应该太亮，太过招摇"，并推荐"非常窄的条纹，之间有相同宽度的白色间隔"，他最喜欢的颜色是蓝色，从来不用"耀眼的红色"，这是他所"反感"的颜色。[108]

到19世纪30年代，一种称为"水上衬衫"（aquatic shirt）的条纹"运动衫"被介绍给了从事划船运动的人，但年轻人在划船运动之外的其他运动也开始穿着。查尔斯·狄更斯（Charles Dickens）所写的《匹克威克外传》（The Pickwick Papers）（1836—1837年）中曾描述：医学院的学生杰克·霍普金斯（Jack Hopkins），穿着一件"蓝色的条纹衬衫和一个白色的衬衫假领子"[109]。在运动场所，人们继续穿着如"红色法兰绒帝王衬衫"（Emperor shirt）[110]或"带红宝石饰钉的粉红条纹衬衫"[111]。图案也

被引入到织物上，比如印花法国麻纱（printed French cambric）和带有马、狗和其他与狩猎活动相关设计的"罗杰斯改进衬衫"（Rodgers Improved Shirts）。在艾伯特·史密斯（Albert Smith）写的《莱德伯里先生和他的朋友杰克·约翰逊历险记》（The Adventures of Mr. Ledbury and His Friend Jack Johnson）（1847年）中，莱德伯里穿着一件图案衬衫，上面用巧克力色画了意大利芭蕾舞演员——卡洛塔·格里西（Carlotta Grisi）"[112]。在狄更斯所著的《匹克威克外传》中，一个绅士"穿的衬衫上印有粉红色的锚"[113]。20世纪中叶，大部分可穿的衬衫都为J.莫利先生和R.莫利先生（Messrs J. & R. Morley）公司1866年的目录所涵盖："男人的衬衫、长袖和半袖、棕色棉质、莱尔棉线（lisle thread）、薄纱棉（gauze cotton）、粉红色和花哨的条纹皇家棉花（Imperial Cotton）、自然梅里克（merico in natural，单排扣或双排扣）、红色或花哨的颜色。夏天穿的衬衫用美利奴绵羊毛纱（gauze merino）和印度薄纱（India gauze）制成。冬季则是羔羊羊毛衫、萨克森法兰绒或山羊绒、血色羔羊羊毛衫（Scarlet lambs' wool shirts）、精纺衬衫和塞哥维亚衬衫（Worsted and Segovia shirts）。配扣在前面或后面的腰带和腕带及亚麻前襟的长布衬衫、纯亚麻衬衫，带法国腕带的正装衬衫，印有帆船图案和条纹的牛仔裤。"

尽管彩色衬衫和条纹衬衫随处可见，但它们并不被社会接受，直到19世纪的最后10年。《如何穿着或着装的礼仪》（How to Dress, or Etiquette of the Toilette）是1876年出版的礼仪读物，它建议"体面的人""如果可能的话，永远不要穿彩色衬衫"，因为"图案和条纹不能掩饰杂质"[114]。1894年，"整齐的粉红色和蓝色相间的条纹"很受欢迎，但大多数人还在穿"硬挺的白领和袖口"[115]的衬衫。1895

年，"彩色的（白天穿的）衬衫胸前和袖口附近有图案和条纹，而不是在胸部附近和袖口"[116]。一些更另类的男人，如艺术家，会穿没有正规的白领的彩色衬衫。英国建筑师C. R. 科克雷尔（C. R. Cockerell）在他1892年的日记里写道，艺术家威廉·莫里斯（William Morris）穿着"自己用大桶染成靛青色的亚麻衬衫"与他一贯的"深蓝色哔叽西装（serge suit）"，并不系领带。[117]

紧身胸衣（corsets）和束腹衣（stays）

19世纪初，掐腰是主要流行的"花花公子"样式，正如亚瑟·布赖恩特在他1984年的英国专著《奔向银色海洋》（Set in a Silver Sea）中所说，"半紧身裤或'无法言说'，合拢起来呈蜂腰状，鼓起来像是在撑条下面连着衬裙"[118]。厄塞布·阿克西厄（Eusèbe Arcieu）在他1823年的著作《透视伦敦》（Diorama de Londres）一书中曾指出有两种英国花花公子样式，其中之一是阴柔的阿多尼斯型（另一个是阳刚的赫拉克勒斯型），"穿紧身胸衣，戴单柄眼镜"，并"在他们的大衣的袖子和肩部加上软垫"[119]。《伦敦隐士》（1819年）将最为阴柔的男性时尚形象描述为"戴的领子像是四马拉车的马夫，中间收腰像沙漏，脖子跟鹅一样长，领带宽大得可以做桌布"[120]，这种描述导致了大量的讽刺漫画出现，画中这些人骑马于伦敦街头［克鲁克香克（Cruikshank）的《怪物》（Monstrosities），1822年］或被系到他们的撑条上［詹姆斯·吉尔雷（James Gillray）］。在法国，追寻这种看似阴柔的"英式"时尚的人饱受批评："当我们的女士们篡夺了裤子的时候，应该一切保持阳刚的男性则借用了女士的服装，穿着紧身胸衣，绗缝肚兜，宽大到跟衬裙一样的裤子，甚至裤子与裙子相似到很

难区分。"[121] 1818年出版的《纨绔子弟日记》（The Diary of a Dandy）强调了男士撑条的不可靠性："叫来裁缝和撑条匠——要了一对坎伯兰胸衣，带鲸骨后襟。不小心的人注意了！在弯腰捡某女士手套时，最后一对胸衣报废。某公爵对我报以无理的耻笑，并用那句水手俚语问'是不是没穿撑条？'"[122]

军官、纨绔子弟和"花花公子"也穿戴撑条以显得精神、整齐。乔治四世，作为摄政王时，是出了名地喜欢穿撑条，可是随着他年事渐高，也不再穿了。英国政治家托马斯·克里维（Thomas Creevey，1768—1838年）在他1903年发表的日记中写道："普利尼已经不再穿撑条，现在肚子垂下来套拉到膝盖上。"（摘自《克里维论文》）[123] 然而，并不仅是时尚年轻人穿着紧身衣，老年人也尝试显得更年轻、更时尚。在巴尔扎克所写的《贝姨》（Cousin Bette）中的一个角色男爵于洛（Baron Hulot）为了吸引他年轻的情妇，穿了一件紧身衣，而情妇却希望他不要有这种装扮。在情妇告诉他，"不是因为你的橡胶皮带，你的紧身马甲和你的假毛片，我才爱你"之后，男爵便不再穿着紧身胸衣，使他的"胃下垂和肥胖的体形一目了然"[124]。

然而，撑条曾经并不仅仅是为了虚荣心才穿戴，其也有实际作用，比如在军队中穿。此外，许多欧洲的记录中提到军人穿着撑条，帮助他们矫正姿势。1840年出版的《女工手册》中记录道，撑条还帮助男士们在竞技活动（如骑马、狩猎和剧烈运动）中支撑身体。撑条可由多种衣料制作，"坚固的牛仔布、结实的棉麻布（duck）、皮革或结实的带状织物（webbing）"，穿在汗衫与衬衫，或者汗衫与马甲之间。这些撑条结构简单，往往"只是一条材料"[125]。正如时尚历史学家艾莉森·卡特（Alison Carter）所说，因为"它们没有必要与女性曲线一比高下"[126]。

技术的变迁

19世纪中叶，服装由小作坊式的生产转向大批量生产制造。新发明的英国1863年申请专利的回转棉布织机（cotton circular knitting loom）意味着针织衫在内衣生产中的应用超过纺织面料。该系统中，针被装在一个圆圈里，而不是在平坦的机床上（可以进行一系列水平和垂直的移动）。最古老的机器版本是由法国人马克·伊萨巴德·布吕内尔［Marc Isambard Brunel，他是伊桑巴德·京顿·布吕内尔（Isambard Kingdon Brunel）的父亲］发明于1816年。他的想法被比利时的彼得·克劳森（Peter Claussen）继续发展，并于1845年申请专利，新的机器可以用手工驱动或蒸汽驱动，生产大量的圆形管织物。

在19世纪初的欧洲和美国，缝纫机发展出了多种形态。1829年，法国人巴泰勒米·蒂莫尼（Barthélemy Thimonnie）发明并申请了一项链式缝纫机专利。1846年，美国人伊莱亚斯·豪（Elias Howe）在美国发明了一种锁式缝纫机，并申请了专利。1851年，艾萨克·梅利特·辛格（Isaac Merritt Singer）被授予一项关于缝纫机的美国专利，这种缝纫机使用直针而不采用弯针，滑梭按直线轨迹运动而不是圆形轨迹。经过一系列关于专利侵权的法律辩论之后，一群制造商汇集了他们的专利，形成了缝纫联合体（sewing machine combination）。自此，缝纫机开始进入批量生产。1856年，辛格在格拉斯哥开办了一家英国公司。1874年，

第47页
乔治·克鲁克香克
《花花公子装扮》，1818年
大英博物馆，伦敦

47

在新泽西州的伊丽莎白维尔（Elizabethville）开了一家工厂。用蒸汽发动机来为缝纫机提供动力，意味着它们比人们的双脚来得更有效率，几个小时的手工活可以在几分钟内完成。[127] 批量生产出来的服装对工薪阶层的男女来说特别有吸引力，普及率提高，成本降低，这使得内衣从奢侈品变成了可以负担得起的日常用品。

1820年，伦敦的车身制造商托马斯·汉考克（Thomas Hancock）申请了一项专利，"扩大了某种材料作为衣料的适用范围，使得同样的衣服可以更具有弹性"[128]。1839年，英国莱斯特的一名针织品和服装制造商凯莱布·比德尔斯（Caleb Bedells）申请了专利，弹性技术被引入到针织物中。1844年，托马斯·汉考克和美国人查尔斯·古德伊尔（Charles Goodyear）都申请了稳定橡胶方法的专利，他们在橡胶中混入硫磺，并高温制造，这个过程被称为"硫化"（vulcanisation），名字来源于罗马神话中的火及火山之神。19世纪40年代，弹性第一次使用到男士内裤的束腰带中，但时隔颇久才流行起来。1874年，芝加哥班尼特体育用品公司的夏普和史密斯发明了第一件护裆（athletic supporter）。波士顿街道由大量的鹅卵石铺就，穿着护裆可以保护自行车骑手。护裆呈杯状，纺织物制成，由一条束腰带及带子系在屁股上，一开始被称为自行车骑手带（Bike Jockey strap），1887年被班尼特新成立的自行车网络公司申请专利。这个名字很快就被称为"真正爽空空裤"（jock strap）。1902年，西尔斯-罗巴克（Sears and Roebuck）公司最先在商品目录中加入真正爽空空裤这个商品，并开始大批量销售，他们宣称穿真正爽空空裤进行体育锻炼有医学上的价值。为了提供额外的保护，一些护裆会多缝上一个口袋，这样可以插入一个保护杯。1904年，芝加哥白袜队的棒球队捕手克劳德·贝里（Claude Berry），将保护杯引入了护裆，用于美国职业棒球大联盟。[129]

橡胶化处理过的棉料也被用来制作"端庄腰带"（modesty girdles），穿在男人的精纺羊毛泳衣里面，从脖子一直覆盖到中膝。湿的时候，这些毛料衣服会紧贴着身体，表现出身体轮廓，这被认为是不正派的。"端庄腰带"意在隐藏任何让人感到不舒服的凸起。美国在19世纪60年代，男性体育队要求他们的球员在紧身裤里面穿"端庄腰带"来避免被指控"伤风败俗"。1867年，一个著名的芝加哥运动队因拒绝穿此腰带而被取消比赛资格。

在1800年之前不久，裤子吊带（braces）被引入到男士服装当中，形成一种新的吊住内裤和裤子的方式，并产生了不小的影响。1840年，最初的裤子吊带由两条独立的带组成，在背后连接起来。1846年，裁缝亨利·鲍威尔（Henry Powell）为他的"Comprino"吊带做了广告，邀请客户去"查看他的发明是如何一起吊住内裤和裤子的"，这就解决了不能稳住内裤的问题，替换掉了之前失败的产品，如"水平或垂直扣在带扣眼腰带上的带子，或在腰带上切个口扣上带子，此外还用线带（tapes）、线、针等"，这就导致"经常断裂或撕裂，裤子上部下翻，或者两侧拉力力度大小不一，此外还要消耗额外的时间并带来麻烦"[130]。松紧带引入吊带之后，增加了灵活性，但由于费用问题和防止过度伸展，只在一小部分加入松紧带。到世纪末，完全采用松紧带的吊带开始大量使用。因为有大量简单和实用的吊带可用，年轻女性经常会用柏林羊毛绣上丰富多彩的图案送给男人作为礼物，"作为一种私密感情的象征"[131]，但他们何时会缝到衣服上却从来没有提及。带图案和花样的吊带在19世纪80年代开始出现。乔治·斯泰瑟姆（George Statham）和乔治·约翰·弗莱马克（George John Flamak）分别注册了吊带的外观设计。在1885年，吊带加入了英国首相本杰明·迪斯雷利（Benjamin Disraeli）的图

第48页
护胸，约1841—1850年
伦敦博物馆

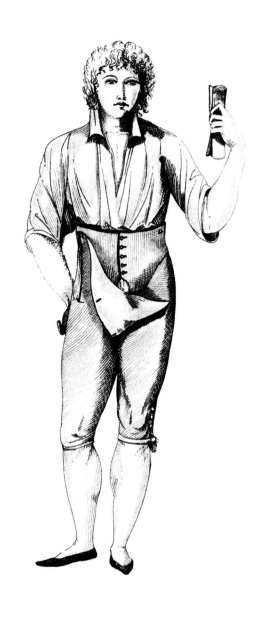

第50页
L. J. 克莱兰（L. J. Clairin）
《对于男性服饰（尤其是裤子）的研究和医学思考》中的"男士裤裆"（culottes à pont），1803年

第51页
苏菲·鲁德（Sophie Rude）
《沃尔夫，又名伯纳德，作家、演员、布鲁塞尔皇家铸币局剧院经理》（局部），布面油画
125 × 85厘米，1819—1823年
卢浮宫，巴黎

像，在1887年加入美国星条国旗的图案。

1895年，坐落于莱斯特郡（Leicestershire）威哥斯顿·麦格纳（Wigston Magna）的"两个尖塔"（Two Steeples），制作出了一件全羊毛不缩水的服装，"占据了不缩水纯羊毛内衣类商品的第一位"[132]。在1898年的美国，弗兰克·斯坦菲尔德（Frank Stanfield）和他的兄弟约翰开发了名叫"斯坦菲尔德防缩水内衣"的产品。[133] 彼得·斯科特（Peter Scott）公司成立于1878年，是第一个生产防缩水内衣的苏格兰制造商，他们将之称为帕斯科（pesco）。1903年3月7日，《男装》报道男士内衣实现不缩水的秘密被"严格保密"[134]。1906年9月29日，《装备店》（The Outfitter）报道说，帕斯科内衣"不缩水且不损伤羊毛纤维，每件衣服都由自动机器制造或设计。它由两层或三层的羊毛、蚕丝和羊毛纱构成。在清洗的时候，帕斯科内衣不会变形，且弹性和柔软的触感不变"。

内裤和背心

19世纪初，除了完善的"马裤衬里"和裤子衬里，绅士们还穿棉布、印花布料或法兰绒布料的内裤来保持清洁，提供保护并保暖。到了19世纪30年代，淡黄色的南京棉布（nankeen）、丝绸弹力织物（silkstockinet）、麂皮（chamois）和仿麂皮材质衣料不仅让人产生一种古典主义式的裸体幻觉，反映出一种对古典雕塑的热爱，而且因为强调了男性的凸起，提高了穿衣人的阳刚形象，通常需要穿衬里才不至于让观者觉得不适。然而，正如伊恩·克利（Ian Kelly）在关于博·布鲁梅尔传记中所写的，"所有时尚的年轻男子"[135]，包括博·布鲁梅尔、斯克罗普·戴维斯和英国诗人拜伦，都很少穿内裤，部分原因是因为不想让裤线出现不平整。

19世纪有两个长度的内裤，短款内裤穿在马裤和"小件"（smallclothes，这是一种短版的马裤，一直延伸到小腿）下面；长款内裤穿在裤子里面，通常被称为"开口内裤"（troues drawers）和"裤子内裤"。《女工指南》（1840年）中介绍了一个方法，告诉人们如何使用"粗斜纹或印花棉布"来制作男士及膝内裤。其指导裁缝插入"孔眼"（oylet holes）来收紧束腰带后面的花边，此外在前面缝上"金属纽扣……和孔眼"。在每条裤腿的底部，用线带来制造褶皱，可以从每边的"孔眼"里穿出来，"将它们调整到合适的型号"[136]。19世纪70年代，短羊毛内裤搭配灯笼裤成为时尚的运动和乡村服饰，为了骑行，设计了一种特殊的吸汗弹力短裤。短版内裤的束腰带通常长达7.6厘米，并用扣子系住。内裤用线带绑在背后，如果是短版内裤，则在膝盖部位系上缎带。长到脚踝的毛料内裤在前面由4个扣子负责开闭，束腰带的后面垫入衬料，最后由交叉的线带连到一起。《插画》（L'Illustration）画册、《斯图加特》（Stuttgarter）价目表和《普通卫生羊毛内衣》（1898年）将这种4个扣子系在前面的内裤样式称为"英式风格"。它们的"一般"风格是一个斜的"门襟"，用两个扣子扣到右边，"腹部面料双倍加厚"，两种风格的衣服都有6种不同厚薄的羊毛规格，从"夏天款"（Summer）到"超重款"（Ex. Hvy）。

到19世纪后期，偏重功利的布料如羊毛料、棕色及白色棉布、法兰绒布料和特别的黄奶油色的绒布，以及更具异国情调和昂贵的丝绸也变得可用。虽然在80和90年代穿的内衣颜色偏暗的居多，但一些纽约男人的品味"比女人更昂贵……他们穿丝织的最柔软的内衣"[137]，他们"对自己丝绸内衣颜色的苛刻不亚于老处女要求自己帽子上的装饰。紫色是今年最受欢迎的新颜色"[138]。

第52页
Rasurel品牌
广告语：X光透视下，大家都穿Rasurel内衣
1912年1月27日
阿让通衬衣博物馆（Musée de la Chemiserie d'Argenton），
阿让通

19世纪40年代，引入了一种新的内衣，男女都可以穿——羊毛背心（woollen vest）或"内衣背心"（under-vest），《女工手册》描述其为"一般用印花棉布制作"[139]。尽管这种"内衣"是紧贴皮肤穿着，外面披衬衫，但它保留了法兰绒内衣马甲（flannel under-waistcoats）的名字，人们之前穿着法兰绒内衣马甲来保暖。从事体力劳动的男性，如矿工或水手，会在深冬季节里穿着针织或绒布汗衫（又名"sin-glets"），这种衣服吸汗且易清洗。在1855年的伦敦，唐纳森（Donaldson）、赫希（Hirsch）和斯帕克（Spark）申请了一项汗衫的设计专利，一层可以拆卸的红色法兰绒，覆盖在胸部，插在两片衬衫前襟重叠的部分之间。[140] 这个设计是为了给穿戴者提供额外的温暖。1854年，莱斯特的约翰·比格斯（John Biggs）和他的儿子

们（因为"样品袜"的"优秀品质"在1851年伦敦的大展览上受到表彰），尝试着通过去掉腋下的衬料来削减成本，使他们能够更快生产，且成本更低。1843年，他们同样地将绵羊毛衬衫的侧缝（side seams）去掉。[141] 汗衫和背心通常可以用羊毛制造，且通常是长袖，生产商韦尔奇、马吉特森（Welch，Margetson）公司曾制造过这种产品，并在1883年做过广告。羊毛背心"通过腋窝处的切口进行通风"，这样服装则变得更健康，更卫生。

卫生着装与健康内衣

19世纪，在个人卫生方面有了不小的进步和发展。阿兰·科尔比（Alain Corbin）曾认为，

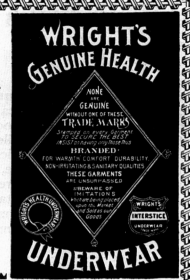

Wright's Genuine Health Underwear

WRIGHT'S GENUINE HEALTH

Always Found in This Style Box

A light weight underwear—made from Pure Undyed Wool—soft to the flesh. An underwear which will Wear, Wash and will Not Shrink. You get this when you purchase the

Genuine Wright's Health Underwear.

For Sale Everywhere.

"清新的体味"更多地依赖于"高质量的清洁内衣",而不是19世纪卫生改革者们所提议的"一丝不苟的卫生习惯",他们曾尝试执行"严格的换洗床单和衣物的时间计划"[142]。这样一来,可能最后的结果是,大家都开始喜欢"有着令人愉快气味的新鲜亚麻"。同时,20世纪在穿衣和穿衣对健康的影响方面也有所发展。19世纪晚期,"卫生着装"(hygienic dress)理论家们的指导原则是,必须为身体提供保暖(而20世纪的理论家们则认为衣物必须透气)。因为贴身穿羊毛类衣服的时候会出汗,所以讲求卫生的话,羊毛是很好的材质选择,其多孔性可以使"有害的吸入物扩散"[143],并且"迅速消除排出有害废料,让呼气充满愉悦"[144]。许多医生,如耶格(Jaeger)、布雷顿(Breton)和拉修埃尔(Rasurel),研究了羊毛法兰绒的性能及其

在促进健康、预防风湿和感冒方面的有效性。

德国医生和动物学家汉斯·古斯塔夫·耶格(Hans Gustav Jaeger)发展了一系列关于"卫生着装"的复杂理论,并在1880年的《服装健康》(*Die Normalkleidung als Gesundheitsschutz*)上发表。他认为贴身穿羊毛制品最根本的就是刺激排汗,同时反对使用植物纤维或丝绸,他认为这些材料"肯定会对健康产生伤害"。耶格分析道,人类是唯一会穿亚麻布或棉布蔽体的动物,这些无生命的纤维会释放出"有毒气体",而羊毛和毛发制品则会吸收人类呼出来的有害物质。[145]耶格反对使用会褪色的染料,只批准了靛蓝和胭脂红,前者尽管来自植物,但不会褪色,后者则提取自动物。因此,他的羊毛类服装儿乎都是未经过染色的乳白色面料,以及来源于黑羊毛的各种浅褐色和黑褐色面料。

第54页
爱德华·马奈（Édouard Manet）
《划船》，布面油画，97.2×130.2厘米，1874年
大都会艺术博物馆，纽约

最初，耶格并不喜欢内裤，他提倡将卫生的羊毛衬衫的下摆从两腿之间穿过，并用一个安全别针别到胸前。然而，他后来设计并制作了一体组合式内衣，防止松紧不适，促进血液循环。

刘易斯·托玛琳（Lewis Tomalin）将耶格的作品翻译成英文，并于1884年在伦敦开了耶格博士的卫生毛纺系统商店（Sanitary Woollen System Store）。购买耶格产品的顾客大多数是开明人士，包括上层阶级的清教徒，或英国进步知识分子，如剧作家萧伯纳和奥斯卡·王尔德，他们都曾宣扬过合理的着装、"羊毛运动"（woollen movement）和耶格博士卫生羊毛内衣的好处。萧伯纳全盘接受耶格的理念，并在1885年6月19日订制

了他的第一套耶格装。萧伯纳的传记作家弗兰克·哈里斯（Frank Harris）将其描述为"理想的健康服装，单件或一套，棕色的羊毛材质，从袖子到脚踝完全用一整块毛料制作，穿上它的人就像一根分叉的萝卜，外面套了一条精纺分叉的长袜"[146]。1885年10月22日，耶格的代理商安德烈·朔伊（Andreas Scheu）给萧伯纳写了一封信，介绍了他羊毛套装的"洗涤过程"："非常简单的，只需要稍微关注留意一下"。将它们先浸泡在溶解有"好淡肥皂"（good pale soap）的热水中25分钟，然后在干净的水中冲洗3次，拧干，放在"露天和阳光下晾晒，如果可能的话，晒到半干，然后用烙铁迅速熨干"[147]。19世纪90年代，萧

伯纳从羊毛套装升级成了羊绒套装，朔伊的信中讲到他从卢茨（Lutz）"订制了两套"，但不喜欢斯帕林（Sparling）套装，因为它们"没有我喜欢的羊绒材料"[148]。

1885年的《裁与剪》指出了在卫生健康内衣方面的需求增长，"各种卫生内衣越来越受到人们的喜爱……其中的确有一些品味，但只有微妙的颜色可以满足这种效果，肉色、淡紫色、紫色、淡蓝色和其他精妙的颜色可以满足他们需求……穿轻质羊毛的比以往更多"。1898年，第11版的《斯图加特》"标准卫生羊毛内衣"插图画册在美国发行，其前言写道："在过去的10年间，几乎所有文明世界的报纸、期刊和医学杂志都指出在整个文明世界都曾广泛地研究过纯羊毛面料的内衣，多年来的共识和经验归结下来，还是认为羊毛是最适合人类穿着的。"画册中引用了医生和穿戴者的证据，承认斯图加特纯羊毛内衣的好处，并大力提倡。斯图加特服装的洗涤说明几乎与安德烈·朔伊寄给萧伯纳的说明一模一样。

到20世纪末，对织物的健康性能的看法开始改变，服装改革家们认为男人穿了太多"不卫生的羊毛"，"堵塞"了皮肤的毛孔，使得皮肤"不能通过毛孔排出杂质"[149]。同时，人们开始讨论和探寻其他对健康有益的材料。1888年，路易斯·阿斯兰（Lewis Haslam）在英国设立了"纱罗服装公司"（Cellular Clothing Company），生产埃尔特克斯（Aertex），这是一种棉质纱罗网眼织物，透气性好，同时保持冬暖夏凉。在5年之前的1883年，《美国丝绸杂志》（American Silk Journal）提倡丝绸内衣的健康属性，表示"经验表明，丝绸内衣可以减轻风湿疼痛、神经痛及多种神经性疾病，甚至有时可以将这些病症治愈，为患者增加活力"[150]。英国首相丘吉尔也曾对丝绸内衣有益健康大加赞赏。他告诉妻子克莱芒蒂娜（Clementine），针织丝绸的柔软质地对他的健

康非常重要，他的皮肤"非常敏感，需要穿最好的布料"[151]。然而，这可能只是为他穿着昂贵的衣服所找的借口。他的私人秘书回忆说，丘吉尔穿"细纺的奶油色丝绸睡衣，白色的丝绸衬衫，真丝内衣——这里他允许自己多一点色彩，并偏爱粉红色的短裤"[152]，他妻子还告诉她的朋友维奥莱·阿斯奎特，"丘吉尔对自己的内衣要求最为奢侈，都是由非常精细织造的浅粉色丝绸制作，购自陆军和海军商店，价钱贵得吓死人"[153]。丘吉尔巨大的内衣开销是80镑[154]。1931年10月，芝加哥嫌犯阿尔·卡彭（Al Capone）因为逃税遭到审判的时候，高成本和奢侈的丝绸内衣又进入了人们的视线。他在辩护自己没有可证明的收入之后，花了12美元购买丝绸内衣，135美元购置西服，却不偿还30万美元欠债，这足以证明他有罪。[155]

1895年3月9日的《德雷珀记录》（Drapers'Record）专门报道了"羊毛内衣和棉制内衣"在是否有益健康方面的比较。文章重点关注了一些医生对不同衣服纤维热传导率的研究。佩滕科费尔（Pettenkofer）教授曾写道："羊毛材料，或动物纤维和亚麻材料本身的导电性实际上差别不大。"但取决于这些材料是怎么生产出来的。他曾对羊毛袜子和亚麻袜子做过一个对比试验，实验结束后，他得出这样的结论："植物纤维的衣服比动物纤维的衣服更能从皮肤吸汗。"然而，施利切特（Schlichter）博士认为他的证据证明在"吸汗并保持干爽方面，动物毛皮材料远远优于棉、麻、丝质材料"。玻尔（Poore）博士认为，一件"正常紧密编织的亚麻或棉布服装"因为吸汗而变湿的时候，身体会迅速蒸发汗液，体温会随之降低，而这种缺陷也可以通过"松散的材料编织方法来抵消"。在权衡这些所谓"专家"所展示的证据之后，这篇文章的作者得出的结论是："我们必须重新回到一点，为什么我们认为一种纤维材料比另一种材料要好。"[156]

第55页
F. 鲁塞尔（F. Roussel）
《拳击手紧身衣》，1883年
私人收藏

CALEÇONS ou GILETS mérino français, teinte moutarde.
Mailles ½ fortes. **2·75**
Mailles fortes. **3·75**
Serie extra. . . . **6·75**

CALEÇONS ou GILETS pure laine, haute fantaisie, mailles demi-fines.
Toutes tailles.
13·75, 8·75 et **4·75**

CALEÇONS ou GILETS coton couleur, rayures fantaisie.
Toutes tailles. . . **3·75**
En fil d'Ecosse. . .
11·75 et **6·75**

GILETS crêpe de santé, qualité Louvre.
Demi-ouverts { Sans manches. **4·25**
Manches courtes. **5·25**
Manches longues. **6·25**

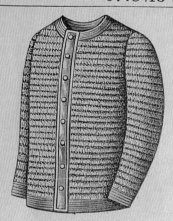

GILET SHETLAND mailles très souples, léger et chaud, blanc ou naturel. **6·75**

CALEÇONS ou GILETS coton écru, très bien finis, mailles fortes et demi-fortes.
4·75, 3·75, 2·75 et **2·40**

CALEÇONS ou GILETS coton mailles fines, toutes tailles . . . 4.50 et **2·75**

CALEÇONS ou GILETS coton couleur, marengo ou beige.
Mailles fortes. 3·75 et **2·40**
Mailles fines. . . . . 3·75

GILETS filet, pure laine, blanc, irrétrécissable, ½ ouvert.
Sans manches. . . . . . . **3·75**
Demi-manches. . . . . . . **4·75**
Manches longues . . . . **6·25**

TRICOT HYGIÉNIQUE
CALEÇONS ou GILETS pure laine, teinte naturelle.
Mailles fortes 8·75, 6·75, 5·75, 4·75 et 3·75
Mailles fines.
7·75, 6·75, 5·75 et **4·75**

GILET flanelle, tricot hygiénique blanc, garanti *irrétrécissable*.
Sans manches. . . . . . **2·90**
Demi-manches. . . . . . **3·25**
Qualité extra Louvre.
Sans manches. . . . . **4·75**
Demi-manches . . . . **5·25**

CALEÇONS mérino blanc, genre anglais.

P.T.	T.M.	G.T.	T.G.T.
9.25	9.75	10.25	10.75

Les Gilets : même qualité.

7.75	8.25	8.75	9.50

CALEÇONS ou GILETS pure laine, naturel ou marengo.
Toutes Tailles { Grosses côtes **8·25**
Côtes fines. **9·75**

CALEÇONS ou GILETS tissu jersey molletonné, teinte naturelle. *Toutes tailles.* **8·75**

CALEÇONS ou GILETS bourre de soie, écru, vieux rose, bleu Vichy, Suède ou noir.
Toutes tailles. **11·75**

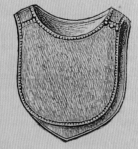

PLASTRONS HYGIÉNIQUES en tissu des Pyrénées, naturel ou marengo 2·75 et **1·45**

ARTICLES SPÉCIAUX PERFECTIONNÉS
Laine et Tourbe du Dr VÉRAX
contre les Rhumatismes

CALEÇONS ou GILETS mailles demi-fines. 7.75
CALEÇONS ou GILETS mailles fortes. 9.75
CHAUSSETTES demi-fines ou fortes. 2.25
PLASTRONS doubles. 3.50
GENOUILLÈRES toutes tailles. . . 3.50

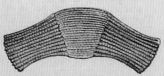

GENOUILLÈRES laine tricotée à la main, marengo, naturel ou blanc.

	T.M.	G.T.	T.G.T.
Qualité forte	2.75	2.95	3.75
Qualité fine	3.50	3.90	4.50

第三章
1900—1980年的内衣时尚

20世纪上半叶，男士内衣在设计和生产方面进行了大胆探索，追求独创性，内衣款式更加趋于运动化和小巧化。20世纪初，对男士而言，内衣的质地和款式都有很大的选择空间。在英国，1755年于莱斯特创立的沃尔西公司便推出了"质地为羊毛、丝绒等不同尺寸和颜色"以及"白色天然羊绒"质地的"衬衫、短裤、睡衣、外套等"。另外，他们还生产一款价格更为低廉的针织衬衫，材料来源于优质针织衣料和"赤道布"（Quatorial）——一种在热带地区国家广泛使用的上好多孔衣料。[157] 法国当时也有相似种类的衬衫。1905年，卢浮宫百货公司的冬季商品目录中便主打质地为法兰绒布和法兰绒棉的非对称纽扣的圆领无袖背心。前面穿有紧身"设得兰"（Shetland）背心，配以成套的美利奴羊毛、条状丝绸或普通丝绸羊毛的长内裤、长袖背心以及短裤——由维拉克斯博士所倡导的这种穿着很快在美国得到推广，成为健康的内衣搭配方式。在美国，当时男士夏天穿的内裤有一些还是妻子手工制作的，但大部分男士的内裤已经是厂家制造的了。[158]

随着厂家生产的内衣与日俱增，各个公司逐渐意识到获得产品专利权以及通过广告推广品牌和商标给自身带来的利益。在1900年的法国世界博览会上，瑞士企业家雅克·席塞尔（Jacques Schiesser）（他于1875年创立了自己的公司）因其公司的经典专利产品经编针织品和垂直条纹针织品而获得行业大奖。1906年，英国行业期刊《装备店》刊登的一篇文章则介绍讨论了品牌内衣针织品的异军突起以及其给零售业和消费者带来的重要影响。文章认为，"若加以正确的引导刺激，公众会乐意买品质更为优良的内衣产品"。文章还分析了各个公司的规模优势，恰如当时各种内衣广告中所宣传的。文章写道，帕斯科内衣——苏格兰人彼得·斯科特公司旗下的内衣品牌——由两到三层纯羊毛或是不同比重和质地的丝绸羊毛制成，其"不损害羊毛纤维，具有防缩性"，在洗涤过程中"能够很好地保持原有尺寸及弹性，手感轻柔"。文章还指出，目前市场上已能够生产雪白、淡粉和天然色的羊毛和丝毛服装。为使产品更畅销，吸引更多的顾客，内衣舒适度的问题也变得越发重要，而舒适与否则很大程度上取决于是否采用创新型生产方法和新型纤维。纽约阿姆斯特丹查莫斯针织公司宣称他们的新产品细网眼"Porosknit"夏季内衣具有"穿着舒适、自由、干净、清爽、卫生"等特点。而佛蒙特州本宁顿库珀（Cooper Bennington）公司则宣称他们的"春季针织内衣"具有"超强弹性，穿着时能确保身体绝对舒适且适于户外运动"，是迄今为止"最好的保暖内衣"。

1900—1940年衬衫的休闲化

一直以来，衬衫被人们当作内衣穿着。但在19世纪末，尽管当时许多男士仍然在夹克或毛衣里面配以衬衫，人们的理念却在悄然发生变化。始于19世纪末，并一直延续到20世纪中叶，男士白天的穿着逐渐在发生变化，慢慢褪去了正式的硬领白色衬衫装扮。随着社会阶层之间的障碍日趋瓦解以及批量生产造成的

第56页
出自《卢浮宫百货公司产品目录》（1905—1906年）
1905年
时装博物馆，巴黎

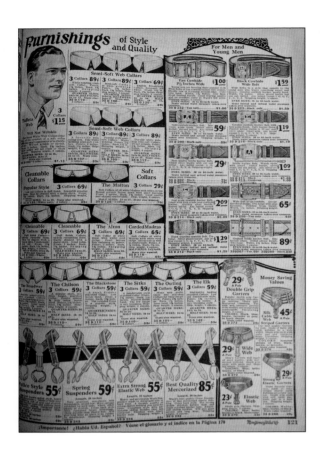

价格下降，除了一些正式场合，衬衫也不再是社会等级的象征，以便宜价格便可买到物美价廉的人造衬衫。在一些绅士的穿衣理念中，正式的白衬衫仍然必不可少，但在越来越多的年轻人中间，这些规则却逐渐消弭。取而代之的是新的穿衣方式和规则——改变衬衣的款式和颜色：如工人阶级穿着粉色衬衫，配以橘色领带和紫色短袜，被称为"花花公子"；抑或穿着宽大双领、前面带有窄褶皱的衬衫（质地为法兰绒或法国印花布、麻纱），搭配"绿色或紫红领带"[159]。年轻人也摒弃了父辈们所穿的厚重面料衬衫，这使得他们的穿着更加休闲化。1927年，《男装》杂志刊载：年轻人需要不同款式、颜色、衣领的衬衫来搭配衣服，而混纺衣料和全毛衣料衬衫对此无能为力。相比之下，质地稍厚的束腰衬衫和轻质的法兰绒、尼龙衬衫却可以满足年轻人的需求。[160] 在菲茨杰拉德1925年创作的小说《了不起的盖茨比》中，主人公打开衣柜，里面挂着一堆齐整而没有褶皱的"纯亚麻、粗丝绸、上等法兰绒"衬衫，另外还有珊瑚色、苹果绿、淡紫、浅橘黄等色带有条纹、格子图案的衬衫和印有字母图案的印度蓝衬衫"[161]。紧接着第二年，让·吉罗杜发表作品《贝拉》，文中一个"摩登年轻人"引领朴实无华的女士走进"男士穿衣科学"这一新领域……"最后他们看到一个男士穿着柔软丝绸质地的衣服，那一刻好似男人的生活也因此变得柔和，男人内心也最终变得柔软"[162]。

男士衬衫发生改变的主要标志之一便是衬衫领口越来越多地采用活动的软领款式。1917年，《曼彻斯特卫报》报道："硬领白色衬衫正逐渐消失，社会各阶层的人都在穿软领衬衫。"[163] 第一次世界大战期间，美军服役人员统一发放活领衬衫，在复员后，许多士兵也偏爱这款更具实用性的衬衫。而第一次世界大战期间，由于缺乏原浆，更加促男士舍弃硬领衬衫转而寻求软领。衣领因此成为人们热议的话题，有专家提倡既要保留传统的硬领衬衫，也需接纳双层软领新款衬衫。法国的安德列·富基埃尔高喊："抛弃硬领衬衫纯粹是疯狂之举，必将导致男士穿衣理念的土崩瓦解。"[164] 安东尼·布拉德利博士也认为"穿着松垮、软绵绵的衣服象征着这个民族也松松垮垮、柔柔弱弱"，而男性本应"意志坚定，有男子汉气概"，应当"经受硬领衬衫的严苛"[165]。与此同时，法国衬衫生产商大卫·保罗则公开抨击软领衬衫，说现在的男士"没走几步，就发现衣领起皱打褶，活脱脱一块皱巴巴的破布"[166]。尤金·马尔桑则强调"衣领需要适当剪裁，不应太短以至于鼓鼓的像个贝壳，也不应太长以免弯腰便碰到胸腔，会给人乱糟糟的感觉"[167]。法国和英国当时都有软领衬衫的倡导者，如法国的"反硬领联盟"和英国的"男士服装改革党"（1929—1937年）。尽管遭到抵制，但双软领衬衫逐渐成为绝大部分城镇居民家中衣柜的必备品。夏天时节，男士穿着不系纽扣的衬衫，并在外面套以翻领夹克——这样的穿着被人们称为"丹东领"或"拜伦领"。在法国衬衫制造界，对于衬衫衣领颇有争论。诸如Boivin和Sulka等著名衬衫生产商希望将软领衬衫限定为在乡村旅游时所穿的休闲夏装。而沙尔韦等人则欣然接受这种变革，将硬领衬衫界定为正式服装。[168] 在百货商店，可拆领、可拆袖衬衫和正式版、运动版活领衬衫同时销售。1935年，美丽园丁（Belle Jardinière）百货公司的夏季产品目录中推出17款可拆领衬衫［其中4款为正式晚宴所穿的翼领衬衫、3款可拆袖衬衫（2款单，1款双）、8款无领衬衫（有3款购买时可以配给可拆卸衣领）］。活领衬衫被冠以"乡野村夫"所穿运动衫的称号（虽然曾是正式的衬衫）。在正式的晚宴上，虽然燕尾服搭配可拆式硬领衬衫仍然很流行，但在赌场、影院、舞会以及夜店等场所，外面穿夹克或无尾礼服，里面套以半硬翻领衬衫或波

l'amérique a dit :
« pas de liberté sans chemise "biarritz"
de j. c. d'ahetze » 12, arcades champs-élysées, paris.

纹形胸衣，已逐渐为人们所接受。[169] 美国"外套风格"衬衫（此类衬衫有一整排纽扣，所以无须套头穿）的兴起使得衬衫更加趋于休闲化。这类衬衫很快风靡一时，取代了先前的穿衣风格。1937年，一家名为辛普森店的产品目录中声称：该店所有衬衫均为"外套风格"，且大部分男士穿着此类衬衫感觉更为舒适。

随着男士服装日趋休闲化，洗衣方式的改变使得活领软衬衫得到进一步推广。软领衬衫通常无须上浆，而是通过给衣领注入赛璐珞粉或通过名为"挺平织物法"（Trubenizing）的专利技术使得衬衫内里和外料融合在一起，这样，衬衫就无须上浆，还可以在家机洗。1951年，安东尼·鲍威尔在《抚养问题》中描写

道，金融家强尼·法利布拉泽觉得自己购买白色衬衫的花费太多，并赞许如果能发明一种可以外翻的衣领就太棒了，足可以将洗衣成本减半。[170] 衬衫的休闲化也导致其地位发生改变。1948年3月版《男士服装杂志》（*Revue du vêtement masculine*）宣布："衬衫已不再仅仅是件内衣，它正逐步转变为外衣的角色，可以说处于夹克和运动外套之间。"[171]

从汗衫到 T 恤衫

20世纪和21世纪初，随处可见男士和女士身上穿着T恤衫。和衬衫一样，T恤衫最初也

是被当作内衣穿着。19世纪下半叶的人们普遍穿汗衫。而从汗衫到T恤衫的转变还得归功于海军对汗衫的变革。19世纪末期，当时的英国皇家海军通常在制服里面套以较厚的无袖毛料汗衫，在甲板上工作时，士兵允许只穿一件汗衫。关于T恤衫的起源据说是维多利亚女王有一次视察海军，船上大副认为这样的场合让女王看见士兵的腋毛不太恰当，所以命令士兵将袖子缝在汗衫上（伦敦格林威治海军博物馆的历史学家已否认这种说法）。1880年左右，美国海军的制服为宽松的法兰绒方形衬衫里面配以V领套头运动衫。而当时的英国海军士兵在执行繁重任务时允许只穿一件汗衫。1913年，美国海军正式采用相似款式的服装，最初质地为毛料，随后第一次世界大战时期改为针织棉，款式为无领"船员领口"（称之为水手领）、短袖、"T"形轮廓。美军采用的另外一款汗衫则出现在1917年，当时远赴法国的美国远征军穿着厚厚的长袖毛料汗衫，在归国时，许多士兵带回了法军所穿的长袖棉质汗衫，而且因其具备在战壕潮湿阴冷的环境下能够快速晾干的特性，棉质汗衫受到美军的青睐。

二战时期，美国陆军和海军给士兵统一发放白色短袖T恤衫，但是白色太显眼，成了敌军炮火的目标。于是，陆军将T恤衫染成卡其色；1944年起便统一发放带有伪装图案的卡其色衬衫，这样，军队在南太平洋丛林中就不会太引人注意。而第一款真正意义上的大众T恤衫则要归功于西尔斯和罗巴克创立的公司。在1938年的产品目录中，他们开始销售"训练衫"或"水手衫"（gob，原是水手的俚语称呼），并宣称不管是内穿或外穿都会显得"实用、得体"。1941年春天，西尔斯、罗巴克推出"军风"T恤衫，广告语便是"无须参军，你也可拥有属于自己的T恤衫"。战时纪录片中身穿T恤衫的士兵形象，媒体和杂志封面报道——1942年7月13日版《生活》（*Life*）杂志的封面便是身穿白色T恤衫、手持长枪的士兵，T恤衫上印有"内华达拉斯维加斯陆军航空军团设计学院"（AIR CORPS LAS VEGAS NEVADA GUNNERY SCHOOL）——使人们将T恤衫和男子英雄气概联系在一起，因而广为流行。二战末期，美国的T恤衫产业已被两家公司所控制：成立于1800年的恒适（Hanes）公司和联合内衣（Union Underwear）公司。而法国的"小帆船"（Petit Bateau）则为它的T恤衫增加了"美国式的舒适"的开胸式衣领，这种款式最初是用于童装的，后来用于成人服装了。

二战后的一段时期，虽然大部分男士仍会选择在T恤衫的外面穿件诸如衬衫之类的衣服，但新兴青年的穿衣风格和荧幕上只穿T恤衫的人物形象促使T恤衫完成由内衣到外衣的转变。穿着蓝色牛仔裤、黑色皮夹克，再配以T恤衫，这成为叛逆青年的统一装束。20世纪50年代，在青年叛逆题材电影里，著名演员身穿T恤衫的装扮使得这一形象更加深入人心，如马龙·白兰度（Marlon Brando）出演的《飞车党》（1953年）和詹姆斯·迪恩（James Dean）出演的《无因的反抗》（1955年）。美国时尚设计师汤米·希尔菲杰（Tommy Hilfiger）认为"一旦T恤衫作为外衣为人们所接受，其尺寸、形状、裁剪、搭配方式无疑会彰显穿衣人的独特身份。润滑工人首先将白色紧身T恤衫作为其制服……紧身白色T恤衫已成为男子汉气概的象征"[172]。欧洲新兴的亚文化群体在接受美国摇滚乐的同时也吸纳了这种美式穿衣风格，象征着他们独立于老一辈人。1950年，改编自田纳西·威廉斯的舞台剧，由伊利亚·卡赞执导的电影《欲望号街车》中，白兰度饰演身着紧身T恤的斯坦利·科瓦尔斯基，将T恤衫作为男性英雄气概的象征展现得淋漓尽致。卡赞解释道身穿T恤的白兰度虽然表现出"莽撞、残忍、受虐的性格特点，但与此同时却散发出极度迷人的气质"。在美国、

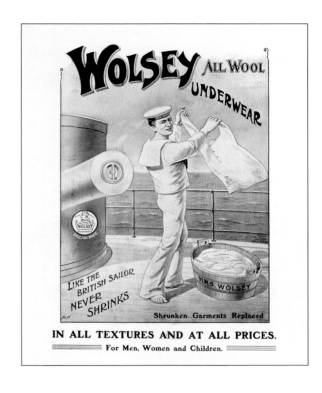

第61页
金狐狸（wolsey）品牌，衬衫
广告语：让你就像英国水手一样
1900年

英国和大部分西欧地区，衬衫里面露出汗衫或只穿汗衫会使人联想到工人阶层，以及他们身上所具有的男性气概。身为博物馆馆长和服装史学家的理查德·马丁认为早在20世纪30年代，棉质白色汗衫已经是男士的象征，特别是其能"彰显男士躯体的线条轮廓"，使人产生"同性幽灵般的联想"[173]。20世纪50年代末，诚如时尚史学家瓦莱丽·斯蒂尔所描述"T恤衫已成为最具说服力的内衣外穿案例，不仅是因为其彰显了内衣穿衣规范，还在于它打破了不得展现男性性感的禁忌"。至此，T恤衫已完全确立其作为外衣的地位。[174]

随着T恤衫由内衣转变为外衣，衬衫上的大片白色区域成为各种信息的前沿阵地。1938年，在拍摄第一部彩色电影《绿野仙踪》期间，演员们穿着印有硕大字母"OZ"的T恤衫。斯特德曼公司副总裁约翰·尼尔曾回忆他1944年在新几内亚购买的第一件印有图案的T恤衫："我们公司（第511空降步兵团）的一个家伙设计了这款T恤衫，并在上面印上丛林灌木丛图案。"[175] 1948年，牛仔演员罗伊·罗杰斯的面孔出现在冠军服装公司生产的T恤衫上，随后著名棒球运动员乔·迪马吉奥也出现在艾莉森服装公司生产的T恤衫上。1960年，美国总统选举候选人也将T恤衫作为竞选宣传手段。自此之后，T恤衫上便出现诸如政治、抗议、广告、幽默、粗俗等各种各样的标语。

连体内衣套装

19世纪末，连体内衣问世。之所以称之为连体内衣，据说是因为这种内衣由一套连在一起的背心（汗衫）和内裤组成。而第一次正式提及连体内衣概念是在女士服装领域。刊登在《纺织品世界》（1905年7月25日）上的一篇题为《第一款连体内衣》的文章中引用了一

封信，该信的作者是一个名叫托马斯·卡莱尔的英国人，他在信中描述了"连体服装"以及"女士针织衫及内裤二合一"[176]等概念。1868年，一款名为"法兰绒的解脱"（emancipation union under flannel）的女士连体内衣取得了美国专利，服装史学家帕特里夏·坎宁安认为，这套内衣的出现是美国女士内衣历史上的第一次变革。[177]而第一件男士连体内衣裤的出现时间则仍待考证。据加里·格里芬估计，第一件男士连体内衣是由内衣制造商必唯帝（B. V. D.）公司制造的，该公司成立于1876年，公司的三位创始人——布拉德利、沃里斯和戴（Bradley，Voorhees and Day）[178]——以他们的名字首字母缩写作为公司的名字。1875年12月14日，赫尼·乔斯科夫获得了美国专利，专利名为"连体内衣裤改良"（improvement in combined shirts and drawers）。1877年1月30日，夏普又以"连体贴身内衣裤改良"（improvement in combined undershirts and drawers）取得了美国专利，这似乎意味着连体内衣裤早在1875年以前就开始生产了。

最初，连体内衣的款式为一条齐脚踝长的裤子配以长袖汗衫，这套衣服的前中轴线上有系扣，这使得穿脱更加容易，也方便上厕所。这套内衣很快流行起来，不仅因为它暖和，更因为它削减了腰部分量，使得男士们能够从过去传统分离式内衣裤带来的腰部坠重感中解脱出来。正如埃斯尼克·米尔斯（Atheenic Mills）公司1910年在英格兰发布的服装目录中称："连体内衣，或者叫连体内衣套装，正逐渐流行于男装领域，因为它能在运动中带来更加舒适的轻松感。这样的内衣汗衫不会起皱，腰部裤线位置的压迫感也得到了缓解。"在美国，连体内衣在淘金热和西进运动时期尤其受到欢迎，因为它能抵御严酷的气候环境。这种内衣刚开始是棉质的，后来又有了冬季羊毛保暖内衣。1905年，在西尔斯–罗巴克公司的产

POR SU INSUPERABLE CALIDAD SON LOS PREFERIDOS DE NUESTRO PÚBLICO SELECTO
DE VENTA EN LAS PRINCIPALES CASAS DE GÉNEROS DE PUNTO Y CAMISERÍAS

Munsingwear Union Suits for Men, Women and Children are popular because satisfactory. They are fine in quality. They give unusual service. There is a right size for everybody; also a style and fabric to suit every taste. For sale by one or more leading merchants in every town and city of importance in the United States. It is worth while to locate the Munsingwear stores in your town.

Minneapolis   **THE MUNSINGWEAR CORPORATION**   New York

第64页
万星威（Munsingwear）品牌连体内衣广告，1920年
私人收藏，伦敦

品目录中，顾客可以选择夏季纯棉款内衣或者冬季棉毛款，抑或是这两种材质的混合款。连体内衣的颜色通常为比较自然的颜色，如淡褐、米黄、灰色，或是在西尔斯超市能看见的淡蓝、肉色以及"流行色"。然而，毛料内衣的缺点在于，紧贴着皮肤可能会带来不适感。鉴于此，1906年，位于纽约莫霍克的多富得保健内衣公司（Duofold Health Underwear Company of Mohawk）发明了一种新型的双层隔热式内衣，并获得了专利。这种内衣由两层纤维材质构成，直接接触皮肤的内层材质是棉布、亚麻布或丝绸，而外层则是更加结实的羊毛、真丝或仿丝棉布（silkoline）。这种结构

在两层布之间形成一个隔热的空气层，使得衣物"不管在室内或是室外都能干爽、暖和"。连体内衣由针织服装公司生产，这些公司曾经是传统内衣裤的生产商，并且也将继续在生产连体内衣之外的分离式的内裤和背心（separate drawers and vests）。

为了方便，19世纪的连体内衣的背面有带扣子的皮襻（drop flap）。"应该多开发一些这类款式的产品，因为在特定场合要求下，这种衣服的臀部位置能够打开。"库珀公司的一个销售员如是说。然而，尽管这种设计免去了整体脱下衣服的麻烦，也避免了半裸的尴尬，但是从背后解扣子和系扣子却不是一件轻松的

事情。为了解决这个问题，一种新型的、带有无扣皮襻的开档型连体内衣（open crotch type union suits）问世了。1910年，S.T.库珀父子服装公司开发出了第一款封档式连体套装（closed crotch union suits）。该公司的员工霍勒斯·格里利·约翰逊（Horace Greeley Johnson）半夜突发灵感，赶紧让他的妻子将两块布料缝在一起，使档部不需要系扣就能缝合在一起。继而，一款新式内衣诞生了，这种内衣的臀部由两块呈"X"形交叠在一起的布料组成，这种设计既满足了卫生需求，又免去了扣扣子或系绑带的麻烦。这款连体内衣名为"基诺沙（Kenosha）封档连衫裤"，它的后部

开口是一条对角线，由腰际出发，经过档部，一直划到右腿下部。腰部上方有一颗扣子用来控制开口的开关，并且对于敏感部位的布料还做了单独加厚的处理，而且这种设计在坐下时并不会让人觉得不舒服。1910年10月18日，该款连体内衣获得了美国第973200号专利，并且首次以"库珀白猫"（Cooper White Cat）为商标投入市场。1914年，美国《星期六晚邮报》（*Saturday Evening Post*）刊登了第一幅国家级男士内衣印刷广告，该广告的内容是一幅油画，作者是艺术家J.C.莱恩德克（J. C. Leyendecker），油画的内容是一个穿着基诺沙封档裤的男子，而这款新式连体内衣也由此

第65页
J.C. 莱恩德克
居可衣（Jockey）品牌广告
《包上的男人》（*Man on the Bag*），关于基诺沙连体裤的油画
1914年

第66页

皇家品牌运动型连体内衣广告

私人收藏，伦敦

被载入史册。

其他公司接受了这项设计，也开始生产同样的产品，并且大多数都得到了库珀公司的许可。然而，某些对手公司却不乐意支付特权使用费，对此，库珀公司采用了法律手段。刊登在1913年商业报上的一则广告中，该公司要求"在法庭决议之前，消费者请勿抱有侥幸心理购买侵权商品"。在高等法院的先期裁定中，最高法院驳回了库珀的上诉，但是许多竞争者却仍然愿意继续向库珀支付许可费。当然，也有许多公司不愿意采纳库珀公司的创意，仍然生产更加传统的扣襟式后开口连体内衣（buttoned back flap）。例如，1919年，皇家（Imperial）内衣公司承诺："本公司生产的'后镶片'（drop seat）内衣完全能在任何情况下实现封裆的效果。"

就在库珀公司的封裆裤取得专利的同年，位于马萨诸塞州尼德姆（Needham）高地的威廉·卡特（William Carter）公司推出了"某种新式男士内衣"。这款内衣"加上了一块反方向缝制的布料，呈十字形固定在肩部"。这种设计能防止衣物撕裂或下垂。卡特公司生产的连体内衣的袖口也十分有创意，它采用了"法式缝合"（French stocking seams），使袖口"总是平整不起皱"。逐渐地，男士内衣开始追求舒适感，甚至有人开始认为，连体内衣将变得不再那么方便。对此，尽管内衣生产商和零售商一再解释（例如，1902年西尔斯公司声称，该公司销售的"夏款精仿连体衫"的便利及舒适程度已然超过了实验阶段的效果），但效果不佳。1922年，美国旅游作家、图书管理员霍勒斯·克法特（Horace Kephart）在其著作《野营与木工：旅游者和野营者手册》中这样批评连体内衣："连体内衣在野外根本不实用"，因为如果你的腿弄湿了，"你必须从头脱到脚"。他还说道，这种连体内衣是"跳蚤和扁虱的温床"，"如果你想赶走这些畜生，就必须从头脱

到屁股"[179]。为了使连体内衣尽可能穿着舒适，准确地测量尺寸——不管是测量胸围、腰围、体长，还是肩宽、胯宽——就显得十分重要。哈特维尔（Hartwell）公司推出了"特洛伊手工大师的精心剪裁"服务。这项服务不仅注重提高该公司生产的霍尔马克（Hallmark）内衣的舒适度，同时也注重维护特洛伊作为美国内衣重点生产基地的名誉。同样，万星威公司也提供了类似的"特别服务"，该公司在1920年和1923年的《星期六晚邮报》中刊登的两则广告分别提出"为任何人量身定做衣物"以及"质量决定舒适度和服务"。1915年，该公司骄傲地宣布，他们在全球的成衣销量已超过800万件，已然成为潮流和客户满意的代名词。

运动型连体内衣套装

对舒适度的需求也在引领连体内衣的设计理念发生改变。1914年，必唯帝公司推出一款四分之一裤腿长的无袖连体内衣，该内衣采用裁剪缝合方式，面料为轻质印度薄棉而非质感稍重的针织棉或羊毛。至20世纪20年代，质地为蚕丝、人造棉、府绸等轻质面料的运动型连体内衣（因其酷似运动员短裤、背心而得名）已广泛存在。伴随运动型内衣的发展，传统型连体内衣也得到推广，借以迎合男士喜爱运动的生活方式。1910年，俄亥俄州皮奎高级内衣公司生产的"高级连体内衣"，能"在方方面面适合男士"。公司广告明信片上印着一大腹便便的男子，身穿该公司生产的"完美"型连体内衣，在家里一张椅子上运动锻炼。明信片背部要求潜在客户在"内衣线头断裂之前一定要全方位仔细检查"。皇家内衣公司（位于俄亥俄州皮奎）则为其运动型"后镶片"连体内衣背部增添螺纹设计，进一步增加舒适感。在1917年刊登于《文学文摘》（*The Literary*

Digest）的广告中，皇家内衣公司因其所获专利的"后镶片、短腿、无袖运动编织型夏季连体内衣"而受到广泛关注。

芝加哥威尔逊兄弟（Wilson Bros）公司同样强调，他们生产的连体内衣"适于运动员穿"，"由致密型编织面料裁剪而成，清爽不粘身"，内衣"采用双线缝合，所有纽扣都进行打结处理"。纳塔莉·尼兰（Natalie Kneeland）在1924年的《针织袜、针织内衣、手套等商品展览指南》中指出，"针织"与"运动"型连体内衣的区别在于它们的质地、款式和裁剪方法的不同。"运动型连体内衣采用精裁方式，上衣呈流线型、无袖，短裤为直筒裤腿"，"通常由印度薄棉、麻纱、横杆麻纱、亚麻等编织面料制成"。尼兰还指出，运动型连体内衣"经常被认为是必唯帝公司的产品，但事实上，它只是

某款运动型连体内衣的品牌名，不能代表所有类似款式的内衣"[180]。美国作家和报纸专栏作家乔治·埃德（George Ade）在1947年提到：传统型红色毛料连体内衣在农村地区仍然很流行。他称禁止将少数褊狭之人的穿衣理念传播给大众实在是危险之举："你说你们已习惯穿亚麻网眼型连体内衣，而带有珍珠纽扣的红色非连体内衣，不仅看着不顺眼，还很扎人。但你们这样的论断敢于和那些偏远地区最具道德观的农村人所秉持的固有观念一较高下吗？"[181]

连体内衣套装不仅在美国广受欢迎，截至20世纪20年代，越来越多的欧洲人也在穿。最初连体内衣套装的质地在夏天主要是白色纱布、美利奴羊毛或者天然毛料，款式为"半袖长，长裤腿或短裤腿"[182]，但其冬款的质地就采用质感稍重的毛料。1929年《裁与剪》杂志

称"现在整体趋势是连体内衣正逐渐取代背心、短裤二分式内衣",而这和美国当时逐渐流行的短裤和背心分开穿的风格背道而驰。

"摩门圣殿"品牌服饰

对连衫裤的发展追根溯源,其中最具代表性的例子莫过于耶稣基督后期圣徒教会的教徒们或者摩尔教徒们所身着的教堂服饰。小约瑟夫·史密斯(Joseph Smith Jr)于1830年发起了宗教运动,随后于1840年,在教堂从密苏里城迁址到伊利诺伊城的诺伍之后,他引入了一种新的成人礼仪式(就是后来人们所熟知的接受天赋仪式),在仪式上"受膏者"要穿着一件特殊的服饰,以此提醒自己要时刻谨记在上帝面前所做的神圣誓言。据说最初的服饰是由一个名为伊丽莎白·沃伦·奥尔德雷德的女裁缝在史密斯的指导下缝制而成的,该服饰可以覆盖胳臂、双腿及躯干各部位,衣服上边有衣领,下边则是敞开式的裤裆,腰部以腰带拴紧,衣服几乎没有线缝,所用的布料是一种原色的平纹细布,衣服上绣着红颜色的象征神圣的标志。[183] 开始时要裁剪4块圣标,然后分别绣在衣服上的左胸、右胸、腹部及右膝四个位置,象征着忠于耶稣基督后期圣徒教会的信仰教义。1923年,耶稣基督后期圣徒教会的总会团以及12教徒委员会批准对服饰风格进行修改,但遭到强烈的反对和抵制,尤其是遭到教堂主持教士约瑟夫·福·史密斯的强烈反对,因为1906年他在正式的教堂出版物《进步时代》中写道:对服饰的修改是不可饶恕的罪孽,因为教堂服饰是"上帝赐予他们的,它是神圣的,不可更改的,更不能随意变换的"[184]。教堂服饰的修改紧随20世纪20年代早期的时尚潮流,混合了内衣的特点,将袖口缩短至肘部,从腿部缩短至膝盖处,去掉衣领,换成纽扣样

式的领带,裤裆部位不再敞开。1930年,耶稣基督后期圣徒教会在盐湖城建立了一个蜂窝服饰工厂,专门生产按照1923年前后的标准设计的服装。教堂服饰的进一步发展是在1979年,当时耶稣基督后期圣徒教会批准同意将这种连衫裤变成两件独立的服饰,类似于T恤衫和短裤。早在1893年,教堂颁布了一条指令,规定服饰必须是白色,以此象征纯洁,所以之后教堂服饰都是白色的,直到1999年教会才允许生产橄榄绿色的服饰,但只提供给军队中的教徒。教徒们白天和晚上都必须身着教堂服饰,只有在无法穿着这种服饰进行活动时才可以脱下,如游泳。由于教会规定,教徒们在身穿这件圣洁的服装时,必须要保证衣着干净整洁,所以在处理旧衣服时,必须要拿掉衣上神圣的标志,这样一来,处理掉的衣服就不再神圣。如果非教徒无法理解这些圣标的重要意义,教徒们是不可以向非教徒们讲解介绍的。[185]

短裤

在20世纪头10年里,长款呢绒内衣和连衫裤虽然是最为流行的服饰,但并不代表二者是消费者唯一的选择。生产商依然不断地生产长裤和长袖内衣,但也开始了探索并尝试其他的服饰。1907年,必唯帝宣传他们生产的"贴身内衣"和"贴身长裤",二者并没有使用针织棉或者羊毛制品,而是使用了梭织棉制成,这种面料给人一种"完美的运动自由感"。短裤腰带处的前端有一个弧形的轭布,用3个纽扣扣紧。为防止纽扣脱落,在腰带的侧面有细带可以勒紧。1909年,位于纽约富兰克林大街的戈特姆(Gotham)内衣公司宣传他们生产的夏季短裤使用特殊布料——"印度高品质棉、蚕绸、纯丝绸、亚麻以及丝绸和亚麻",采用独有图案制成,并搭配"拥有专利的腰带",宣

第68页
艾伦索利(Allen & Solly)品牌,粉色丝绸内裤
20世纪早期
伦敦博物馆

第69页
丝制长款内裤,约1930年
时装博物馆,巴黎

传声称这款短裤是"独一无二的、远远超过其他款式"。第一次世界大战期间，士兵们在夏天就配备了这款轻便的梭织短裤。战后回国，许多老兵依然喜欢穿着这种款式的内裤。随着需求量的不断增长，生产商们对这款内裤进行了改造，生产出更多的样式。相比之下，从1917年10月起，英国向自己的士兵们分发的则是呢绒内衣裤。[186] 据说，1919年重量级拳击手杰克·登普西在赢得世界冠军的时候，恰恰就穿了这么一条长而宽松的短裤。从此，这种款式就作为拳击短裤而名声大噪。

在过去，欧洲市场上也曾流行相同风格款式的服装。位于法国巴黎的新桥大街2号的美丽园丁百货公司在1922年夏天推出了一款"半截裤"（culotte），这是一款此前非常流行的短板内衣裤或短裤。它用白棉和优质毛绒制成。1923—1924年秋冬季，该店又推出了类似拳击短裤的短款内衣，采用全棉拉绒布和白棉布料（布兰奇大花）制成。这两款内衣裤在设计上，都有着相同风格的腰带，前端是倾斜的轭布式，有两个纽扣扣紧，上端则是细带。1931年冬，法国巴黎的乐蓬马歇（Au Bon Marché）百货公司推出了一款拳击短裤风格的内裤，采用人造丝绸（人造丝）制成，搭配无袖或者半袖背心，有蓝、淡紫和桃红三种颜色，同时还有一款更加传统的长款内衣裤款式。

贴身短内裤

法国品牌"小帆船"由皮埃尔·瓦尔顿（Pierre Valton）于1893年在法国的特鲁瓦（Troyes）地区创立，该品牌据称是第一款有镶边的贴身短内裤。[187] 1918年，瓦尔顿奇思妙想，将贴身长内裤的两腿部分剪掉，于是发明出了这种贴身的短内裤。瓦尔顿放弃使用纽扣腰带，转而使用弹性腰带，摒弃了粗糙的呢绒纤维布料，采用原色的白棉进行生产。该品牌的名字也颇有传奇色彩，据说是瓦尔顿当时听到他的儿子在哼唱"妈妈，小船漂荡在水上，难道它们有腿吗"，于是他灵机一动将公司的名字改为"小帆船"。但贴身短内裤首次在法国出现是在1906年，法国当地很多生产商生产这种类型的内裤。"顺滑"（slip）这个单词第一次出现在1913年9月20日出版的《插画》中，在这本书中是这样描述的："优质棉绒，弹性腰带，柔韧腿部，只为运动员更加舒适、顺滑"，可以让运动员"没有任何阻力，顺利前行。非常适合剧烈运动"。[188] 1929年，法国吉尔（Jil）内衣公司［Jil，名字取自安德烈·吉利耶（Andre Gillier），他于1825年在特鲁瓦创建了针织品内衣生产公司］一边引进橡胶来生产男士"顺滑"内衣的腰带，一边引进前裆开口朝向一边的贴身短内裤。

两次世界大战期间布料的新发展

20世纪上半叶，内衣的生产可分为三种。第一种是时尚感十足的内衣。科顿的专利生产设备在生产过程中，可以生产出型号不一且直接成型的内衣。第二种是在圆形针织机上制成的内衣。一开始在很长的布料上进行针织，之后进行裁剪，然后缝在一起，通常是用绷缝机或包缝机进行制作。这种方法生产内衣速度要比第一种更快。第三种是用纺织布进行生产，首先将布料裁剪下来，然后缝合到一起。1936年，在伦敦巴拉特街道贸易学校（后来合并成了伦敦时装学院）进行的一场讲座中，内衣生产商英尼斯、亨德森（Innes，Henderson）公司的梅杰说，"想要下特殊的订单，并使用科顿的专利生产设备来生产很困难"，因为没有一个生产商愿意让他们的机器停工等待特殊的订单，所以特殊订单只能在工厂无订单期间才能

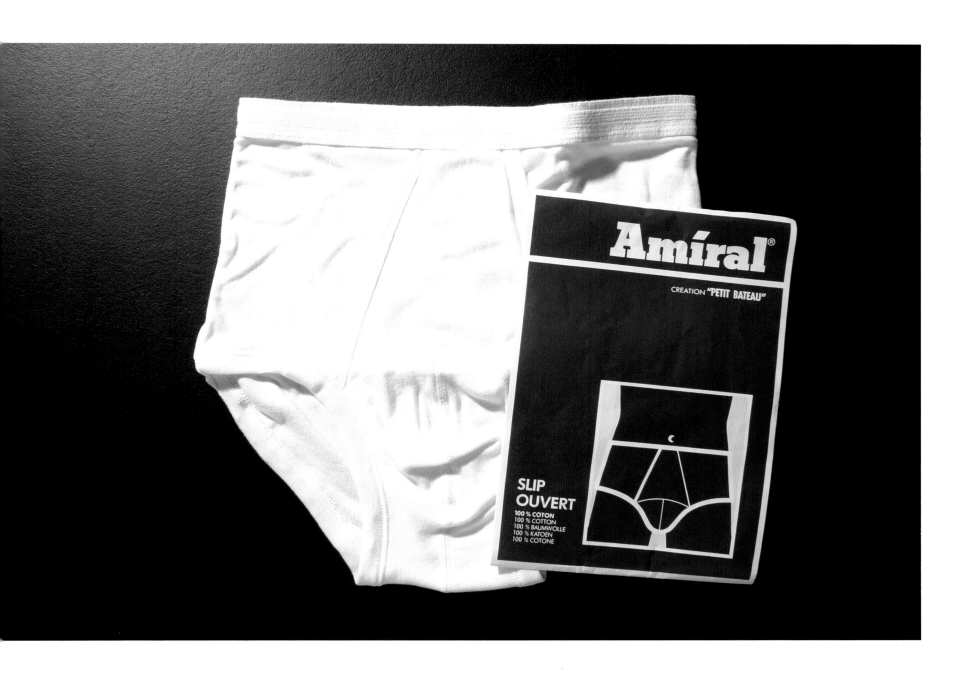

An Even Temperature maintained in any weather with
AERTEX CELLULAR

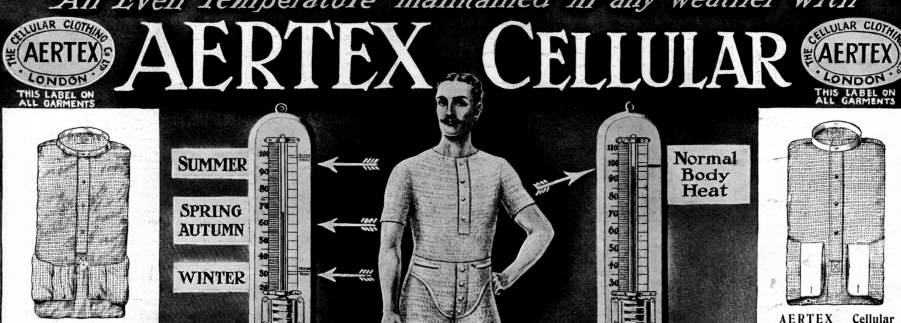

THE CELLULAR CLOTHING CO LTD — AERTEX — LONDON — THIS LABEL ON ALL GARMENTS

SUMMER

SPRING AUTUMN

WINTER

Normal Body Heat

AERTEX Cellular Day Shirt, from 3/6.

An ideal suit of SUMMER UNDERWEAR *for* 5/-

AERTEX Cellular Uniform Shirt, With Linen Neckband and Linen Wrists. from 4/6.

使用这种机器。同时，他也认为纺织布制内衣的方法更先进更有意义，因为这样"国内针织内衣生产厂商才会受到一些关注"[189]。

在两次世界大战期间，新型的质轻与耐洗布料对男士内衣的发展起到了十分重要的影响。新型的人造纤维，如人造丝，是一种众所周知的人工丝绸，发明于1905年，还有针织的多孔棉，这两种布料几乎都是用科学术语进行宣传推广的，相比于传统的棉花与毛线布料，重量更轻，舒适度更好。这两种布料尤其受到年轻男士的喜爱，他们正逐渐摒弃质量更重、款式过时的外套。1927年10月，《男装》杂志发现"当今年轻男士喜爱穿更加轻盈的用呢绒或用丝绸与呢绒混合制成的内衣，把质量较重的呢绒制品留给了父辈，因为父辈相对来说保守一些，接受不了新事物"，同时《男装》还发现"人造丝绸与呢绒混合制成的内衣可以迅速地取代以往用较重呢绒制成的衣物"[190]。直到1930年，《男装》又发现使用新型布料制衣的趋势在逐渐增强："和过去相比，丝绸、纤烷丝（Celanese）和多种多样的人造丝越来越多地用于生产男士内衣。"[191] 随着需求的不断增大，"消费者越来越倾向于用轻型布料制成的连衫裤、背心以及短内裤，比如丝绸、纤烷丝、人造丝经平绒针织布、棉府绸、多孔棉或者亚麻细布，以及经平绒针织棉布料"[192]，所以多孔式棉布和棉网式布料也非常受欢迎。同年，伦敦的裁缝奥斯汀·里德（Austin Reed）出版了一本穿衣指南，向顾客介绍假期里如何搭配服饰，其中就包括了应该穿着特殊的质量轻的内衣进行体育活动。1933年，挪威军官亨里克·布伦想到了网状背心。两块渔网可以缝制在一起捕捞鲱鱼，按照同样的道理，他就想到了制成一种背心，可以将空气封闭在衣服里，靠近身体，同时又允许汗水和热量排出体外，这种衣服在冬天旅途中非常保暖，方便他冬季在挪威的哈当厄高原旅行。然而在一次

由国王哈康七世主持的挪威军官俱乐部会议上，虽然亨里克·布伦将军阐述了自己的创意，但直到20世纪50年代，这个创意才被一家挪威内衣公司实现。这家公司名为布林耶（Brynje），创建于1887年，正是这家公司将亨里克将军的创意变成了现实，生产出了这件衣服。

英国莫利公司响应需求，生产"用优质的精纺毛纱制成的轻盈的呢绒内衣"以及"用人造丝绸、多孔棉和其他棉纱"制成不同款式的服饰，包括弗鲁克斯（Frox）背心和短内裤。[193] 其他英国公司发明的布料是将传统的布料与一些新型布料混合在一起而成，可以生产出更轻盈、更舒适的衣服。Meridian公司使用质轻的乳胶纱生产背心和男性内裤（用一种呢绒与松紧带混合而成的布料，诞生于1933年4月），而伦敦齐普赛街的乔治·斯潘塞款式繁多的内衣则使用精纺呢绒，名为塔普莱克斯（Tuplex）精制棉衬里。广告称该产品已经通过了众多行业人士的检验，包括医生、演员、军官以及学校老师，其中99%的人喜欢这款塔普莱克斯内衣。英国塞拉尼斯（Celanese）公司生产服饰所使用的布料是人造丝以及他们新研发的、有专利保护的针织多孔棉，名为"埃尔特克斯"。1928年，美国商业杂志《男装》高度赞扬了这种新型的人造纤维和人造丝。"身着人造丝连衫裤的人可以站在淋浴喷头下，擦上肥皂，之后冲洗，虽然衣服一直穿在身上，"作者说，"然后他可以将衣服冲洗，挂起来，当他身上的水干了以后，这件连衫裤也已经干了，并且可以穿了。可见人造丝服饰相比于呢绒、呢绒混合面料或者棉质面料制成的类似服装，能够吸收的水分更少。"[194]

生产商们大力推崇使用人造丝绸来生产男士内衣，也极力地宣传这种布料对人体健康的好处。所有的广告几乎都使用科学的语言和从美学的角度来诠释他们的产品，以此战胜自己的竞争对手。科学家和医生们在不遗余力地推

第72页

埃尔特克斯品牌

广告语：无论寒暑，埃尔特克斯多孔内衣让你舒适如故

第73页

拉紧的网眼背心，1953年

布林耶针织厂

崇某些面料的内衣是对身体健康有益的，他们在19世纪末也同样这么做过。在卢浮宫百货公司1919年至1920年冬季款的服饰中，有种类繁多的"有保健作用的法兰绒内衣"，如"医生牌"（Le Docteur），1923年至1927年，美丽园丁百货公司销售了长袖背心、长短款的内裤以及拉修埃尔医生连衫裤。拉曼（Lahmann）医生在德累斯顿经营着一家疗养院，1938年他坚称棉网状内衣功能最多最全，身着这样的内衣冬暖夏凉。[195] 1928年7月，埃德加·克拉克发表文章《健康女神》（Hygeia）称："外衣可以让人体面，但内衣却可以让人舒适。"并说，"良好的外在形象是企业与社会的资产，同样，内衣是身体内在舒适的保证。虽然内衣紧贴皮肤，但它的每一个细节都至关重要。"传统的布料也一致被宣传有益于身体健康。对此，人们还进行了大量的研究，专门研究用不同面料生产内衣的功效，通常是研究呢绒与棉织物的优点，有很多组织机构对此大力支持，比如英国的男性服饰改革党，该党领导人是J.C.弗卢格尔。然而，《男装》却对"穿着厚重的呢绒冬季内衣可以产生良好的医学疗效"这一点产生了质疑，他们认为"根据当今的医学观点，这种面料所带来的健康益处可能少于坏处"。[196]

外衣下的颜色

不仅布料的发展日新月异，连男士内衣的颜色也发生了丰富多样的变化。虽然大多数男士内衣仍然是采用白色和天然的未染色布料制成，但是在两次世界大战间歇期间，男士内衣的颜色也发生了越来越多的变化，恰恰反映出了彩色衬衫数量的增长。"人们对颜色的狂热，终于在男士服装上觅得了空间"[197]，比如背心、内裤、长裤、连衫裤的可选颜色有橙红、天蓝、浅黄褐、桃红以及青莲，《男装》认为

这么多的颜色会让男人"在购买旧的自然色服装时犹豫不决"[198]。美国雅宝（Albemarle）公司1931年在《男士与服装》（MAN and his Clothes）杂志中发现，这类彩色的服装大多数更受爱冒险的年轻男士所钟爱，并举出了切实的销售调研案例，调查发现拳击短裤只有淡蓝、银灰、浅桃红以及绿等颜色。针对那些不敢或者不愿意出门购买彩色内衣的人士，生产商正在开发了一种小颜色元素的服饰，彩色用在"倾斜式的上衣袖口和裤腿"[199]。在美国汉斯和威尔逊兄弟正在生产彩色条纹的拳击短裤，而1929年埃尔特克斯公司邀请购买者"欣赏埃尔特克斯最新款的彩色条纹服饰"。

运动款

法国专栏作家阿尔芒·拉努（Armand Lanoux）称，20世纪20年代"唯一的一次变革"是"运动服装的变革"。这10年间迎来了运动服饰的变革巅峰，涉及的领域有"竞技体育、拳击和体育馆"[200]。对运动的爱好不断地改变着男人的身体结构，20世纪30年代"理想的"男士形象是：宽阔的肩膀，笔直的背部，窄窄的臀部以及平坦的腹部。为了反映出越来越积极的、运动式的生活方式，尤其是年轻男士的生活方式，就要生产出满足这种需要的服饰，因此为了健康，生产运动款式的内衣运动便应运而生了。历史学家芭芭拉·布尔曼（Barbara Burman）称，这次变革意味着服装设计的趋势逐渐面向现代风尚与流线型，她认为："流线型的男士服饰似乎代表着一方面摆脱了过去的重重束缚，另一方面能够抓住一个更苗条、更年轻、更有活力和更休闲的未来。"[201] 在澳大利亚，1929年一款名为"老兄"（Pal）的保健性功能内衣诞生了，男士穿着它可以在运动中以及例如健美运动这样的体育活

第75页

淡紫色和蓝色的长袖衬衣，发票MB4685

19世纪晚期

针织品博物馆，特鲁瓦

SLIP

ERBy
MARQUE ET MODÈLE DÉPOSÉS

KANGOUROU

Le seul normal par sa conception

动中"保护（他们的）危险区域"[202]。虽然传统样式的内衣，如长袖或半袖针织汗衫、长内衣裤和连衫裤仍有需求，但是更年轻的男士们则开始寻求不同样式的质轻内衣。一个重要的英国生产商称，"内衣贸易必须着眼于未来"。

生产商采用质地更轻的面料生产更多的运动风格的内衣以吸引更年轻的顾客，因为他们"更追求舒适度，无论在什么场合，衣服的重量影响不到保暖"；他们"追求更加适合自己实际需要的东西"[203]，所以无袖背心（另一个人们熟知的名字是弗鲁克斯）、贴身内裤以及对传统的长内裤改造而成的更加紧身的中长型内裤则越来越受欢迎。20世纪后期，英国就已经出现了贴身短裤和V领或者圆领的背心，同时还有法国和美国短裤，这两个国家的短裤采用螺纹棉或者山呢绒布料制成，上面有绚丽的图案，

配有弹性的腰带或可调节的侧边带。尽管苏联的内裤涉及的是健康和运动，并没有"性的含义"，但是俄罗斯文化历史学家奥尔加·古罗娃却称："男士与女士内衣的设计上并没有大的不同。"[204] 1916年，作家兼诗人鲁珀特·布鲁克（Rupert Brooke）在一封信中描述了他在纽约的百老汇街上看到了一个橱窗，里面的图像是：一个年轻男士"穿着非常轻便，可能是穿着一件跑步衣"，做出一系列的运动姿势。每隔一定间隔他会停下来，举起手中的牌子，上面写着"这件内衣不会阻碍身体向任何一个方向运动""它有助于身体进行剧烈运动"，以及"它可以使您在运动练习时保持凉爽"。[205]

这些新推出的运动型款式起初是由美国生产商发明的，后来逐渐在英国和欧洲流行起来。1930年，《男装》援引美国生产的运动型

CHEMISERIE
et SOUS-VÊTEMENTS
DE L'HOMME MODERNE

Pour le sportif qui veut rester impeccable en
toutes circonstances, VALISÈRE a créé, dans des
tissus exclusifs, une collection unique de chemises
et de sous-vêtements qui allient le confort le plus
rationnel à l'élégance du meilleur ton.

Valisère

第78页
亚当品牌广告，出自《商品目录》（1946年6月至7月）
时装博物馆，巴黎

款式服饰在"大学校园里的男生中"越来越受欢迎，以此来批评英国的内衣贸易，因为在这项贸易中，有一点始终没有改变，就是英国男士"不喜欢诸如人造丝背心和有弹性腰带的短裤这样的东西"。然而，《男装》还提到了，约克郡的矿工们身着"短的棉质灯笼裤，形状很像运动短裤，但是又不是十分像"，当地的年轻人就买这样的款式服装当内衣穿。还有一点是，原本那些不可能购买实际的运动款式内衣的人士也逐渐开始"从运动用品商那里购买运动型背心和跑步装"当作内衣穿。[206] 在《男装》当月的另一篇文章中指出，大部分英国男士比较保守，不喜欢冒险，所以比较喜欢传统的呢绒内衣和裤子，但相反的是，在美国、加拿大以及英国，再到东边的大陆，在过去的两个季节中，最流行的内衣款式莫过于运动型背心（有时也可以称为"弗鲁克斯"），再搭配宽松的短裤或者带有弹性腰带的紧身内裤。这种搭配很受欢迎。[207] 然而这些款式的服装在当时已经很普遍，非常流行，因为针对夏季内衣，生厂商推出的一些短裤"在样式上类似夏季款式"，配有"弹性的腰带"，上身内衣则是"短短的袖子，衣领处并不像夏季内衣的风格"，更像是冬季内衣的面料。[208] 1937年，《男士与服装》杂志发现"在一天所销售的秋季内衣中，有一半是运动型的内衣"，这说明了"英国男士们已经越来越喜欢运动，追求健康"[209]。

随时战斗的超级英雄

在两次世界大战间歇期间，运动型内衣选用了新型的面料，搭配了更贴身的设计，这充分反映了当时人们越来越追求各种设计风格的现代时尚服装。人们的这种追求也充分体现在了那些描述未来的流行文化中，如有关未来的电影弗里茨·朗的《大都会》，科幻喜剧故事《巴克·罗杰》（1929年首映）、《飞侠哥顿》（1934年）。当1938年超人第一次出现在动作喜剧的科幻电影中作为超级英雄打击犯罪和社会不公时，他的衣服看起来像是来自马戏团，但这也恰恰反映出了表现英雄方式的一种趋势，就是用一种耆喜滑稽的穿着方式展现出肌肉发达的英雄形象，这样的形象原型源于健美运动员，如尤金·桑多。这样的方式也体现在了饰演奥林匹克运动员的演员身上，如约翰尼·维斯穆勒和巴斯特·克拉布。

超人的服装是由设计师杰里·西格尔和乔·舒斯特设计而成的，"我们尽可能地让衣服绚丽多彩，与众不同"[210]，一套蓝色的紧身衣裤，胸前一个大大的"S"字母，身披一件红色斗篷，脚穿一双红色靴子，身着一件红色的内裤，搭配黄色的腰带，环绕腰间。澳大利亚学者薇姬·卡拉米纳斯称，这套衣服"刀枪不入，如铜墙铁壁，提升战斗力，非常适合英雄们拯救世界"[211]。迈克尔·卡特认为超人的衣服"是有意识感的设计"，因为所有的元素综合在一起形成了一个整体，而且"每一个要素的设计似乎都各司其职，而不是根据什么历史故事、盲目的时尚风或者个人偏好来设计的"[212]。蓝色紧身衣裤相当于一件流线型的连衫裤，但是相比传统的红色连衫裤，其颜色恰恰是相反的。卡特也对比了男士长款内衣的实用性与功效性、20世纪20年代罗琴科针对工人服饰的设计的功效性，以及超人服装和由斯捷潘诺娃设计的运动服装。卡拉米纳斯指出超人服装的颜色（也指其他超级英雄的服装）正好是美国国旗的红、白、蓝三种颜色，这样"就将自己视为忠实和爱国主义的象征"[213]，以及"代表了美国梦"[214]。超人肌肉发达的体格就是通过穿着这样的紧身制服表现出来的，卡特指出这样的设计产生了一种"穿衣服的裸体"的感觉。[215] 超人每次变身都是他现实中的克拉克·肯特脱掉掩盖自己真实身份的日常服装，露出内部的超级英

雄制服，使得内衣成为一个大的亮点。卡特认为超人的红色"内裤"实际上不是内衣，而是源自20世纪30年代流行的束带式泳衣款式，但是珍妮弗·克雷克却认为"泳衣的发展趋势与内衣时尚实际上是并驾齐驱的"[216]，所以将泳衣解释为内衣是比较容易理解的。这种穿在外面的内衣款式似乎是将内裤套在裤子外面或者紧身衣外面，看起来颜色搭配比较协调，并将这种服装定义为超人制服。这样的例子屡见不鲜，就连蝙蝠侠也是这种风格的穿着。

在许多电视和电影作品中超人的制服几乎没有任何改动，只是在服装面料上换成了新型的质地较轻的"超级布料"。卡拉米纳斯认为，这种布料是"动作类"服装的关键所在，因为它有很强的灵活性，非常适合进行高难度的动作，身着这样的流线型服装，移动速度比高速的子弹还快。[217] 随着20世纪不断地向前发展，超人的短裤款式也不断地发生改变，这就像流

行的内衣和泳衣一样，从四角裤到贴身内裤，最后发展成比基尼款式。人们不断地将超人与内裤联系到一起，例如内衣生产商会定期地生产前端印有超人"S"字母标志的内裤。

舒适与整洁

在两次世界大战间隔期间，男士内衣的发展越来越注重便捷和舒适，生产商们极力地宣传他们所生产的专利内衣采用新的设计理念，旨在减少纽扣的数量，增加便利性。许多创新与发展的理念在于简化服装，让穿衣更便捷。1930年5月，一个运动品生产商在《男装》中发现，三分袖和无袖背心非常便利，"无袖背心的衣领是V字形，可以直接套在身上，不需要纽扣，省去了麻烦"，而"在四角内裤的设计上，内裤后面再也没有恼人的滚边了，没有

第79页

居可衣品牌，广告语：居可衣内衣，舒适伴我行

有裁判形象的居可衣卡纸板招牌

人使用"[218]。在1934年电影《一夜风流》中，克拉克·盖布尔（Clark Gable）脱去了自己的衬衫，里面并没有穿内衣。结果就因为这个镜头使美国的内衣销售量大幅度下降，降幅达到了30%。也许最舒服的不是穿着一件质地更轻的内衣，而是不穿内衣。

20世纪20年代末期，男士四角裤和短裤又增加了弹性腰带的设计，还配有环形紧身带。[219]这种设计可以使穿衣更容易、更方便。1937年，美国康涅狄格州沃特伯里的斯科维尔制造公司（Scovill Manufacturing Company of Waterbury）发明了一种新型紧固件，并申请了专利。这种紧固件可以解决一切组扣的烦恼，比如厚重、容易损坏等问题。这是一种平板扣（或者摁扣），称为"大揿纽"。像威尔逊和美国箭牌（Arrow）等内衣生产商开始将这种纽扣引入到了男士的短裤上，而体育明星，如匹茨堡海盗队的保罗·沃纳、芝加哥小熊队的比尔·李、高尔夫名将拉尔夫·古尔达和萨姆·斯尼德，都为这类短裤做过广告。这些紧固件创新的本质和优点增加服装的实用性，所以美国洗熨学会批准了这项发明。1936年，美国生产商万星威推出了一种"袋鼠育儿袋"样式的短内裤，门襟开口呈水平状，需要配有组扣。相同的门襟开口应用在了法国的"袋鼠（Kangourou）内裤"上，1949年由埃尔比公司生产，在20世纪90年代由法国Hom公司重新生产。

谈到舒适，人们开始逐渐关注内衣的清洁和清洗方面。奥尔加·古罗娃发现，20世纪20年代清洁的概念在苏联得到了广泛的宣传。内衣是"其中一个不可缺少的部分"[220]，一个男人应拥有至少两件白色内衣（因为任何灰尘都能看得见），所以衣服应该要一周换洗一次，而"清洗其中一件时，可以穿另外一件"[221]。20世纪30年代，苏联的内衣颜色逐渐以黑和深蓝等较深颜色为主，究其原因，古罗娃认为"与以前正好相反，深色衣服变脏较慢"[222]。

20世纪20年代的英国，大的乡村住宅和较小的中产阶级家庭都有洗衣机。为了将衣服洗得雪白，有钱人可以使用增白剂以及碳酸氢钠和葡萄糖的混合物，也可以使用价钱较便宜的着色淀粉加一点阿拉伯树胶。1928年，路易丝·乔丹建议，"内衣在设计上应该简单一些，清洗起来不用那么复杂麻烦"，因为"当一件衣服不知为何很难处理时，清洗或使用其他清洁方法有可能很难达到洁净的效果"[223]。

居可衣的Y型紧身内裤

也许在男士内衣追求舒适度的发展中，最成功也最持久的创新是在1934年。库珀公司（前身是库珀内衣公司）的副总裁阿瑟·柯奈布勒收到一张从法国里维埃拉（Riviera）寄来的照片，在照片中有一个男士身着紧身泳衣站在一张明信片面前。正是受到了这张照片的启发，他指导自己的设计师们创建了一款新型的贴身内裤。与以往的男士内衣不同的是，库珀的1001款有吸光功能，在内裤的前端中部通过增加双层柔软的棱纹布料，有利于保护男人的生殖器，增强阳刚性。腰带和腿部开口处的紧身带使用乳胶制成，可以让衣服紧贴身体而不脱落。这种支撑作用以前也应用于运动员护身或"护身三角绷带"中。为了加强这种理念，"这款新型内衣能够提供支持作用"，它被称为居可衣（JOCK-ey，也作Jockey）。

为了推广和销售他们新推出的免熨烫、易清洗、极舒适的衣服，库珀公司将居可衣包裹在透明的玻璃纸中（他们在1929年运用过这种市场策略，成功地推广了他们新设计的短款无袖"连身衣"运动连衫裤）。1935年1月19日，居可衣短裤在位于芝加哥的马歇尔（Marshall）公司的橱窗里展示，以吸引观众。此次展览有海报、正常尺寸的内衣人体模型、与真

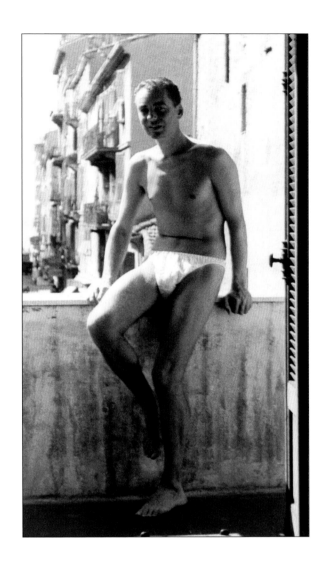

第80页
居可衣品牌，穿居可衣长款内衣的男人与儿子在一起

第81页
紧身内裤，法国，20世纪30年代
私人收藏，伦敦

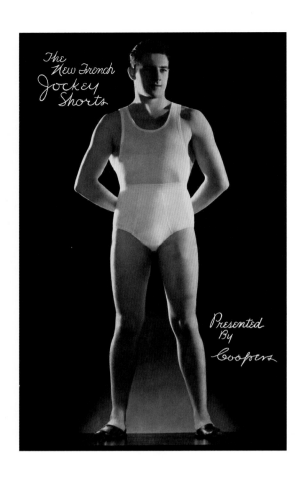

第82页
居可衣品牌，广告语：新款法国居可衣短裤广告
库珀公司提供

第83页
库珀公司，Y型紧身短裤广告
1940年
私人收藏，伦敦

人一样大的模特休·米伦的照片，照片中的他穿着紧身内裤和新推出的无袖运动内衣，这款内衣是专门为搭配紧身内裤而设计的。商店管理部门认为，在芝加哥遭遇最大的一场暴风雪的当天展示这种内衣简直荒唐可笑，是不明智的，所以要求推迟展览。然而就在展览会取消前，商店已经售出了600包居可衣。在接下来的两周里又有12000多条短裤相继售出，3个月总共销售了3万条短裤。这是一次巨大的成功，这样的成功在整个美国上演了无数次。1935年，一个广告宣传"正版居可衣短裤只有一家，就是由库珀公司设计生产的短裤"，并极力强调这条短裤创新的护身型特质，宣称"只有居可衣才能给您百分百的舒适"。那年之后，库珀公司又提高了居可衣的性能，增加了一个重叠式倒Y字形有棱的门襟，这款设计解决了1001款给客户带来的问题，因为穿着1001款的客户在小解时不得不提起裤脚口。Y字形的门襟也是创新性的发明，因为在短裤门襟四周设计这样新颖的形状线缝，男性的生殖器部位可以吸引极大的注意力，无形中衬托出阳刚之美。门襟改进后的居可衣获得了巨大的成功，它随后的款式设计为长腿——半截、过膝和长款，也获得了巨大的成功，库珀公司开始"改变国家的内衣穿着习惯"。《男士与服装》杂志（1935年8月）第46页评论说，库珀公司从《人猿泰山》[224]中获得了灵感，并预测说他们会给英国和欧洲的内衣市场带来一次巨大的变革。为了扩大国际销售份额，库珀公司签署了许可协议书，授权苏格兰金鹰公司（Lyle & Scott Company）和澳大利亚的麦克雷针织品公司（MacRae Knitting Mills）生产居可衣和其他内衣。金鹰公司是居可衣品牌在英国、法国和丹麦的主要经销商。从1939年6月开始，金鹰公司在苏格兰哈威克（Harwick）的工厂每周可以生产6万件内衣。

1938年2月，库珀公司在"国家服装生产

商、供给商和零售商协会"举办了第一场内衣时装秀。"玻璃纸婚礼"是指新郎和新娘身着用透明的玻璃纸制成的婚礼礼服和晚礼服进行婚礼，礼服里穿的则是库珀公司生产的内衣。相关照片登上了全球的媒体。图书馆管理员、礼服研究历史学家理查德·马丁和哈罗德·科达（Harold Koda）认为，库珀公司的"玻璃纸婚礼"可以看作是对1934年《一夜风流》电影中声名狼藉的一场戏的回应。在那场戏中，克拉克·盖布尔出场时没有穿一件内衣，赤裸的胸膛袒露在大银幕前，这更多地是要表现出男性的性魅力或者男子气概。如同马龙·白兰度在《欲望号街车》电影中身着T恤衫的场景一样，克拉克这场戏被看作是强调底层阶级男性的性权势。马丁和科达认为，这两个事例暴露有关描述男性身体或者"初步尝试表现"男性身体所带来的问题，尤其是在流行文化和商业时代的背景下所带来的问题。[225] 1935年，库珀公司推出了居可衣，而在同一年，越来越多的美国沙滩允许男人裸露上半身。马丁和科达认为这两件事之间有很大的关联，同时，他们还指出"男士的色情程度正在慢慢地发生变化"，男人既是观察者，也是被观察者，而女人是男性身体的观察者，这就表明"男性气概的概念在沙滩上发生了改变"[226]。

贴身短裤内衣迅速流行起来，而许多其他的内衣生产商也开始生产他们自己设计的护身型短裤，使得"Y型紧身短裤"和居可衣成了这类短款内衣的通称。20世纪30年代中期，位于德国斯图加特的海因策尔曼（Heinzelmann）公司发明了Piccolo品牌短款内衣，而1938年法国的美丽园丁百货公司销售两款类似于贴身短内裤的"衬裙"，但没有门襟开口：一款是用针织螺纹白棉制成的，搭配无袖口大圆领背心（还有儿童款）；另一款是用白色亚光人造丝网眼布制成的。1931年1月31日，卢浮宫百货公司也售出了一款配有"运动型"背心

1 The direct tension from the waist gives masculine support to important muscles.

2 The Medical World states that support is beneficial to health, giving lightness to pose and poise and stride.

3 The patent Y-FRONT opening prevents front gaping. There is nothing to "bunch", to "ride-up."

4 Y-FRONTS give comfort never before known, they are styled perfectly to fit the figure. The knitted fabric gives to every movement; absorbs perspiration. There are no buttons, tapes or loose parts.

4'3 6'3 8'-

PER GARMENT
Subject to Purchase Tax.

Scientifically designed UNDERWEAR
Ideal for the man in UNIFORM

Y-FRONTS embody really new ideas in UNDERWEAR, and give you genuine fit with style and comfort such as you have never known. There is a reason for all this. It is because Y-FRONT UNDERWEAR has been correctly designed to overcome just those complaints about our underwear that we men have uttered in the past.

Just as important is the masculine support that Y-FRONTS offer. That is why doctors recommend them. Lastly against cold days, comes the unique coverage, with just as much or as little of it as the season dictates. It is a feature that men in the Services particularly appreciate. Ask your Retailer about Y-FRONTS—or send for a most interesting Booklet and the name of your nearest Stockist.

Coopers
Y-*front*
UNDERWEAR

BRITISH PATENT
479,119

NO-GAP OPENING
WEARING KEEPS IT CLOSED
SUPPORT FROM THE BELT

VESTS · · · SHORTS · · · MIDWAYS · · · LONGS

Produced and Distributed by
LYLE & SCOTT LTD   HAWICK SCOTLAND   *London Office*   IDEAL HOUSE   ARGYLL ST.   W.1

第84页

功能内衣，1942—1954年

伦敦博物馆

的衬裙，售价6.9法郎。这条衬裙还可以搭配"乳胶"腰带，两者共售13.95法郎，相比于美丽园丁百货公司的衬裙，这款的前浪稍浅。

军事影响与战时短缺

第二次世界大战不可避免地对内衣行业产生了巨大的影响。在美国，战争导致了物资短缺，而内衣生产商则积极应对，大力宣传他们生产的内衣。战争初期配给制度的实行主要影响了食物与燃料的购买。而某些配给的材料对内衣行业产生了显著的影响。由于天然橡胶的供给中断，一时间造成了橡胶大量短缺，而松紧带的主要原材料就是橡胶，于是内裤腰带的

设计就不再使用松紧带，生产商们转而采用更加传统的松紧方法，比如使用侧边松紧法。居可衣公布了这种方式，并使用了宣传口号"山姆大叔需要橡胶，所以居可衣不再全部使用弹性腰带"。1938年，杜邦公司获得专利权的尼龙也实行了配给，不再供应给民用，因此男士内衣转而采用天然布料生产。

在那个战争年代，美国内衣生产商借用军事形象来销售他们的衣服。1943年，尤蒂卡针织品公司（Utica Knitting Company）极力宣传他们生产的防身内衣，醒目的标语是"准备就绪，迎接挑战"，其下方是一个正在补给燃料的士兵的形象，并指出这是"美国战士的超级装备"。尤蒂卡公司的9个制衣厂能够不断贡献自己生产的内衣，尤蒂卡公司对此感到无比自

豪。而居可衣在1945年的宣传同样直白，比如使用口号"内衣对百姓来说有什么意义？"，明确强调库珀公司的内衣是提供给海军的。

他们在1940年航空杂志做的广告中指出，居可衣内衣是一款设计很科学的内衣，是军队战士们的理想内衣，而其他公司的做法则没有那么直白。1943年，罗伯特·赖斯（Robert Reiss）公司推出了他们的赖斯·斯坎达尔斯（Reiss Scandals）内衣，在一张图片中一个男士身穿内裤和背心，头戴飞行员头盔，以此来暗示士兵喜欢穿他们生产的内衣。其他公司在战争年代所采用的宣传手段也如出一辙，例如在一张防空队员的图片中有这样的标语："如果你也想这么做，你就应当这样穿。"（万星威广告，1943年）。

战争期间，美国士兵穿过多种款式的内衣。天气比较温暖时他们穿草绿色的棉质贴身内裤和短裤，之所以没有穿白色，正如居可衣广告中所宣称的一样，是因为"在珊瑚砂或者热带森林中，白色容易被敌人发现。斑斑点点的白色容易遭到敌人的火力攻击；因为白色让他们暴露了自己的所在地。而在绿色环境中穿草绿色内衣……"。在冬季士兵们则身穿长款呢绒内衣，或者人们所熟知的"长内衣裤"。1941年10月16日，一名新兵写的一封信刊登了威斯康星州的希博伊根（Sheboygan）的报纸上，信中说："上周五天气突然变得有点凉，所以部队给我们发了些冬衣。我们所有人都希望部队不要再给我们长内衣裤了，因为它太暖和了。"另一个士兵的个人回忆录里也记载着内衣季节性更换的经验："我们还穿着冬天的制服：呢绒衫、呢绒裤、长款内衣、轻便的战斗夹克，还有战斗用靴……我实在忍不住了，想要换件夏天制服。我当初打包行李的时候，装了两套卡其衬衫和裤子，还有军用内衣。长款内衣穿了一年多了，换上轻便的棉质贴身短裤，顿时感觉像没穿衣服一样舒服。"[227] 1944年6月3日，

《威斯康星急流论坛日报》对"长内衣裤"做了解释：他们是军队发放的冬季内衣，穿起来的效果看起来就像是稻草人吊架那样的艺术家似的。穿起来有点痒，但是确实是好！当士兵穿上长内衣裤之后，他的胸腔会鼓起来，突出他的肱二头肌，可以绕着营房炫耀自己的肌肉，这种感觉就像（世界重量级拳击手）约翰·沙利文，所以之后这样的衣服就被命名为了"长约翰"[228]。1945年8月，美国政府决定卖掉在欧洲的400万件军队物资，从吉普车到针织衣物。17310件内衣连同数万件袜子被卖掉。1947年5月25日，巴黎有将近20吨的袜子投放市场，进行公开拍卖。

物资配给在欧洲的情况远比在美国严重得多。德国、法国、荷兰和英国都实行了定额配给券政策，覆盖了服饰物品的买卖。随后德国占领了法国，德国国内实行的类似的衣服配给券计划于1941年2月在法国开始实施。在当地城镇拿到的配给券可以用于购买衣服，但条件是个人衣物的数量低于德国政府所制定的标准，男人的标准是2件外衣、3件衬衫、1件套衫或者针织内衣、1件雨衣或者夹克、1件大的外套、1双冬季手套、2件衬衫式长睡衣或者宽松睡衣、6条手帕、2件内衣、3条内裤、6双短袜或长筒袜（就妇女而言，在低于标准的情况下可申请配给券，标准是：2件连衣裙、2件围裙或工作裤、1件雨衣、2双冬季手套、1件冬季外套、3件礼服、2件衬裙、3件短裤、6双长筒袜、6条手帕）。一条有效期将持续到1941年12月31日的新法律在1941年6月1日开始生效，规定拥有食物配给券的顾客可以拥有一张有一定点数的卡片，这张卡片可用于购买衣服或者纺织类物品，但是必须得根据物品的性质、存货量以及该物品所需要的点数来定。[229] 在法国，3岁以上者都可分到一张衣物卡片，上有100个点数，1942年涨到了168点。当时也出现交换制度，如果两件穿过

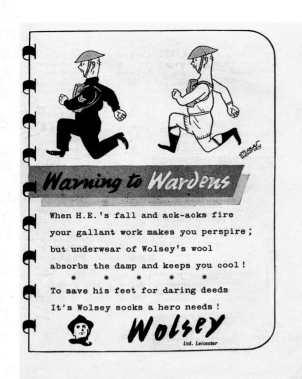

Warning to Wardens

When H.E.'s fall and ack-acks fire
your gallant work makes you perspire;
but underwear of Wolsey's wool
absorbs the damp and keeps you cool!
* * * * *
To save his feet for daring deeds
It's Wolsey socks a hero needs!

Wolsey
Ltd. Leicester

第86页
金狐狸品牌，广告语：警示看守人
1942年

第87页
穿着贴身短裤在船甲板上的水手，20世纪50年代
私人收藏，伦敦

的呢绒衣物（大衣、斗篷、夹克、背心、裤子）在转手时仍然完好，那么就可以免费换到同款的新衣服，不需要上交点数或配给券。1944年，该配给制度行将结束时，短款的内衣价值10个点数，长款内衣19个点数，低于65克的中统袜或短袜价值2个点数，短袖衬衫13个点数，质量重点的长袖衬衫价值29个点数，而裤子是52个点数，夹克是67个点数，一件大衣要174个点数。

英国是在1940年6月开始考虑衣服配给制度的，但是直到1941年6月才开始实行。英国政府公布这项制度时，声明"实行配给制度并不是要剥夺你们的实际需求，而是为了更好地确保你们能够分到国家的物资——人人有份，公平分配"。除了配给制度，英国政府还实行了"衣服公共事业计划"，鼓励生产商使用政府批准的布料，进行限量生产，竭力节省物料，将成本降到最低，如省掉裤脚的翻边，规定男士衬衫的最大长度。所有用在公共事业的服装都要贴上或印上"CC41"公共标签，"CC"代表《民用服装法令》。初期配给限额为每人每年66张配给券，但到了1942年春天，降到了每人每年48张，1943年降到了36张。从1945年战争结束后到1949年，这种配给券制度一直持续着，到1952年才全部取消。对于男士衣物，一条内裤需要3张配给券，背心也是3张，短袜和长筒袜则是一双要两张配给券。衬衫和套衫是每件5张、裤子8张、夹克13张、雨衣16张。1942年，英国政府还实行了生产集中制政策，只允许一部分生产商继续生产，而禁止新进生产商涉足服装行业。《广告人周刊》（*Advertisers Weekly*）在1945年发现，不同的社会阶级在购买除了内衣外的衣服上呈现出很大的不同：阶级A和B，除了"雨衣、裤子和套衫"，还可以购买内衣，阶级C购买"内衣、套衫和睡衣"，而最低的阶级D和E买的是"短袜、衬衫和鞋"[230]，不买内衣。与美国战争期

间的内衣广告相似的是，英国的公司，比如金狐狸在1941年突出了潜在的劣势："如果你最喜爱的商店没有金狐狸的产品——不要责怪他们。请记住，现在正是战争时期。"其他的广告则呼吁爱国主义主题。1940年，Meridian品牌的一条广告援引了温斯顿·丘吉尔早期的战时演讲——"让我们齐心协力，团结战斗，矢志不渝"。并用了一张士兵们的画像，画中士兵们穿着Meridian内衣，正在操作一把防空手枪。

1942年，英国的男士内衣零售生产商弥漫着阵阵恐惧，他们担心某些内衣面临短缺的状况，因为燃料需求量大，受到经济驱动，使更厚更保暖的内衣的需求量大增。其中一个问题就是配给券额度的大幅度下降，其他的问题主要是内裤与短裤的销量一直都比背心大得多，而生产商们却并不考虑这个问题，特别是许多生产商和批发商供应裤子和背心是按套进行批发的，因此零售商就要上告到"英国贸易委员会"。位于伦敦哈罗路的零售商C.M.科利特先生（Mr. C. M. Collett）告诉《男装》杂志，"正常情况下，我要卖3条裤子，1件背心"，而在1942年变成了"我要卖10条裤子，1件背心"[231]。他指出想要只进裤子是十分困难的。呢绒服装也缺货，尤其是大号的服装缺货严重，因为相比而言，那些用棉针织螺纹布制成的服装并不是"真正的冬季服装"，但是需求量很大，大部分顾客都喜欢买这种衣服。这就是零售商们的关注点和要求，他们希望"中央价格管制委员会"可以提醒贸易商们，将男士牛仔裤与背心捆绑式销售违反了《货物与服务（价格调控）法案》，任何控制库存的生产商、批发商或者零售商都应受到法律的惩罚。

配给制度也在前大英帝国控制下的国家实行，如澳大利亚（主要是管理物品短缺状况和控制民用消费）和新西兰，这两个国家可以将货物运到英国用于战争。在新西兰，每人每半年可以领到26张服装配给券。在澳大利亚，

第88页
Triméca品牌，广告语：内衣新品牌罗维纶（Rhovylon）
20世纪40年代
私人收藏，伦敦

第89页
金狐狸品牌，内衣种类
广告语：汗流如注者VS穿金狐狸内衣者
20世纪50年代
私人收藏，伦敦

使用配给券来配给服装份额从1942年6月15日开始实行，每人每年112张配给券。1945年11月，随着战争结束，配给限额下降到每人每年51张。长款针织内裤要6张，短款针织内裤要5张，短款梭织短裤以及针织和梭织运动型背心都要5张，而夹克要20张，裤子要10张。1945年，针织内裤和背心是不需要配给券的，而梭织内裤和背心则降到了各3张。

战后的繁荣

随着和平年代的到来，战时物资短缺状况逐渐好转，内衣生产商开始探索新的出路。消费者们也渴望更多新的产品。传统的长短袖背心以及长款的老式里门襟内裤和裤子，这几种衣物无论是用奶油色或者白色呢绒、呢绒混合布料、棉花还是人造丝布料制成的，在市场上依然可见。英国在1953年之前，用来生产内衣的常用布料通常是棉缎、人造丝缎、人造丝绉绸、塞拉尼斯人造丝针织布以及呢绒。随着20世纪50年代的逐渐发展，尼龙和其他人造布料不断被发明出来，并大规模地生产，一些新的布料，如经编尼龙针织布（1949年）、涤纶布、的确良（1956年）、人造纤维（1959年），都被用来生产内衣。战争开始前用天然布料发明而成的透气性布料，由于成本高昂，所以主要依赖于奢侈品市场，而现在开始与这些新发明的石油化学纤维混合起来。当与45%的呢绒或者棉布混合起来时，这些布料就会变得很轻，不仅能够保持原形，还没有褶皱。尼龙和涤纶布的疏水性能可以用于发明免烫快干型的布料，这种布料"在洗的时候看起来像是破布，但刚洗完立刻就干了，还不需要熨烫，无论看上去还是摸起来感觉都很舒服，而且持久不变形"〔1950年8月1日《妇女杂志》（Women's Journal）广告〕。伊丽莎白·肖夫发现，到1950年，美国洗熨学会推荐了11种清洗方法，主要依据是用不同种类纤维制成的布料颜色深浅不同，然后尼龙和其他免熨的合成纺织品[232]出现后，清洗方法又增加了一种。越来越多的家庭开始使用电熨斗，这样使得传统布料内衣的处理变得更容易，因为蒸汽装置和温度调节装置可以让褶皱的去除更加简单。男士内衣广告逐渐吸引了那些负责清洗儿子和丈夫内衣的家庭主妇的注意力。1933年，美国克卢特、皮博迪（Cluett，Peabody）公司的桑福德·洛克伍德·克卢特为一项预缩过程申请了专利，名为"桑得福专利"（Sanforization），拉伸、收缩以及固定梭织布的长度和宽度，这些工序原本是出现在清洗阶段的。经过授权，越来越多的公司都使用"桑得福专利"的方法生产内衣，并向市场推广这类服装。

第二次世界大战结束后，美国生产商开始努力解决战争时期货品短缺的状况，鼓励消费者积极消费，大力宣传自己生产的创新性布料〔Allen-A Atlastic品牌内衣，1952年；梅奥云杉涤纶（Mayo Spruce's Dacron）重点推出贴身短裤和T恤衫〕、新的颜色和图案（例如夏威夷印花短裤）以及一些提高舒适度的发明（如罗伯特·赖斯的斯坎达尔斯品牌，裤裆的设计非常舒服；万星威的"Stretch-Seat"品牌短裤，独有的水平针织档部，弯腰时可上下拉

伸）。在销售这些款式的内衣的同时还销售传统款式，比如连衫裤和短裤。库珀公司的居可衣品牌在美国获得了巨大的成功，这促使其他公司在第二次世界大战结束后加大宣传力度，推广自己的品牌内衣。为了赶超居可衣，卡特推出了Trigs短裤"很舒适，不会感觉到紧或者松，从不需要熨烫，不会缩水"；恒适公司尝试宣传一种传统和真实感，它推出了"无花果叶短裤"（Fig Leaf Brief），每一款都有风格独特的门襟开口。

在欧洲，传统的内衣是和更新更现代的款式一起卖的，类似的创新也正在发明中。1939年，J.B.刘易斯（J. B. Lewis）公司的N.P.申顿（N. P. Shenton）发明了一种新的短裤，把一块弹性水平螺纹布料加入到了后中裆处。在这上面的腰带处是一个环形的腰带，允许内衣前后缓冲，当人弯腰时，短裤后面能自然拉伸。然而由于战争，这种短裤直到1948年才问世。1949年，莫利公司设计了一款漂亮的男士四角裤"凹背折椅"型的内裤，极大地提高了舒适度，并为双层褶皱的门襟申请了专利，使用了"Celnet"布料在织布机上梭织而成。[233]在约翰·希尔的指导下，Sunspel品牌在1947年向英国市场推出了美国风格的贴身短裤。这种短裤的上裆处在后面有两条线缝，从腰带处往下直至胯部，并没有采用中部的单独一条线缝，因为这样的设计容易造成短裤上缩时不舒服。[234]1947年，由于观察到阿根廷骑马师裤子里面穿的是改进的短裤，法国销售代表乔治·乔纳森和纺织技术员吉尔贝·西韦尔在他们位于尼姆的针织品工厂中发明了自己品牌的短裤。在给公司取名的时候，他们查找了一个在宗教上中立的名字，他们的犹太族、新教徒朋友和合作者最后敲定了"爱米朗斯"（Eminence）这个名字，这个名字取自法国国王路易十三时期的枢机主教黎塞留（His Eminence the Cardinal of Richelieu）。使用瑞

XXX

UNDERWEAR TYPES

The Earnest Sweater...

He thinks that perspiration is
A sign of he-manship:
But it's his rustic underclothes
That cause his brow to drip.

The Wolsey type is just as tough
But he is more æsthetic,
He shows his form in lightest wool,
Well-tailored and athletic

Wolsey

DUO-SHRUNK UNDERWEAR & SOCKS

Wolsey Limited Leicester

士织布机，乔纳森和西韦尔发明了一种他们称为"trous-trous"的网眼织物布料，他们用这种布料生产名为"101型"的贴身短内裤。[235] 1952年，法国卢浮宫百货商场售出了3套内衣：用天然棉制成的传统长袖背心和长内衣裤；双螺纹棉制成的贴身短裤，搭配短袖的T恤衫款式的背心；后部改进的棉质短裤，搭配无袖背心。法国百货商场也开始在自己的产品中突出品牌内衣。1954年，法国卢浮宫百货商场销售"爱米朗斯"和Rasurel品牌，而1958年乐蓬马歇百货公司上架了Special B. M.、爱米朗斯、Selitex、Noveltex等品牌以及尼尔法兰西（Nylfrance，耐纶66纤维）内衣，同时也销售自己的非品牌内衣。法国品牌内衣的创新之处也是力求简便性，比如爱米朗斯的轰动性的创新短裤，正是凭借着独有的有专利保护的流程，才可以如换鞋带般容易地更换橡胶松紧线纺纱呢绒腰带。短裤类型的内衣越来越有特色，也越来越受推崇。1954年1月，乐蓬马歇百货商场销售两款短裤，即带有双层后裆的"经典"款式和便捷性双层开口前门襟的短裤。1958年，由尼尔法兰西（耐纶66纤维）制成的同款短裤上架销售，而短裤的设计则是"透气性网格门襟开口"。

20世纪60年代的新风尚：孔雀变革

转眼走过20世纪50年代，进入到了60年代，男士外衣的款式也开始经历改变与发展。孔雀变革带来了巨大的变化，衣服的颜色越来越明亮，图案越来越多样，款式也越来越纤细苗条，所以为了顺应这种变革潮流，内衣的款式也在逐渐地变化发展。自从20世纪50年代新的一代年轻人成长起来后，年轻男士们的穿着打扮也在寻求标新立异，与父辈们的穿衣风格越来越不同。

紧身男裤的流行在20世纪50年代后期至60年代早期推动了内裤向更小更紧的风格发展，内衣生产商们开始推出男士"比基尼"款式的内衣。受到女士"比基尼"的启发，法国工程师路易·雷阿尔德（Louis Réard）和时尚设计师雅克·埃姆（Jacques Heim）在1946年设计推出了世界上"最小的泳衣"，名字取自原子弹试验场所的名字——马歇尔岛的比基尼环礁，因为它的面积非常之小。20世纪50年代末，居可衣已经推出了一款用弹力尼龙制成的"纤细、修长"的Skants牌短裤，有单色的花哨条纹。1961年，卢浮宫百货商场为四家公司做广告宣传——袋鼠、Rasurel、爱米朗斯和卡拉维拉（Caravelle）——四家公司都以"比基尼"短裤为卖点，相比于传统短裤，其前浪更短，裤腿更高。在英国，蒙特福德（Montford）公司同年也推出了比基尼样式的短裤，采用弹力针织聚酰胺纤维制成，颜色有品蓝、红、黑和白，"设计的理念是为了给顾客最大的辅助"[236]。同样的款式还有用花哨条纹棉制成的，颜色有纯白、品蓝、红、黑和白。在这10年间，比基尼款式的内衣越来越受欢迎。1969年4月，旧金山时尚杂志《维克特》（Vector）称："比基尼内衣销售太火爆了，The Town Squire公司的短裤Immenence（法国进口产品）的库存非常紧张，全都销售一空。"[237] 布料使用越来越少，颜色明亮的彩色比基尼短裤居然大张旗鼓地宣传色情寓意，瓦莱丽·斯蒂尔将这种现象称为"一种性亲密行为的前兆，私密部位的吸引力，引起观看（触摸）的冲动与欲望"[238]。内衣越暴露，性的吸引力就越强。比基尼短裤在"性欲"设计上，迈出了一大步，是一个十分重要的变革。这款内裤就是最暴露的三角裤，让人们的欲望集中在私密部位，正如英国新闻记者罗德尼·本内特–史密斯（Rodney Bennett-Smith）所指出："再一次，我们内裤前有遮挡的褶皱，虽然藏在内部

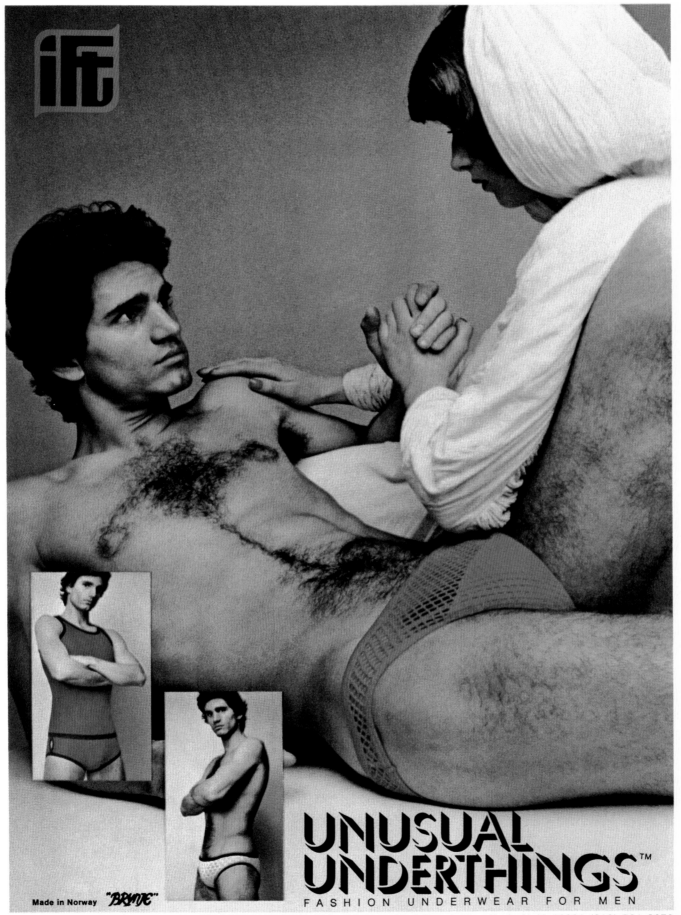

看不到，但确实给伙伴一种自信（他确实需要自信）。"[239] 1977年上映的电影《周末夜狂热》中，约翰·特拉沃尔塔是第一个身着黑色比基尼短裤出现在大银幕上的电影演员。在其中的一幕里，他塑造的是一个名叫托尼·马内罗的意大利籍纽约人，他酷爱在迪厅跳舞，当晚正在卧室里收拾准备出去。在镜子前，他随着比吉斯（Bee Gees）乐队的主题歌，摆出武术的姿势，镜头正好拍摄到他的双腿之间，他的内衣一览无余，里面穿什么都看得清清楚楚。另外一个场景里，他正躺在床上睡觉。当他醒来时，摄影机向下拍到了他的身体，"观察"到他坐起来掀开盖在双腿上的毯子，把手放进内衣里（同一件黑色比基尼短裤）摸了摸生殖器。镜头继续跟着他，他起床经过了祖母的卧室，来到了走廊。电影历史学家杰夫·伊纳克（Jeff Ynac）建议，这样的场景应该强调男人的"包裹"[240]，而女权主义哲学家苏珊·博尔多（Susan Bordo）则认为这样的场景是一种对工人阶级男性虚荣的新探索。[241] 伊纳克和博尔多都认为这样的场景就是对内衣下的男性身体对象化的探索。

自20世纪50年代早期开始，这些较短款式的内衣就已经面向特殊的"男同性恋"消费者了，尽管在法律上和道德上限制男同性恋在公共场合展示他们的性趣，但是他们更愿意尝试新的服饰。在英格兰的布赖顿（Brighton），菲尔和肯恩两位男同性恋者在他们的商店"Filk'n Casuals"中设计并销售衣服，而顾客对象基本都是同性恋。他们使用了种类多样的布料，发明出多种型号的"短裤"，布料中包括了红色和蓝色条格平布。"他们以前都是量身定做的，小口袋就设计在前端，下面有线缝。"[242] 布赖顿居民哈利回忆道。在伦敦卡尔纳比街，一家名为"卡尔纳比街男士"的男士服装精品店上架了一排不同颜色的男士内衣和短裤，因为店面经理了解目标客户，"同性恋男士们都聚集到这

里买这些款式的内衣，一次性买得多的话，就会在衣服的包装里塞入一张小传单邀请购买者加入卡尔纳比男性俱乐部，成为会员"[243]。男士精品店在卡尔纳比街出现之前，艺名"文斯"（Vince）的形体摄影师比尔·格林从女士内衣上裁剪一部分，设计发明了一款比基尼式短裤，用在他的模特身上进行拍摄。这款比基尼短裤非常流行、火爆，所以格林开始通过男士订单生产销售，后来就是在自己的文斯男士精品店中进行销售。文斯精品店的顾客主要是"肌肉男和粗鲁男"，以及"艺术家和职业演员"[244]，这几个词都是委婉地形容了男同性恋。文斯商店的产品图册里积满了年轻模特和演员的图片，包括年轻的演员以及有抱负的演员，如肖恩·康纳里，身着比较暴露的内衣，内衣的名字取自同性恋度假胜地，比如丹吉尔、夏纳和卡普里，就是为了吸引更多的同性恋顾客。[245] 美国商店和内衣生产商也向男同性恋市场销售大量袒露型款式的内衣和泳衣。第一个上同性恋杂志的广告是宣传半透明缎纹的睡衣和透明的尼龙宽松长款，可以在加利福尼亚州的WIN-MOR商店中买到，于1954年10月1日推出。为了吸引同性恋顾客，抢占市场，Town Squire、Ah Men、亚利桑那州帕尔（Parr of Arizona）和好莱坞的Regency Squire都在销售这类服饰。他们的这种产品实际上就是直观地代表了最早的一种独特的同性恋次文化，也是为"软核"色情文化服务。没有裸体男的其他图片，它们的主要顾客是居住在主要大都市中心外的男士。诸多的研究，包括由卡拉·杰伊和艾伦·杨（1977年）与里奇·萨文·威廉姆斯（1997年）的研究，表明年轻的男同性恋者和双性恋男士通常会注视着产品图册和杂志中男士内衣模特的图片来刺激他们的性幻想。在描写有关对内衣和穿内衣男人图片迷恋的文章时，瓦莱丽·斯蒂尔指出"穿内裤男士的照片对男性阴茎的迷恋主要起辅助作用"[246]。

第92页
沃尔特·威尔金斯（Walter Wilkins）身穿比尔"文斯"格林设计的模特短裤
沃尔特·威尔金斯遗物

第93页
Zerø品牌，广告语：抛弃型内衣
私人收藏，伦敦

新布料

1967年，据记载，在英格兰的本内特（Bennett），男士可选择的内衣种类多种多样，浩如烟海，包括"透明短裤、变态短裤、软皮革短裤，使用橡胶、聚氯乙烯以及许多其他能够引起性兴奋或者刺激性欲望的布料制成的内衣"，许多广告标语暗含给某些男士带来感官上的愉悦的口号，如"穿上更性感苗条""彰显男人本色""不紧致""纯粹的快乐"以及"抚慰身体"，还有"大陆的"[247]。1965年，美国好莱坞Regency Squire公司推出了不同款式的暴露性和"变态"内衣，包括"使用尼龙1005制成的Mesh Cachette内衣、使用易洗的海兰卡（Helanca）双向弹力尼龙搭配棉质泡沫橡胶保护的"Protecto短裤"、配有暗扣的"Snap-短裤"、V形前端和拉链开合的Brief Zip短裤、使用金属尼龙金银纱制成的Brief Sparkel短裤，所有这些内衣的描述在衣服的外在感官上就可以看出。在一个关于新款"微孔内衣"的双页宣传单上也宣传了超软尼龙纺织不可思议的布料，牢固、耐用，却几乎没重量。

内衣的布料与款式经历了显著的变化，而新的人造布料也被发明出来并应用在内衣的生产上。由于欧洲的许多家庭开始安装使用中央暖气系统，这导致了人们对保暖呢绒内衣的需求大幅度下降。20世纪60年代初期，意大利发明家佩皮诺·盖杜齐（Peppino Gheduzzi）意识到布料中弹性的重要性，用在男士内衣上可增加舒适度，随后他便成功地将理念构思提供给了杜邦公司，并建立了Biegi公司，使用了莱卡棉生产内衣。1964年和1965年冬季，法国卢浮宫百货商场为Rasurel公司的Electrostate内衣做了双页广告，这款内衣是以人造纤维"罗维纶"为基本布料制成的。内衣的舒适度仍然是一项重要的因素，越来越多的公司开始使用网眼织物生产衣服。1963年，

水瓶座贸易公司生产了一款双层布边的内衣，将一层双螺纹棉覆盖在布边上，作为布林耶内裤边缘的一部分。身体和双螺纹棉之间有双层的"夹心"空气，可以将空气保存在布料的夹层里，在天气特别寒冷时降低热量损失。[248]与此同时，在扇魔师牌（Thermals）多孔呢绒编织背心、短裤和四角裤的设计上，莫利公司也生产了一款衬边内衣。埃尔特克斯公司推出了他们的K.P.C.品牌内衣，用中型网眼棉制成的运动型背心和短裤。[249]1965年，居可衣推出了新款SuprelTM内衣，使用"空调型网格布料"制成，这种布料混合了50%的"KodelTM IV"涤纶和50%的精梳棉，其中的一个卖点就是"干得更快，洗得更白"。Regency Squire公司在1965年生产的"微孔内衣"使用的布料是"超软尼龙编织而成的不可思议的布料"，"一下就洗干净了，嘘的一声就干了"。面临"洗洗更白净"的清洗产品铺天盖地的广告，内衣生产商们积极应对，在他们各自的产品中也加入了相同的荧光增白剂。威廉·吉布森公司的Woolaton呢绒多孔汗衫、四角裤以及短裤；蒙特福德公司的"Red Star Airmatic"品牌内衣以及Meridian的Cellastic品牌使用的是添加5%尼龙的孔眼布料，所有这些都使用了荧光增白剂来增加衣服的整洁度和光鲜度。[250]

生意兴隆

20世纪60年代，内衣生产是一项巨大且不断增长的业务。1965年，科拉·莱斯特公司每年生产近650万件男士内衣，而莫利公司1966年售出了8000万件衣服，零售额约3.35亿英镑。1966年6月，英国商业杂志《男装》做了一项关于男士内衣布料使用的报告。他们发现棉织物是使用最广的布料，尽管人们已经发明并使用了人造纤维，但棉织物依然占据着

第95页
Rasurel品牌，"静电"内衣
时装博物馆，巴黎

1970

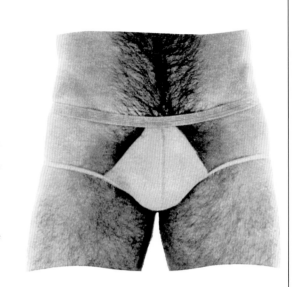

Hom crée **le mini-slip en voile**, coloris chair, intérieur de la coque doublé coton. Une véritable seconde peau et un énorme succès commercial.

Le modèle choque par son côté avant-garde et séduit en même temps par toutes ses qualités nouvelles.

75%的市场份额，呢绒占10%，剩下的15%市场份额则由不同的人造纤维占据。在1966年的头3个月里，英国市场销售的所有背心中，74%是汗衫，21%是短袖衣服，5%是长袖。而牛仔裤市场主要是短裤（48%）与四角裤（45%），剩下的7%是其他类型的内裤。1966年1月至3月，内裤的销售量估计达到1400万件，其中一半以上是由私人顾客购买的，而在1370万条背心中只有40%是由私人购买的。市场调研发现，在为自己购买内衣的人中，14%记不住品牌名，在9%的零售中，受访的男士并不知道他们所购买的内衣来自哪里。

《男装》还发现，社会经济阶层的不同对男士的内衣选择也有一定影响。总体趋势是男士的社会地位越高，他购买内衣的频率就越高，购买自用内裤和背心的意愿就越强。欧洲研究咨询机构发现，"48%的受访男士在过去

的3个月里买过裤子，而较低阶层的比率则为35%"。另外，年龄对男士购买裤子的需求也有影响，需求最高的在30至39岁之间。[251] 根据新闻记者海伦·贝内迪克特的说法，20世纪60年代早期的美国，拳击短裤的销售量大于贴身短裤，但到了60年代中期，贴身短裤的销量却大于拳击短裤。贝内迪克特认为尽管彩色内衣销量增加，但在1964年库珀公司的彩色内衣却只占3%的份额。[252] 库珀公司居可衣内衣的销售不断取得成功，销量依然强势，因此1971年公司更名为"居可衣男士内衣公司"。

选择的多样化

1968年1月，《男装》杂志列出了20世纪60年代末市场上男士内衣所有的款式。挪

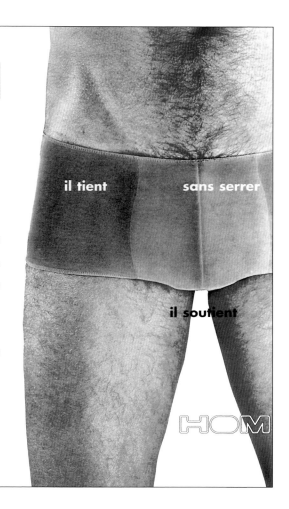

1976

HOM invente le slip HOMIX sans ceinture élastique ; une matière exclusive composée de 65% coton, 25% polyamide, et 10% Lycra, à la forme couvrante, d'un très grand confort, coloris chair, invisible sous le pantalon blanc.

Ce modèle sera ensuite décliné dans tous les coloris et deviendra un bestseller.

il tient   sans serrer

il soutient

HOM

威的新款毛巾布贴身短裤有白色、橘红色、金色、浅蓝、深蓝色以及浅褐色；莫利公司的新款"大领口"（Slash-neck）T恤衫、H形领背心以及"欧陆软带式裤头裤脚"的短裤；金狐狸公司更加传统的蓝色或白色条纹棉X前浪的贴身短裤和相匹配的背心套装；苏格兰金鹰公司发明的条纹和涡轮图案的拳击短裤。《泰晤士报》（1968年5月10日）也描述了在英国市场上男士们会选择的内衣款式，男士们不喜欢穿纯白色的内衣，《泰晤士报》认为白色的内衣通常都是妻子和母亲喜欢购买的。"紫色或者深绿或者圆点花纹"，"海军蓝、浅蓝、红色……黑色、绿色和粉色的一些品牌或者其他品牌，图案的内衣存货量丰富"，文章信心满满地说。文章还指出了舒适度的重要性，认为棉织物、尼龙和人造丝内衣跟纸一样，"实际上并不舒适，因为用这些布料生产衣物仍然处在初级阶

段中——尽管伊万·古戎（Ivan Goujon，已经在英国和美国为纸质的内衣申请了专利保护）正在销售这种衣服"[253]。

20世纪70年代，风格相似的服装款式和内衣款式依然在不断地变化着，内衣的款式依然使用男士泳衣的设计。1971年《绅士季刊》（*Gentlemen's Quarterly*）发表了名为《短裤对决》的特辑，列举了种类繁多的可供美国男士选择的内衣款式，包括线缝口袋的棉质几何图案的短裤、棉质网格比基尼短裤，以及红酒色的尼龙蕾丝短裤。[254] 20世纪60年代末，由小个体生产商生产的新颖印花和图案是由大品牌公司，如美国的居可衣和英国的公司（如苏格兰金鹰）发明的，他们生产花型印花短裤；Sunarama公司1977年销售印有美国老鹰图案的涤纶短裤。法国生产商吉尔公司发现市场上非常流行单宁布牛仔裤这种休闲服饰，并在

第97页

Hom品牌，广告语：Hom本色——潮流领航者
1976年

私人收藏

1970年用牛仔有色布生产了一系列款式的贴身短裤。丹麦的JBS公司在同一时期紧随70年代中期的"不分男女"服饰的潮流，发明了名为"det lille under"的贴身短裤，男女通用。由于受到《了不起的盖茨比》（1974年）这类电影的影响，当时流行一种怀旧式（如20世纪30年代）的服饰风格，传统的"爷爷风格"的长款内衣和扣胸短袖背心变得非常流行。在《都市故事》（*Tales of the City*）对20世纪70年代旧金山生活的描写中，亚米斯特德·莫平（Armistead Maupin）指出，在一场短裤舞蹈竞赛中展示的短裤款式多种多样，有"尼龙花豹皮短裤"，还有"标准的白色男士短裤"[255]。

然而纯白色内衣依然很流行。流行艺术家安迪·沃霍尔（Andy Warhol）在1975年发表的《安迪·沃霍尔的哲学》（*The Philosophy of Andy Warhol*）[256]中记录了一次在纽约梅西百货购物的经历，当时他带着他的朋友B去买他平常穿的内衣品牌——居可衣经典短裤。他讲述了朋友B想要说服他去买"T形裤裆的意大利款式短裤，会让人自信起来"，这款内裤他以前曾买过，但是不喜欢，因为这种内裤会让他觉得"应该有点自知之明"[257]；他还讲述了销售员向他讲解梅西百货自有品牌的白色内衣不同款式各自不同的优点，以及"蓝绿色的Jockeylife品牌比基尼"和门襟简便的网格丁字裤。在购买了15件他最喜爱的款式之后，沃霍尔发现在男士内衣商店里就他和朋友B两位男士在买衣服，他不禁猜测："原来婚姻的真谛是这样——你的妻子帮你买内衣。"[258]两年前，英国浪漫小说家伊利·库珀也在推测已婚男士与未婚男士内衣的不同之处："单身汉，通过他们的白色内裤就能看出来（已婚男士有淡蓝色或者粉红条纹的内裤，因为他们妻子的围巾还在洗衣机里）。"[259]

1967年，《阁楼》杂志从读者的反应中发现，新款内衣的吸引力与男士内衣所使用的布料是有一定关联性的，所以杂志将重点突出在服饰的"性感"外观和感觉上。一个作家指出，"紧身短裤"和"四角低腰短裤"使用尼龙、缎子和弹性布料制成，还有多种清幽淡雅的色彩，"穿上这样的短裤，再搭配紧身苗条的裤子"，看起来"特别凸显男子气概"[260]。在这点上，男士内衣基本不像女士内衣那样带有相同的性意味，所以公开讨论男性身体的吸引力与内衣的关系相对来说比较少见。然而在接下来的20年里，这个话题逐渐开始火热起来。

1975年，西尔斯公司产品图册中的一张照片引起了一次有关内衣的争议。照片里是两个身着内衣的男士（一个穿贴身短裤，另一个穿拳击短裤），这张照片出现在第602页上。从拳击短裤的左腿处隐约露出一个神秘的小小的圆形东西，一些读者认为那就是模特的阴茎。西尔斯公司对读者们关于"这个个别裸露"的抱怨做出了回应，坚称这是在拍照的时候的灯光效果，抑或是在照片洗印时留下的水污。但无论什么原因，他们还是将这个令人厌恶的地方删除掉了，第二年春天又重新印刷了一份产品图册。这次事件后来出现在了流行音乐文化中，1975年乡村音乐歌手祖特·范斯特创作了歌曲《第602页上的男人》（*The Man on page 602*），歌词写道："在Fall-and-Winter的产品图册中，曝光的不仅是时尚"，以及"这张图片让我有点搞不明白：他们是在宣传拳击短裤，还是在卖男人？（我不知道）。"

1977年1月，《男装》指出"如今已不同往昔，现在内衣设计是给人看的，已经不再是过去那种无足轻重、无所谓的服饰了"[261]，20世纪80年代，男士内衣的设计上越来越有观赏性和可见性，这类男式内衣的销售量也明显地扩大了。以前内衣只是男士衣橱里一个不被讨论的害羞或者滑稽的元素，而如今俨然已成为公开展示男性性感魅力的传播工具了。

第99页

金狐狸品牌，广告语：我们给您更多

20世纪70年代

Wolsey
we offer you more.

第四章
白色紧身裤及1980年之后的发展

卡文克莱——引领内衣新时尚

1982年，美国时装设计师卡文·克莱（Calvin Klein）的第一条男士内衣生产线正式启动。跟他旗下的其他男装一样，这条内衣生产线也隶属于卡文克莱男装公司。公司成立于1977年，为皮尔·卡丹（Pierre Cardin）、伊夫·圣·洛朗（Yves Saint Laurent）和丹尼爱特（Daniel Hechter）等著名品牌代工男装的法国商人莫里斯·比德曼，拿出3000万美元以特许经营的方式注资了这家公司。设计男士内衣从一开始就是卡文克莱男装设计构想的一部分，卡文·克莱觉得"一个为男人设计服装的设计师就要为男人设计一切，包括内衣"[262]。卡文克莱内裤的设计基本上和居可衣经典三角裤一样，只是臀部更为贴身，连代工厂商都是同一家。但卡文克莱内裤有一点显著不同的是"Calvin Klein"的英文名被织在了裤腰上。卡文克莱内裤推出了白、绿、灰三种颜色，此外卡文克莱的圆领、V领T恤衫和背心也都推出了经典白色、橄榄绿和灰色三种颜色，让穿上内衣的人有一种"当兵"的感觉。[263]在新款内衣还没上市前，卡文·克莱曾试穿过几十种内裤样品，亲身体验舒适度和耐磨性。"要是不能给内衣界带来一些新东西，我是不会做内衣的，"卡文·克莱说，"我们很重视经典的白色三角裤的设计，就是想证明我们的确是业内人士。我要让我们的内衣穿起来舒舒服服，合身合体。"[264]卡文·克莱给自己内衣的定位是不像美国市场上现有的内衣那样以实用为主要目的，而是模仿欧洲市场要把内衣打造成更具性吸引

力的产物。卡氏相信男人穿上内衣会比裸体更性感，甚至对他而言"内衣其实就是赤裸裸的性"[265]。这种前卫的理念很快流传开来，加上他50万美元的内衣推广活动，让卡文克莱内衣在价值9亿美元的美国男士内衣市场上脱颖而出。

为了证明内衣的确更具性吸引力，卡文·克莱邀请了37岁的模特兼摄影师布鲁斯·韦伯（Bruce Weber）。韦伯在摄影师迪亚娜·阿尔比斯和莉赛特·莫德尔的鼓舞和帮助下名噪一时，其展示男士阳刚形象的作品曾风靡各种艺术时尚杂志。在卡文克莱的广告里，韦伯选了身高1.9米的奥林匹克撑杆跳高选手汤姆·欣特瑙斯（Tom Hintnaus）做模特。拍摄地选在希腊锡拉岛，欣特瑙斯身着经典的白色三角裤，斜倚在屋顶的白色烟囱上，仰视的镜头里他胯下的曲线在白色内裤的勾勒下一览无余，灰泥墙面同他古铜色的皮肤构成鲜明的对比，为白色内裤营造出独特的背景画面。虽然在内衣广告里出现运动员已不是什么新鲜事，但是韦伯对于模特的把控没有流露出一丝欲露还羞的做作，更没有让其身材和美景抢了内裤的风头，而是让内裤成为焦点，结果一炮走红。当纽约时代广场17米高的广告牌上卡文克莱牛仔裤的广告被这个广告换掉后，公众和媒体一片哗然。《广告时代》（Advertising Age）杂志问："知名设计师能让最普通的产品吸引最多的眼球吗？"然后又自答："这个广告给了我们答案，他们的确能化腐朽为神奇——这个器大物勃的模特也帮了不少忙。"除了这个巨大的广告，卡文·克莱还在曼哈顿的25个公交站点布置海报。结果这些站点的橱窗玻璃都

被砸碎了，海报不翼而飞，花了几千美金才换上新的海报和玻璃，足见其广告之成功，韦伯作品之火爆，欣特瑙斯身材之炙手可热。卡氏的朋友，记者英格丽德·西斯齐这样回忆在纽约坐公交时第一次见到这个广告的情景："我们经过一个公交站点，车上几乎所有的人都扭过头想好好看看这幅海报，因为上面的阳刚之气真的是扑面而来。我也很好奇，还下车去打量一番。我当时很谨慎，问自己这是什么新把戏，是不是像当年的莱尼·里芬施塔尔一样用她所谓完美的雅利安人的模样去勾引希特勒？"[266]

人气飙升的不仅仅是这幅广告。独家销售商布鲁明戴尔说，这款内裤开售5天就突破6000条，两周内实现65000美元的销售额。随后一个月里，100家店铺售出24000条。20世纪80年代早期，卡文克莱男装公司总裁鲍勃·加里对其男士内衣的市场首秀很满意，但他更关心"如何让顾客成为回头客，这才是卡文克莱内衣真正要做的"[267]。要有回头客，就要推出不同颜色和不同节令的系列，如后来推出的海军系列和紫红系列内衣等，都使得内衣不再是简单的服饰，而更像是一种时尚符号。

1985年，卡文克莱内衣在好莱坞电影《回到未来》中首次触电，一定程度上反映了其在美国文化中的地位。在电影里时光回到1985年，利·汤普森扮演的洛兰·贝恩斯（马蒂·麦克弗莱的母亲）看见迈克尔·福克斯扮演的马蒂·麦克弗莱躺在床上，便对他说："卡文，我从没见过红色的内衣。"马蒂问："为什么叫我卡文？"贝恩斯答道："呃，卡文·克莱不是你的名字吗？你内衣上写着呢。"

女士内裤男性化

男士内衣大获成功后，卡文·克莱于1983年又引领了一场新风潮——将男士内衣

的设计风格引入女性内衣。其实女人穿男士内衣早已不是什么新鲜事儿，一些偏男性化的女同性恋穿男士内裤由来已久，也总伴随着争议。而且19世纪的女性的确都不太喜欢当时的女士内裤款式，觉得女士内裤或多或少有男性内裤的影子。20世纪80年代流行起女性服饰模仿男士服装的风潮，一个典型的例子就是女士商务套装上都有垫肩。因此"女性的贴身衣物在广大呼声中"[268]也有了突破，出现了充满阳刚气息的平角裤和宽裤腰的三角裤，纯棉制造，颜色上有最常见的白、粉和浅蓝，还有更男性化的灰及土黄。卡文·克莱就想为女士打造这种男性化的内衣，"因为他觉得女孩穿上男士内裤的感觉和男孩完全不一样"[269]。跟卡文克莱男士内裤一样，女士内衣裤腰上也出现"Calvin Klein"的字样。女士三角裤和平角裤上也都保留了男士内裤前开口的特点，《时代》杂志还调侃称这些前开口让"卡文克莱再一次抹平了两性之间的差距"。对此卡氏回应说："有前开口会更性感啊，我们是深思熟虑过的，不容置疑。"[270]跟男士内裤一样，女士内裤的上市也伴随着一系列广告攻势。性感的广告挑逗着人们敏感的神经，但跟往常女士内衣广告不同的是，丹尼斯·皮尔拍摄的那些女性棱角分明，动感十足，却又不失女性魅力。卡文克莱女士内裤也获得巨大成功，上市后的90天销售了8万条，短短一年时间销售额达到7000多万美元。美国行业杂志《女装日报》（*Women's Wear Daily*）称之为"自比基尼以来女性内衣史上最性感的服饰"[271]。布鲁明戴尔百货商场、洛德泰勒百货商场等纽约各大百货商场的总经理对卡文克莱的新款内衣都极感兴趣，他们保证这款内衣能在他们的店面随时上架，并出现在各种商品推送信息中。当时布鲁明戴尔百货商场的副总经理卡尔·鲁滕斯坦说："这款内衣把女性内衣一下带到了一个新的时代。"[272]为了满足不断扩大的生产需求，卡文·克莱把女

第103页
皇家斯莫里（Zimmerli）品牌，"纯净品质"700系列，上下内衣套装（女），内裤（男）
萨里娜·阿诺德（Sarina Arnold）与内·沙策（Net Shatzer）（模特）
克劳迪娅·克内普菲尔（Claudia Knoepfel）与斯蒂芬·因都科夫（Stefan Indlekofer）（摄影师）

士内衣业务出售给了凯泽·罗斯公司，但仍保留了对创意和设计的控制权。凯泽·罗斯公司是世界上最大的女性内衣和袜类生产商古尔夫和韦斯顿（Gulf & Western）公司的一家分公司。20世纪70年代末，男士内衣还催生出另外一种女士内衣——运动胸罩。当时美国设计师莉萨·林达尔意识到，运动中女士的胸部和男士下体护身一样需要类似的保护和支撑。1977年，林达尔的丈夫开玩笑地把下体护身放到脑袋上，又扣到胸口处。她哈哈大笑后迸发灵感，让服装设计师波莉·史密斯将两个下体护身缝到一起。这就是运动胸罩的原型，后来发展成了慢跑用的运动胸罩。米勒的助理测试完这款产品后，林达尔和米勒便联系了南卡罗来纳州的一家制造企业生产了40个这款胸罩。它后来一般是作为运动装备而不是内衣来出售的。[273]

是在男士服饰中加入女性化的元素，设计出男女通用款。这种理念的主要支持者包括年轻设计师琼·保罗·戈尔捷，还有时尚杂志造型师蕾·彼得里。其手法是使用传统女性服饰所用的布料和装饰，如丝绸、天鹅绒和蕾丝花边，以及女性化搭配的广泛应用，包括短裙和束腰等。彼得里和戈尔捷还把这些女装元素和男装元素混搭起来，如1986年戈尔捷的模特在T型台上展示了一款20世纪晚期的兜裆裤搭配，紧身打底裤是女性的典型服饰，而打底裤上又扣着充满阳刚气息的金属质杯状圆盘，两种元素被糅合到一件衣服上。另外，这种女性化的倾向在一定程度上被T型台上展示时装的肌肉模特弱化了，这也反映了大众越来越接受的审美倾向——古铜色肌肤、肌肉丰满的年轻中性男士形象横扫大众文化和传媒各个领域。

内衣男性化VS内衣女性化

卡文克莱内衣的面市对整个男士内衣行业产生了极大的冲击，其将男士内衣赋予性感和时尚气息的理念渗透到了不分男女的所有群体，这在20世纪80年代乃至后来都产生了深远的影响。时尚撰稿人伊恩·韦布曾这样说过："20世纪80年代早期开始，男士内衣不再只是穿在里面不起眼的衣服，它们也可以很时尚很性感。"[274] 20世纪早中期，男士时装界主要有两个因素影响男士内衣的发展。一个就是各种"英雄"电影里塑造的硬汉形象，包括电影《疯狂的麦克斯》（1979年）里的梅尔·吉布森、《第一滴血》（1982年）里的史泰龙、《虎胆龙威》（1988年）里的布鲁斯·威利，他们穿着脏兮兮的白色背心披荆斩棘，尽显阳刚之气。在卡文克莱经典男士三角裤的新款中能看到这些硬汉的影子，一些想展现出真正男子气概的内衣设计中也能看到这种影响。另一个就

欧洲新设计

卡文·克莱大获成功之后，其他设计师也纷纷推出自己的内衣系列。有人跟随卡文·克莱，生产主流白色三角裤的改良款或传统的宽松四角裤，而法国内衣品牌Dim基于其在女性内衣上的成功经验，1986年推出了自己的男士内衣系列Dim Homme。1950年，伯纳德·吉贝尔斯坦在法国特鲁瓦创立了这家公司，起初名为Begy，它由创始人的名（Bernard）和姓（Giberstein）的首音节构成。1958年，公司易名为Dimanche（英语"星期天"的意思），1965年又简称为Dim。Dim借鉴了其在女性内衣方面的理念和价值观，致力于为每个男人提供舒适实用的内衣。其口号"Tres male, tres bien"（很好，很男人）巧妙利用了法语中两个同音异义词来营造双关的效果："mal"（很厉害），"male"（很男人）。

当时一些设计师，尤其是欧洲设计师，其

第104页
Bruno Banani品牌，"乐天派"系列
2010年春/夏款

第105页
Ginch Gonch品牌，"装卸"系列
广告活动图片

服装在设计上都非常新潮，反映了20世纪80年代早期一些人乐于尝试的风气，也能看出欧洲男士内衣界大胆进取的传统。1985年，希腊设计师尼古劳斯·阿波斯托洛普洛斯在巴黎推出其品牌Nikos，其中一个系列的灵感源自希腊神话，意在"打造最完美的身材"[275]。Nikos品牌的内裤在大腿两侧选择高开叉设计，宽裤腰上带有图案，只有黑白两款，从前面看来很像兜裆裤。Nikos品牌还推出一种传统马甲的改良版，衣服只到最后一根肋骨处，而非像一般马甲那样长及腰际。因为布料中加入了乳胶，这些衣服都非常贴身，意在"献给男人，把男人打造成性感的象征和传说中的神一样的人"[276]。20世纪晚期的一款运动连体衫的设计中，Nikos品牌又将三角裤和背心糅合到一起。不仅在设计上异想天开，从尼古劳斯在服装发布会的选址也可见出其时尚圈人的本色：他的时装首秀安排在巴黎一间公寓里，模特们都在一个真皮沙发上展示服装。他的另外一次时装秀选在巴黎一家博物馆的花园里，身着黑色内衣的模特骑白马亮相（这个创意或许借鉴了模特比安卡·贾格尔在美国设计师豪斯顿的生日聚会上的那次亮相。在纽约"54号工作室"的夜总会的那次生日聚会上贾格尔出尽了洋相），在时装秀的休息时间男高音歌唱家阿里斯·克里斯托弗里斯还倾情献唱。尼古劳斯还在时装秀上加入各种搞笑元素，比如有一次时装秀的展示台做成了阴茎的形状，还是粉色的，模特们就站在这样的台上展示服装。[277]

此外，欧洲男士内衣不再只是那种老式的宽松风格，而更倾向于紧身设计。很多时候也不再只是基于实用，而是像女士内衣一样有更多时尚奢侈的选择。除了Nikos品牌，欧洲许多其他的品牌设计师也都推动了这种潮流的发展。比如西班牙设计师罗泽·马斯通过别致的剪裁在男士三角裤正前方做出一个"V"形，还有短T恤衫的前胸后背也设计"V"造型，以突

出男士上半身倒三角的身形特点。他还尝试裁剪掉腋下一直延伸到腰际的部分，以创立与众不同的风格。意大利设计师卢恰诺·索普拉尼的作品参照了19世纪内衣及20世纪中叶男士浴袍的特点，他想挑战那种一成不变的男士内衣风格，改变人们习惯的内衣形象。

男士内裤女性化

欧洲大陆在内衣设计和风格上不像美国那么拘谨，如20世纪早期欧洲大陆首次出现紧身三角裤时，美国的男士内衣基本上还都是那种宽松款。欧洲除了出现各种新潮设计师，还诞生了各种内衣品牌，如Hom（1968年创立，1986年被Triumph收购）和Mantalk（最初的设计师是帕科·拉贝），它们推出的内衣选用了不同以往的布料和剪裁方式，可称之为"女性化的男士内衣"。如1992年法国品牌Hom推出黑色弹性蕾丝内衣系列，还有挂钩和扣眼设计。Hom的设计师克里斯·梅表示一些英国男士总在寻找不同于常见的三角裤或平角裤的东西，尤其不能"残留法国内衣的影子"[278]，于是就有了这样的设计。无独有偶，英国内衣品牌Brass Monkeys的设计师约拉·希克斯于1996年说，有些男人就想穿女式内衣，他们觉得女士内衣布料更柔软手感更好，"穿起来更舒服"[279]。她的一些设计正源于此。为了契合男士的这种想要奢华内衣体验的愿望，设计师玛丽·格林推出了"男士丝绸"系列，也借机拓展了女士丝绸内衣业务。该系列既保留了传统三角裤和平角裤的紧身特点，又采用了更简洁的丁字裤后面的布条设计，整条内裤都用高档丝绸制成，色泽圆润，光彩亮眼。1998年意大利知名时装品牌古琦（Gucci）打破传统，不再满足于生产传统男士内衣的各种改良版本，而是推出了透明网眼款，达到了

第107页

Dim品牌，广告语：Dim，很好，很男人

"欲遮还露，欲露还羞"的效果。文化评论员迈克尔·布雷斯韦尔（Michael Bracewell）曾评论道，这种内衣在英国各种商业街全面上架时，正好是男子脱衣舞团体"黔驴技穷"欲"重新定义男性形象"[280]之时，这或许说明了20世纪晚期的女性就希望男士能表现出这种中性形象。

对女性化男士内衣的需求一直持续到21世纪，互联网的兴起也为这种特殊内衣的消费者和制造商提供了便利的贸易平台。Hom逐渐意识到采用非传统男士内衣面料做出来的内衣人气不断上涨，于是2002年推出了lingerie d'homme系列，这个名字也一直在指那些采用透明薄纱面料，或带有花纹的蕾丝及绸缎面料做出来的丁字裤、三角裤或运动内裤系列。Hom还搬出各种形容女士内衣的词汇，把这个系列形容为"邀你在性感、魅惑、情欲和幻想的世界里徜徉"[281]。2005年巴黎举办的"女性内衣国际沙龙"在与法国设计师斯特凡·普拉西耶的倾力合作下，专门开辟一个区域来展出55家制造商的女性化男士内衣作品。这种安排在后来的沙龙中延续了下来。如2009年的沙龙，除了4个女性内衣展区："回归本真""时尚阵地""性感十足""居家必备"，还有一个"男人领地"展区，专门展出Impetus、Bruno Banani、皇家斯莫里、L'Homme Invisible、爱米朗斯、QZ Bodywear的女性化男士内衣产品，更有法国品牌Mike Sweetman和瑞士品牌Athos等男装品牌的设计展出。可能是意识到男士内衣不管是在"设计上还是时尚界印象里（一般展示内裤的形象就是一涂满橄榄油的肌肉男穿着一条平淡无奇的内裤）"[282]，都没有引起足够的重视，所以杂志《又一人》特邀时尚摄影师尼克·奈特和造型师阿里斯特·麦凯拍一组作品来改变这种现状。他们邀请设计师马里奥斯·施瓦布和加雷思·皮尤设计一组新内衣，又邀请摩根·赫斯蒙德霍精心裁制内衣成品，最后拍出一组向罗伯特·马普尔索普和霍斯特的黑白相片致敬

的彩色照片，以此将内衣和新的时尚印象融为一体，在2007年至2008年的秋冬季刊第5期上发表，借此在一些争议问题上向人们发起挑战，比如男士内衣设计上的阳刚主义、性感主义，以及那种俗套的穿着内衣的男士形象。

G带裤和丁字裤

G带裤是一种介于男性化和女性化之间的男士内衣。它由囊袋、窄裤腰和连接囊袋和后腰的布条组成，布条正好勒进臀部中间。美国马萨诸塞州坎布里奇镇的哈佛广场上一家高档男士用品店的店主认为，这种内裤"伤风败俗""跟比基尼一样，太女气了"[283]。此外，记者瓦妮莎·阿斯特罗普认为买G带裤的英国男人都是"中年老男人""穿白色紧身裤的怪咖，老不正经""装嫩，卖弄风骚""就是用来吸引同性恋的注意的"[284]。但G带裤是Hom 1994年最畅销的款式之一，而且Hom的丁字裤同年也是大卖。跟更为暴露的G带裤相比，丁字裤盖住的部位要多一些。Hom的英国发言人苏·洛德认为G带裤受欢迎可能是因为男士穿上G带裤可以避免被发现内裤线的尴尬。[285]这种剪裁暴露、用料简洁的男士内衣大受欢迎，一些传统的内衣制造商也加入进来，如仙乐娇（Sloggi）和居可衣都生产了这两款内衣。2003年，G带裤和丁字裤也被英国零售商玛莎百货（Marks & Spencer）放进"周末玩意儿"系列，它还包括包臀裤以及其他色彩明艳又紧身的衣服。品牌发言人称之为"时尚内衣系列……意在吸引那种想穿很潮的上衣、很潮的裤子，还要穿很潮的内裤的年轻消费者"[286]。尽管如此，该系列由于销售不佳2006年就退出了市场。玛莎百货的顾客尼尔·安斯沃斯觉得可能是因为它"欧洲大陆的气息太浓了"，英国男人"对男士丁字裤还是不怎么感冒"[287]。

第108页
Andrew Christian品牌，9215"小白脸"黑色丁字裤

第109页
L'Homme Invisible品牌

经典的复兴

内衣风格的变化趋势不只是越变越暴露，如20世纪80年代中期一些老式经典的内衣风格又重新流行起来。在内衣偏向于紧身设计的风潮下，一些新派欧洲设计师则致力于让传统的连体内衣重新焕发光彩。20世纪80年代晚期，最新潮的设计师和Hom这样的品牌都在推出摔跤或举重运动员穿的那种老式弹力紧身连体衣，或20世纪中叶流行的运动连衫裤。此外，创立于1875年的德国内衣生产商舒雅（Schiesser）借鉴老式条纹浴袍，在1988年推出条纹图案的背心短裤连体衫。第二年，法国内衣品牌爱米朗斯通过改良传统的长内裤和长袖内上衣，推出一款品质上乘的连体衣，采用蓝灰色棉布面料，但在袖口、踝带、裤腰和前开口部位都用黑色点缀，和衣服整体形成对比。英国高档时装店玛莎百货、Next and Knickerbox也都推出了各种类型的背心内裤连体衫，裤腿有长有短。20世纪80年代晚期，一些运动服饰，如健身房里骑单车穿的短裤，对此也有一定的推动作用。它们有些在前开口处采用纽扣设计，而一些用棉和莱卡混织的内衣为了实现紧身效果，根本就没有前开口。这引起了一些人的担忧，如《周日时报》（*The Sunday Times*）1993年10月31日的一篇文章，还有《旗帜晚报》（*Evening Standard*）1994年9月6日的一篇文章中都提到，这样

人要方便的话还得把外面的衣服都脱掉。Hom的发言人苏·洛德认为对于"时尚人士"而言，他们根本就不担心这个问题，"只要穿起来性感又舒服就行，其他无所谓"[288]。当时维多利亚与阿尔伯特博物馆男装馆策展人埃夫里尔·哈特表示，这种衣服能流行起来是因为"只要你穿着莱卡做的衣服，你就很有范儿"[289]。然而健康心理学家和精神治疗医师乔治·菲尔德曼则认为这种"容纳"和"不适"使得这些衣服对女性产生了吸引力。穿上内衣会让男性"看上去更加迷人和强壮"，却又"被安全地管束着"。"这种'不适'是力量与控制之间的拿捏，因为男性也希望女性能这样穿，相比之下也就逐渐接受了内衣的不适感"[290]。

经典款式再次流行的趋势一直持续到21世纪。舒雅和英国品牌Sunspel在2007年和2008年都推出了各自的传统三角裤、T恤衫和背心新款式。2005年，多夫·查尼（Dov Charney）成立了美国服饰公司，宣称只用天然有机棉料。他们推出一组经典款式的三角裤系列，由包括黑、白、灰在内的37种颜色组成，裤腰用鲜明的白色，并采用前开口设计。跟以往内衣广告里那些干干净净的肌肉男形象不同，包装上只有一个毛发浓密、不修边幅的年轻男子。他们的内衣销量在短短两年时间里就超过了100万条。无独有偶，居可衣在2007年6月也推出了一个新内裤系列，采用了各种流行色，还有经典的Y型设计，他们也借

第111页
Bruno Banani品牌，"你的复古内衣"系列，紧身长款

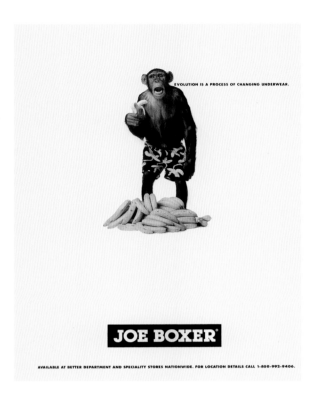

EVOLUTION IS A PROCESS OF CHANGING UNDERWEAR.

JOE BOXER®

AVAILABLE AT BETTER DEPARTMENT AND SPECIALITY STORES NATIONWIDE. FOR LOCATION DETAILS CALL 1-800-992-9406.

第112页
Joe Boxer品牌广告，1994年

第113页
Billi Chic品牌，广告语：年度婚礼
私人收藏

鉴了20世纪70年代流行的颜色和款式。而居可衣宣传的卖点在于他们是"一家真正的内衣品牌"，"主业"就是内衣，专门面向那些"不喜欢设计太另类、不接地气的品牌"[291]的人。2008年4月，居可衣称在过去6个月里他们的彩色Y型三角裤在英国的销量增长了60%，其中婴儿粉色是最受欢迎的颜色。品牌经理鲁思·史蒂文斯（Ruth Stevens）认为"经济状况不太好时，人们在购物时会有一些不自觉的购物习惯上的小变化"，这不会对他们的钱包有多大影响，但像选择颜色更鲜艳的内衣这种小变化"却能让人的情绪好起来"[292]。史蒂文斯指出，20世纪30年代美国经济大萧条时期那种印花的平角裤销量大增，与此是同样的道理。

经典款式再次流行也不只是发生在西方，日本2008年就兴起了一股追捧传统兜裆裤的热潮，像三越百货这样的综合商场都在卖这种"经典内裤"，许多网店也推出了经典红色和白色的各种款式，内裤面料上印上各种传统日本元素，还有一些则打上更新潮的图案来吸引一些亚文化群体。银座三越百货里兜裆裤往常的销量一般是一年500条，但是经一档电视节目的鼓吹后，2008年上半年就卖出了500条。银座三越百货男士内衣卖场的何南木先生说："内衣颜色和花纹设计都有了很多的变化，我们现在还有一个丝绸内衣系列，专门为肤质细腻的人群准备的。""最近一些年轻的顾客会把这种带花纹的兜裆裤当作情人节礼物送给另一半，而且这种内裤基本上是一个尺寸谁都能穿，而且男女通用。"[293]兜裆裤的类型也多种多样。比如Rokushaku内裤就是由一条布带组成，宽约34厘米，长约230厘米，长是宽的6倍多。布带先是在臀部上围围一圈，在后面打上结，然后把布带从两腿之间带到前面和腰间的布条固定住。多出来的部分可以放到前面，像围裙一样垂下来，也可以藏到两腿之间，这样布带就不会松松垮垮。Ecchu兜裆裤是一块34×100

厘米的布料，其中较窄的一边缝有一个布条，以系住其他部分。而Mokko兜裆裤非常像西方国家那种缝制好的内裤，由一条比较短的布料和一个裤腰组成，布料两端都缝到裤腰上。

四角裤的逆袭

20世纪80年代早期，美国兴起一股50年代的怀旧风。此风首先始于电影，比如《美国风情画》和《油脂》，还有70年代的电视节目《美好时光》等。这股潮流很快吹到了各大时尚街区以及各种亚文化时尚元素中。牛仔服饰品牌李维斯（Levi's）通过广告也融入其中，通过对其做牛仔服饰起家的强调来暗示其与50年代风情的吻合。其中一个广告对男士内衣市场产生了深远的影响。1985年，百比赫广告公司选了不太知名的前拳击手兼模特出身的尼克·卡门来拍李维斯牛仔裤的广告。场景设置在20世纪50年代的自助洗衣店内，背景音乐放着马尔温·盖伊的歌"我只是随便听来的"，广告里卡门脱掉了紧身白T恤衫和牛仔裤，把衣服跟小鹅卵石一起扔进洗衣机里（以达到砂洗效果），只穿一条白色四角裤坐在洗衣机旁。虽然这样一个性感迷人的阳刚之躯要推的是牛仔裤，但那条平腿内裤却让观众印象更深刻。这款内裤原被认为款式老套，甚至有点滑稽，但是广告之后马上变成了世界的宠儿：女人都怂恿老公或者男朋友买这种内裤，希望他们变得像卡门一样迷人；男同性恋都注视着那条性感的内裤，欣赏着卡门火爆的身材；而直男一直都被各种声音劝告着要注意身材，从此也暗下决心要做一个体贴、时尚但依然阳刚的"新时代好男人"。乔纳森·拉瑟福德表示广告如此成功，是"男人身体色情化的产物，以前只是男同性恋喜欢的形象，现在逐渐获得大众的认可，这表明性别差异开始变得模糊，而阳刚形象也不再一成不

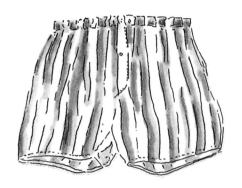 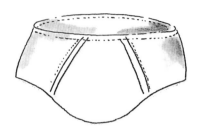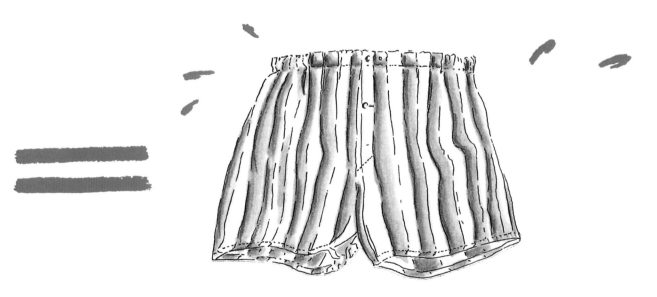

变"[294]。弗兰克·莫特同样认为"特意表现男人身体的性感之处，最后都是用来烘托商品"，这个广告就是来展示牛仔裤和四角内裤的，而男人的身体也是"通过时装界的演绎被拿出来（供自己和他人）欣赏"[295]。此后，关于男人身体商品化的问题，还有关于穿着内衣的男人形象在广告里的作用问题，都引起了持久的讨论。

广告里卡门本来是穿三角裤的，但审查人员觉得太暴露，不得体，所以最后卡门换上纯白的四角内裤。它由英国公司Sunspel提供，该公司1947年将美国针织四角内裤引入英国。认为三角裤不体面的想法并非从来如此，正如罗德尼·本内特-英格兰在1967年的观察报告

就持相反的观点："有确凿信息表明，现在的人们会认为宽松的四角内裤穿起来有失体面，而紧身的三角裤却很得体。"[296] 但现在的确是四角宽松内裤（及长款泳衣）比紧身三角内裤（和三角泳裤）要受欢迎，这跟艾滋病的高发也有一定的关系。用记者兼评论员迈克尔·布雷斯韦尔的话说，这种宽松的四角内裤通过掩盖男人的第一性征来减弱性吸引力，"正如邋遢的短裙和宽松的毛衣掩盖女人的性征一样，这有利于远离艾滋病，远离疾病"[297] 男人们越来越意识到性方面的事情，也认识到性和疾病的各种关联，于是他们更倾向于那些能隐藏性特征的内衣，尽量不突显性别，从而远离各种疾病。

四角裤VS三角裤

四角裤在20世纪末乃至21世纪仍有大批的支持者。英国和美国的大众媒体也经常会发起各种讨论，男人到底是喜欢四角裤还是三角裤。这些讨论中很少会把机织的宽松四角裤和针织的紧身四角裤分开来谈，其实大家一般都会认为四角裤基本上就是宽松的。而1993年4月和2002年美国总统克林顿在电视专访中，两次被问到更喜欢哪种内衣款式。克林顿回答说他两种都穿，但是穿三角裤更多一些。另外，《人物》杂志还报道过爱穿四角裤的名人包括演员亚历克·鲍德温、贾森·普里斯特

利和汤姆·阿诺德、喜剧演员乔纳森·温特斯，以及集喜剧演员、魔术师和作家于一身的佩恩·吉利特。 2005年，英国BBC第四频道《女人时间》节目主持人玛莎·基尼对当时竞选保守党领导人的两名竞争者戴维·戴维斯和戴维·卡梅伦问了一系列与政治意向毫不相关的问题，比如是喝一般的啤酒还是喜欢淡味啤酒，喜欢金发碧眼的女郎还是深色发肤的，喜欢穿三角裤还是四角裤，等等。对于最后这个问题，戴维斯选择前者，而卡梅伦选择后者。英国零售品牌玛莎百货的总经理杰里米·帕克斯曼接受电视专访时曾谈及他电子邮件信息泄露事件，那次事件使他们公司内衣和袜子质量标准

第115页
穿着内裤在自动洗衣店里玩手机的男士

115

下降的消息被公之于众，之后主持人也问他是喜欢穿三角裤还是四角裤，而他回敬说，"这不关你们的事吧"，这"应该是我的私事，我不想拿出来供人消遣"[298]。但帕克斯曼电子邮件泄露的事却不是他的私事，这在英国媒体上激起轩然大波，许多全国性的大报，包括《独立报》和《电讯报》采访了许多知名和不知名的公众人物及明星，问他们对玛莎百货内衣的看法以及在内衣选择上的偏好，其中包括音乐家阿历克斯·詹姆斯、天文学家帕特里克·穆尔、魔术师保罗·达尼尔斯、探险家雷纳夫·法因斯、电影导演迈克尔·温纳。记者罗伯特·埃尔姆斯著有《穿衣的方式》（The Way We Wore），书中对白色棉料四角裤赞赏有加，他写道："我有一条崭新的白色双层棉料内衣，还未拆封，是德比郡一家很小但历史悠久的公司做的，它就静静地躺在我的抽屉里，默默地等候，一副现世安好的样子。其实这是你生活状态的写照，说明你过得不错，生活没有一团糟。"[299]

1992年4月，英国女性时尚杂志 Elle 根据男士对外套和内衣的选择，把男士划为三类。第一类是"传统工人阶层"[300]，他们在服饰上不讲究，常穿法兰绒四角裤或长内裤，外套也以实用舒适为主，不论品牌。第二类叫作"新派小伙"，他们乐观的生活态度最适合穿Y型三角裤，外套通常是范思哲（Versace）、蒙大拿（Montana）和卡文克莱的服饰。第三类被称为"新好男人"（这个概念首先出现在20世纪80年代末，是市场营销中的一个特定群体，后被文化史学家弗兰克·莫特和肖恩·尼克松定义下来并加以探讨），他们会穿保罗·史密斯（Paul Smith）的三角裤加罗密欧·吉利（Romeo Gigli）、The Gap、雅昵斯比（Agnes B）和尼科尔·法伊（Nicole Farhi）的外套。居可衣内衣市场经理鲁思·史蒂文斯表示，很多男人都觉得内衣是"一种实用至上的商品，甚至一辈子都只穿一种类型，如坚持穿Y型内

裤或四角内裤"，而女人"更注重不同的体验，一般都有眼花缭乱各种类型的内裤，也更愿意尝试新款式、新品牌"[301]。英国GQ杂志时尚编辑达明·努涅斯也同意这一观点，他说："许多男人基本上内裤有3条，不会轻易换别的款。"他认为市面上内衣的种类和款式已经多种多样，在这样一个男人们越来越注意自己形象也越来越愿意为装扮花钱的年代，"紧贴皮肤的那一层也该受到更多的关注了"[302]。

法国消费市场研究公司Secodip提供的数据表明法国的内裤销量中57%是三角裤，而2008年6月英国英敏特研究咨询公司的报告指出，45岁以上的男士喜欢四角裤，45岁以下的男士则偏爱三角裤。在1006名受访男士中，50%的人穿宽松的四角裤，26%穿紧身四角裤，24%穿三角裤，其中只有17%穿Y型内裤。[303]销量方面，针织四角裤占2007年零售额的最大比重，达到27%，三角裤占23%，机织四角裤占11%。根据美国咨询公司NPD集团的数据，2006年美国男士针织内衣的销量比2004年上升了5.3%，达397万条。同期的紧身四角裤以及其他比较暴露的内衣款式，如比基尼和丁字裤，销量也都有所上升，但传统三角裤销量却有所下降。[304]

紧身四角裤和运动内裤

20世纪90年代早期，出现了一种介于宽松四角裤和紧身三角裤之间的内裤。内衣制造商们采用了四角裤的裤长，又结合了三角裤的贴身和支撑效果，做出这种被称之为紧身四角裤的类型。跟两次世界大战之间生产的运动内裤相似，这种紧身四角裤没有采用传统机织四角裤的面料，而是像三角裤一样用针织棉线织成，面料里基本上都含有一定的人造弹性纤维，使之能有弹性，穿起来更舒适。这种内裤

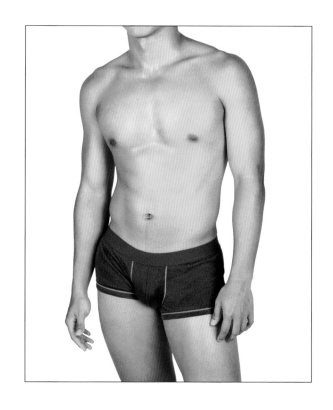

第116页
Ginch Gonch品牌，"男孩与玩具自行车"系列广告推广

第117页
四角裤

第118页

Dim品牌，"赛车"系列

很快就流行起来，各大设计师品牌、传统内衣品牌以及各种时尚街区专卖店都纷纷推出这种款式。1996年，英国男士内衣的销量冠军款式就是"前开口纽扣设计，裤腰上印有品牌名称的白色紧身四角裤"[305]。2007年这种紧身四角裤占英国男士内裤销量的25%，比2003年提升了26.3%。[306]伦敦Selfridge百货商场的员工称，自1992年卡文克莱推出这种内裤以来，其整体销量都跟着被带动起来[307]。

低腰牛仔配露边内裤

1992年，19岁的美国白人说唱歌手马尔基·马克·瓦尔贝格的一张舞台照登上了《滚石》杂志的封面。照片由斯蒂芬·迈泽尔拍摄，布鲁斯·韦伯把图片登到了《采访》杂志上，使之流传开来。图中的马克穿着低腰牛仔裤，内裤裤腰高出牛仔裤裤腰一大截，再往上就是马克迷人的六块腹肌。这种牛仔裤在美国说唱歌手中非常流行，也是内陆城市里非裔美国人的典型穿衣风格。据说这种牛仔裤最初是犯人穿的。那时犯人不能穿橙色连体囚服，裤子也不能系腰带以防他们用腰带自杀，所以牛仔裤都松松垮垮地挂在腰部以下。因为美国监狱系统里关押了大量非裔美国人，他们出狱后把这种风格带到了许多黑人社区，很快就被许多无犯罪前科的人接受，进而流行开来。[308]此风很快就登陆英国，一个典型事件是2003年伦敦说唱歌手迪奇·拉斯卡尔发行的首张个人专辑《角落里的男孩》，其中一首《都切掉》里就唱着"我穿的低腰裤，低得不能再低"。唱片公司创始人戴维·格芬建议卡文克莱选肌肉轮廓分明的马尔基·马克做内衣模特。最终马尔基·马克以10万美金签约成为卡文克莱内衣的官方代言人。在短短3个月里，卡文克莱内衣的销量同比增长了34%；在12个月里，卡文克

莱男士内衣业务就实现了年销售收入8500万美元的巨大成功。这种穿法影响是巨大的，原本只是在非裔美国人这样的亚文化群体里认同的形象，最后被不分种族、不分年龄的各种男性消费者广泛接受，进而流行到整个西方世界。

后来低腰牛仔搭露边内裤的形象也不单只和嘻哈说唱音乐有关，它开始不断渗入其他流行风格，比如像白人群体一直青睐的Emo音乐也开始采纳这种风格。而且从2007年起街上许多青少年们也开始这样穿衣服。他们年轻瘦削的形象和设计师赫迪·西利蒙主张的"骨感"形象非常吻合。赫迪·西利蒙就曾为Dior Homme设计过这种风格的衣服，主导他的时装秀T型台的也不再是20世纪80年代中期以来主导各种广告和时装秀的肌肉男，而是身材偏瘦的型男。而且这种风格更受到十来岁小男孩的欢迎。2008年，瑞典时装品牌H&M就为孩子专门推出过一款低腰牛仔裤，随裤附赠一条齐腰高的装饰性的"内裤"裤腰带，专门套在内裤上面。此外，女士也流行起在裤子上露出丁字裤的裤腰或者那条"绳"。这种穿法让许多地方的政府不高兴了。2005年，美国弗吉尼亚州就通过了一条法案，规定任何在裤子或短裙腰带之上"很不雅地"露出内衣的人，一律罚款50美元。弗吉尼亚州的"美国公民自由联盟"执行长官肯特·威利斯认为这条法案是在鼓励种族压制，显然是在针对非裔美国人，"有了这条法律，他们肯定会被警察找各种麻烦"[309]。路易斯安那州也有类似的提案，建议判这种行为违法，但未获通过。这种争论一直在持续，2010年4月，纽约州议员埃里克·亚当斯自费制作了一系列广告牌以抵制这种风气，其标语写着"提提裤子，提高尊严"。广告上印着两个男人的背影，他们穿着低腰牛仔，内裤边外露的样子赫然可见。然而讽刺的是这些广告反而推波助澜，甚至更纵容了这种风气。詹姆斯·厄尔·哈迪说得好："这就叫欲盖弥彰。"[310]

腰间的商标秀

在男士内衣裤腰上印品牌名称，这对品牌本身和设计师而言既提供了新的设计视角，又产生了新的广告阵地。芝加哥历史协会的副会长芭芭拉·施赖艾尔说："既然大家都喜欢露出内裤裤腰，那么我们就有一个新地方宣传我们的品牌了……在这样一个既暧昧又敏感的部位，正适合我们大大方方地标上我们的品牌名。"[311] 看到了卡文克莱品牌销售的成功，其他内衣品牌和内衣设计师也都纷纷效仿，把品牌名称或标志印到内衣上。1994年7月，曾受嘻哈群体青睐的设计师汤米·希尔菲杰推出了一系列印有品牌标识的三角裤和四角裤，新款式还得到了100万美元的推广支持，广告里的小

伙子们扯掉裤子露出Hilfiger的内裤，品牌标识赫然在目。希尔菲杰表示："卡文克莱内裤的形象、品质以及推广模式都给这个行业设立了标杆，值得借鉴。"[312] 创立于1818年的美国传统男装品牌Brooks Brothers也推出了一组三角裤，他们之前的衣服都以风格保守、制作精良著称，但这次的内裤三条一组进行包装，品牌名称也织在裤腰带上。据顾客亚当·普罗特尼克透露，基本上买Brooks Brothers的人"都不会穿低腰裤，因为这个牌子的顾客一般都穿西装"[313]。尽管如此，这组三角裤在1993年至1994年间销量还是实现了翻倍。意大利时装设计师佛朗哥·莫斯基诺很擅长模仿其他人的设计，他认为人们可以穿着很搞笑的衣服参加重要的政治或社交场合，甚至上台发言。对于

第119页

澳洲雄风（aussieBum）品牌，内裤露边

第120页

澳洲雄风品牌，"旅行"系列

第121页

Dim品牌，缀满品牌标志的四角裤

当前这种腰带上印品牌名称或标识的商业作风，他不以为然。他还专门做了一组内裤，裤腰带上印着一句标语"大庭广众，就是要秀"（To Be Shown in Public），而且以内裤外穿讽刺这种作风。这种装扮被收在他1994年的"让时尚停摆"系列里。尽管有莫斯基诺这样的人不认同这种很露骨的推广方式，但依然不能阻止众多内衣品牌和设计师在内裤腰带上放品牌名字或标识。

当然也不是每个公司都如此，比如美国内衣品牌恒适1997年推出的迈克尔·乔丹（Michael Jordan）系列就没这么做，而是放了乔丹（Jordan）这个姓。内衣厂商和设计师推出的系列不同，他们在裤腰上放的内容也就不同。同理，零售商自有品牌的不同款式在设计技巧和

定价策略方面也会有所不同，但谁能在内裤腰带上做得最漂亮、赢得最多掌声的竞争一直持续到21世纪。2008年流行了一阵大号字型，最后名字已经把整条裤腰带都填满了。卡文克莱和美国品牌特仕［2（x）ist］（前卡文克莱员工格雷戈里·索维尔于1991年创立的品牌）都推出了金属质感的内裤腰带设计，分别属于"碳"系列和"钢"系列，也很快被其他公司和品牌跟风。当然，不是所有设计师都喜欢在衣服上挂满各种标志。一些品牌在这方面就比较谨慎，比如迪奥（Dior）2007年推出的三角裤就把他们的大黄蜂标志放在了前开口的右侧。此外，还有其他的传统内衣制造商靠的是顾客的忠诚度、产品的高品质以及昂贵的定价来保证销量，比如裁缝出身的

保利娜·齐默利·保尔林于1871年创立的瑞士品牌皇家斯莫里就是如此。创于1896年的日本大阪内衣品牌Gunze，2010年推出过一款"狂野"系列，在东京最繁华最时尚的原宿地区开设的旗舰店里摆出100种颜色的内裤。顾客可以在其中自选内裤腰带和款式，自己完成"设计"，做出一条独一无二的内裤。这也类似于耐克和李维斯等公司在推行的大规模客户订制的做法。

20世纪后半叶至21世纪，人们的服装品牌意识越来越强，也越来越认可品牌设计师的设计，这对整个男士内衣市场都产生了深刻的影响。纽约布鲁明戴尔百货商场的男装卖场总经理斯图尔特·格拉瑟1994年就指出男士内衣是一种"时尚产业……这个产业讲求个性独特，风格鲜明"[314]。2008年的英国，16至24岁的男士中有四分之一穿品牌内衣。即使品牌服饰上没有明显的品牌标签，仍能实现销量的稳步增长。这可能是因为人们一般都会认为"品牌"或"品牌设计师"就等于"更好的质量"，虽然英国报告类杂志《哪一个》在2008年的一个报告中证明事实可能并非如此，但人们的观念如此。另外，知名设计师以及中端品牌发起的各种高端大气的广告攻势和营销活动也在一定程度上左右了男士（以及为男士购买内衣的女士）的购买行为。[315]这种对品牌服饰需求的增长，再加上线上销售的兴起，2008年至2009年催生了许多新的内衣品牌。

生产商与设计师的合作

英国内衣生产商Sunspel以其内衣品质上乘享誉业内，而设计师的作品也须以优良的品质和传承的风格来立足，所以Sunspel借此能与英国很多设计师合作。2005年，Sunspel开始为萨维尔街的设计师理查德·詹姆斯生产内衣，同年又和保罗·史密斯达成合作推出共有

品牌。"经典四角裤看起来很棒，穿起来更舒服，"理查德·詹姆斯说，"橘黄色内裤，裤腰上放上品牌名称，做起来不难吧？但是现在就是有那么多男士内裤想要走高端奢侈的路线，而不认可快时尚。"[316]此外，与Sunspel合作的还有英国设计师玛格丽特·豪厄尔以及纽约设计师汤姆·布朗。创于1910年的意大利制造商佩罗菲尔（Perofil）也和杰尼亚（Ermenegildo Zegna）集团达成合作，为其生产优质内衣，并在2007年1月的佛罗伦萨男装展（Pitti Uomo）上推出他们的合作产品。这款内衣继承了杰尼亚一贯的设计传统，且裤腰上采用了竖条细纹设计。两强联手的产品必不同凡响，比如这次的新品就采用很奢华的面料——"Filo di Sco-zia"棉，还有"Cashco"这种羊绒棉面料，这是前所未有的。此外内衣制造厂商也会邀请设计师为自己打造内衣系列。1994年，法国设计师斯特凡纳·普拉西耶和保罗·麦钱特就曾为法国内衣厂商吉尔设计过各种内衣系列，以期在激烈的市场竞争中为产品增值。2010年2月，英国设计师亚历山大·麦奎因去世后不久，就有声明称麦氏生前一直想和其他顶级设计师那样推出男士内衣系列。于是麦奎因生前遗愿的内衣系列问世了，这个系列的内裤通体都印上了羽毛、X射线，还有骨骼，于巴黎时装周后的3月推出上市。亚历山大·麦奎因公司的总经理乔纳森·艾克罗伊德说这是公司的头等大事，"在这个行业里拓宽产品类别，实现产品多样化是我们的使命。而开启内衣业务无疑会给我们提供新的思路和价格策略，但同时依然能保持我们对美、对创造力、对高品质的追求。"[317]

颜色和款型

20世纪末到21世纪初，对内衣销量至关重要的不再只是大肆宣扬的品牌标志，剪裁、

第122页
Bruno Banani品牌，"失乐园"系列，2010年春/夏款

第123页
Bruno Banani品牌，"年轻超人"系列，2010年春/夏款

第124页

澳洲雄风品牌，"长颈鹿花纹"系列

第125页

Ginch Gonch品牌，"丛林/图腾"系列广告

款型、颜色和图案也开始起重要作用。1987年，彩色内裤占了居可衣内裤销量的一半以上，但1982年内衣品牌鲜果生活（Fruit of the Loom）的年度报告还显示白色男士内衣的销量占公司收入的80%。[318] 对比更加鲜明的是20世纪60年代，当时美国男士内裤的销量里只有3%是彩色内裤。带图案的彩色内裤在80后中极有市场。比如1984年，美国内衣制造厂商Nantucket Industries曾和专业足球运动员乔·纳马思签约，在新推出的男士内衣系列上都印上他的名字和签名，而这个系列就"缀满了各种格子和条纹，以及眼花缭乱的各种印花图案"[319]。纽约布鲁明戴尔百货商场的史蒂芬·格拉瑟1994年也敏锐地嗅到内衣市场将不再是

"简单的白色三角裤和四角裤"[320]的天下了。这种看法得到了潮流分析人士劳伦·迪塞里奇的回应，她在2006年表示："男士内衣跟女性内衣一样，也有许多款式和颜色可选……男人也开始越来越关注他们的衣柜，而对于内衣这件事，他们跟女人一样，也意识到一个款式适用所有人的时代已经一去不复返了。"[321]男人在内衣颜色上开始有选择也表明他们时尚意识的觉醒，比如美国棒球运动员欧齐耶·史密斯就告诉过记者洛伦·费尔德曼："我觉得穿一条跟外套一样颜色的内裤是一件很洋气的事儿。"[322]

2007年，居可衣出版了《内裤全书》。此书专门指导男士选择合适的内裤，收入各路专家学者的真知灼见，包括心理学家海伦·加

文、风水大师保罗·德比、时尚顾问尼克·伊德。书中写道："一个男人穿什么来护住他最宝贵的东西，这在很大程度上能揭示这个男人是什么样的人。"[323] 书里还运用了中国古代风水体系里的金、木、水、火、土五种自然元素，指出在各种情景里应该穿什么颜色什么款式的内裤。书中说，"土"色系，包括暗红色、棕色和深灰色，最适合感觉紧张或压力山大的人；而红色、黄色这种"火"色系代表"诱惑、激情、极其乐观向上的能量"；"金"往往和奶油、金、银这样的颜色联系起来，象征丰富的创造力和"愉快活泼的能量"；"水"（蓝色）体现的是冷静、平静以及敏感的感觉；而"木"（绿色）则代表和善、滋补的特性。[324] 除了内裤颜色上的这些说法，《内裤全书》还指出了内裤不同款式表达出的各种含义，如穿丁字裤的人"从内心到全身"[325] 都散发出一种强大的积极进取的能量。一个行业杂志编辑在2008年回答英敏特研究咨询公司关于男士内衣的问题时，指出男士内衣在风格、面料及款型上丰富起来的必要性："可以肯定地讲，现在的男士越来越关注颜色和款式，我真的认为那种价格昂贵、质量上乘、风格时尚的内衣会有更大的发展空间。这样的观点人们早就议论已久，但我觉得这样的时代真的已经到来了。"[326]

还有很多内衣品牌开始在各种彩色内裤系列上加入花纹和图案设计。20世纪80年代中期开始流行四角裤上印上卡通角色，比如贝蒂娃娃（Betty Boop）和兔八哥（Bugs Bunny），还有有关圣诞节的图案，比如圣诞老人或雪人。21世纪头10年里，内裤上出现了更多复杂的图案，有些甚至有点叛逆的意味，比如澳洲雄风和比约恩博格（Bjorn Borg）这样的时装品牌都开始广泛使用颜色鲜艳亮丽的图案，加拿大品牌Ginch Gonch也加入了这个行列。"Ginch"和"Gonch"是加拿大人对内裤的两种叫法，这个品牌因而得名，并在

2004年成立了公司，其口号"像孩子一样生活"是"对当前主导男装市场的各种灰黑色、古板、昂贵而设计低劣的内衣的一种戏谑的反抗"[327]。Ginch Gonch设计师的灵感来自20世纪70年代"鲜果生活"旗下的儿童内衣品牌Underoos。当时Underoos"模仿了超人、神奇女侠、莉亚公主及卢克天行者等卡通人物的衣服"[328]，每年都推出不同系列，并且每个系列到第二年就停售，以此来鼓励顾客购买他们的产品，收集他们的设计，这些系列的名字也很有趣，如"图腾"系列、"丛林"系列、"心跳"系列以及"装载和卸载"系列、"单车和嘴唇"系列等。苏黎世时装设计师阿索斯·德·奥利韦拉（Athos de Oliveira）也把图案加入到他的男士内裤设计中。如2009年发布的一个系列里，他在肉色的莫代尔面料内裤前面印上了男性生殖器的图案，后面则是惟妙惟肖的屁股图案，给人一种没有穿内裤的错觉。同年他还邀请新西兰的皮皮·罗素、巴西的南达和阿瑟、瑞士的杰奎琳·斯波尔勒和米克五位国际文身大师，为其创作了八款微纤维内衣，分别表现不同的文身风格，从毛利人的原始部落图形，到日本的锦鲤和龙腾图案，还有"老派拉斯维加斯风情"的赌博场景。Bruno Banani 2010年春夏系列的内裤上印的是一群裸女，这是受巴洛克绘画的启发。英国设计师薇薇恩·韦斯特伍德1990年推出的女士束腰和男士T恤衫上印的是布歇的绘画《达佛涅斯和克洛伊》（1743 — 1745年）在伦敦华莱士珍藏馆里展出的局部。

面料革命

面料上的不断革新大大提升了男士内衣的舒适度。20世纪70年代广泛流行的人造纤维在80年代开始不再受宠，因为人们越来越意

第126页

Athos Fashion品牌，"文身"系列

阿索斯·德·奥利韦拉（Athos de Oliveira）（设计师）

帕特里克·麦特劳克斯（Patrick Mettraux）（摄影师）

第127页

QZ品牌，配有施华洛世奇纽扣的四角裤

识到还是天然纤维穿起来更舒适更健康。另外，一些昂贵的天然纤维也得到了较广泛的应用，像吉尔这样的法国品牌都建起了蚕丝面料的内裤生产线。而到了90年代，对男士及女士内衣都产生了深远影响的面料是斯潘德克斯弹性纤维（spandex）。"莱卡"（Lycra）是斯潘德克斯弹性纤维的品牌名称，由于莱卡在商业上做得非常成功，这个词也用来指代这种弹性纤维。1991年，记者肖恩·林恩（Sean Lynn）在英国行业期刊《男装》上这样总结莱卡的优点，莱卡"穿起来比普通棉制面料舒服10倍，而且弹性很好，可松可紧""肯定会受到越来越多人的喜欢"。他还预言："毫无疑问，科技在内衣界的发展上将起到很大的作用。"[329]

棉质面料在21世纪仍然是一种很重要的内衣原料，但是各种新合成的人造微纤维，及其他可再生植物中提取出来的纤维也开始应用到内衣生产中。莱赛尔纤维（Lyocell，市场上一般称之为"天丝"）和莫代尔纤维（modal）都是运用了木浆中的纤维素来生产出柔软而坚韧的布料，包括居可衣和Hom在内的很多内衣品牌商都已经采用这种布料。竹子生长快，可降解，能循环利用。从2007年起，包括澳洲雄风、C-n2、Greg Homme、卡文克莱和安普里奥·阿玛尼（Emporio Armani）在内的许多内衣品牌都开始利用竹子中提取的纤维生产内衣。竹纤维天然抗菌，吸水能力强，用其做出来的内衣穿起来更卫生更舒服。竹纤维有很多类似于蚕丝的优良品性，如柔软、手感好、悬垂性强，而且还抗皱，不像涤纶棉布料那样需要添加甲醛等致癌性物质来实现抗皱效果。竹子做内衣其实不是什么新鲜事，中国早在明代（1368—1644年）就用竹子做一种衬里马甲。细小中空的竹枝绑到一起，在脖颈和腋窝下用棉线捆扎固定，和线织的马甲类似，这种衬里也是通过圈住空气隔热让穿衣的人在炎热的天气里保持清凉，同时也防止外套被汗打湿。约

翰·达吉恩在1884年为国际医疗展出版的《中国人与健康相关的饮食起居》一书中说道："竹衣选取最优质的竹枝编织而成，夏令时节贴身穿着可防轻薄棉衫或衬里被汗打湿。"[330]

竹炭也是一种新兴材质，加到涤纶布料里可起到除味、吸汗的效果，还能增强弹力和舒适感。另外，大豆纤维也有抗菌防霉以及吸汗的效果，还能吸附紫外线。特仕公司在2006年第一次将大豆纤维引入内衣面料中，设计主管贾森·斯卡拉蒂说："全世界都在盯着大豆资源，我们也不想落后。"[331] 美国Go Software公司和加拿大Rawganique生态服饰公司致力于利用大麻纤维做衣服，有些环保意识强的顾客挑选衣服会要求衣服面料一定是天然材料，他们对这种思路很感兴趣。有机棉也开始越来越受青睐，因为"现在的男士也越来越关注环保，希望衣物能循环再利用，甚至孩子都有这种意识，所以有机棉的市场肯定会扩大"。但一名品牌营销总监表示："有机棉的东西还太少，否则我们能做的可以更多。"[332]

面料中加入其他天然元素来提升抗菌性，这在内衣生产中越来越受重视。日本生产的一种纤维"Chitopoly"是涤纶和壳聚糖的混合物，壳聚糖是从蟹壳虾壳中提取的一种天然物质[333]，生胶线是通过玉米面的发酵生产出来的一种纤维。[334] 这两种纤维人们都在研究用于内衣。银屑也有很好的抗菌效果，织进棉质面料里可以防止布料发霉，还能抑制异味。户外运动品牌乐斯菲斯生产了一种轻质、耐磨、舒适的内衣，是登珠峰的优良装备，有人认为这在平日里也是一种很好的选择。"这样的材质能防止衣服变臭变味，对公寓洗衣设备不太方便的小伙子来说，肯定很受欢迎。"[335] 市场经理基思·伯恩如是说。澳大利亚品牌澳洲雄风在2006年推出过Essence内衣系列，这个系列使用的是意大利公司Jersey Lamellina研制的一种微纤维布料。国际医药公司拜耳检测称，这

1984

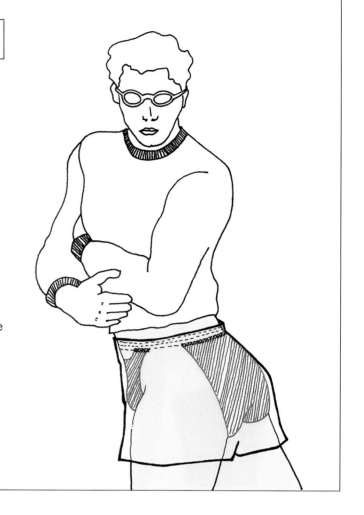

HOM invente le **suspensoir dans le caleçon**.

Brevet déposé.

Cette création permet de porter le caleçon tout en ayant le sexe soutenu dans un confort maximal.

种纤维里含有金虎尾（一种维生素C含量很高的水果）和人参成分。借助人体散发的热量，它能释放出维生素等物质，透过皮肤被人体吸收，实际上任何物质通过不断和皮肤摩擦基本上都能有60%的成分被身体吸收。这种布料可以在15次洗涤后依然富含这些成分，而且只需一包"精华还原剂"就能再次激活这些物质。澳洲雄风创始人肖恩·阿什比（Sean Ashby）这样评价这款产品："这款产品很特别，它给人一种与众不同的感觉和体验。男士能从衣服中获取更多精华，提升自我形象，感觉神清气爽。"[336]

海湾战争期间，美国军方曾斥资1400万美元研发一种抗污的纳米材料。在这个项目工作过的科学家之一杰夫·欧文斯说："沙漠风暴期间，大部分的伤亡都是因为病菌感染，而不是军事对抗或走火。我们对士兵的内裤和T恤衫做了特殊处理。经测试，这些内衣穿了好几周仍然很卫生，因为它们能杀菌。"[337] 沃尔夫冈·杰斯纳和克劳斯·容尼克尔于1993年创立的德国内衣品牌Bruno Banani也对内衣做过严苛的测试。1998年，在哈萨克斯坦贝康诺发射中心，联盟号火箭上的飞行工程师尼古拉·布达林就曾测试Bruno Banani的内衣在太空中穿是否舒适。2001年，Bruno Banani用其特有的尼龙空心纤维Meryl Nexten制成一款名为"你不可多得的氧"的内衣，被拿到大洋4000米深处去测试防水性。2006年，他们的内衣在斯图加特市被安保顾问公司DEKRA拿来测试安全性能。对此沃尔夫冈·杰斯纳这样评论："即便是最好的合作关

第130页
Hom品牌，广告语：独一无二——潮流领航者
1987年
私人收藏

OLAF BENZ NewYork! Men

The NewYork! series of Olaf Benz has the typical athletic touch of fashionable American undergarments. Excellent cuts and high elastic materials guarantee unique comfort and extraordinary fit. Olaf Benz NewYork! is no common daily underwear, but everybody wants to wear it everyday.

Die Olaf Benz Serie NewYork! hat den Athletik-Touch amerikanischer Sportwäsche. Exzellente Schnitte und der hochelastische Stoff, sorgen für Bewegungsfreiheit und höchsten Komfort. Olaf Benz NewYork! ist keine alltägliche Unterwäsche, doch am liebsten möchte man sie an jedem Tag tragen.

0655 String　0653 Brazilslip　0646 Stringtanga　0640 Tanga　0647 Sportjock　0641 Boxer

0642 Bikers

0654 Leggins　0650 Athletikshirt　0643 T-Shirt　0656 V Slim-Shirt　0648 Bustier

0651 Stringbody　0645 Tangabody　0639 Jockbody　0644 Olympiabody　0652 Zip-Alloverbody

► **fabrics**
90% supercombed cotton, 10% Lycra by Dupont

► **Material**
95% supergekämmte Baumwolle, 10% Lycra von Dupont

► **colors**
white, black, grey, and black&white ringlet. Men also petrol

► **Farben**
weiß, schwarz, grau und schwarz/weiß geringelt Herren auch in petrol

► **sizes**
Men: S, M, L, XL
Women: XS, S, M, L

► **Größen**
Herren: S, M, L, XL
Damen: XS, S, M, L

► **delivery**
directly from stock up to max. 4 weeks
Ringlet: 8 weeks

► **Lieferung**
direkt ab Lager bis max. 4 Wochen
Ringel: 8 Wochen

► **packing**
full pictured duplex-printed display box format 15 x 21 cm

► **Verpackung**
Voll bebilderte Duplexdruck Kartonverpackung im Format 15 x 21 cm

系，有时也会有麻烦……外形设计是一回事，穿着合身得体又是另一回事。但一条内裤一个文胸能保护你吗？像爆炸这样的事情发生时，你真的可以利用你的内衣保护自己了。"[338]

　　要做出最舒适的内裤，就要尽量减少接缝，但是接缝又是缝制内衣中的必然工序，这便成了对内衣厂商的一大挑战。意大利纺织品制造商Santgiacomo利用一种环形织布机能织出无缝内裤，这样的内裤实际就是将裤腰和裤腿织成直筒，而不是像以前那样将几片布料缝到一起。通过选择不同的织针，针脚的密度也可以调整，在前裆部位可以织出肋骨状条纹，能更贴合穿衣人的身形。法国品牌L'Homme Invisible曾用无缝技术生产过一个内裤系列，这种内裤用两种面料，一种棉质面料由42%

的棉、50%的尼龙和8%的氨纶组成，另一种高科技面料由92%的"微米尔"棉（Micro-Meryl）和8%的氨纶组成。内裤只在下裆部位有一条接缝，前后两片在两腿之间缝合。还有一些款式为了提高舒适度和尽显阳刚本色，带有一个提前做好的兜住生殖器的囊袋。这种无缝技术很多公司都用过，包括居可衣、卡文克莱、冠军牌（Champion）与Hanro。

　　弹性强的布料也能提升舒适性。居可衣的"全能拉伸"系列内衣可随意拉伸，让穿衣的人感觉裤型更舒适。特仕和陶氏化学合作，将一种合成弹性纤维——新型聚烯烃弹性纤维（DOW XLA）加入到一种主纤维中，比如棉，可以大大提供面料弹性，但却没有合成纤维的触觉。贾森·斯卡拉蒂说："对那些一直期待我

第131页
Olaf Benz品牌各式内衣，出自《时尚目录》（1）第7页
1996年
私人收藏

们最棒产品的顾客来说，我们利用新型聚烯烃弹性纤维做出的最新'流棉'系列肯定不会让他们失望。它结合了两种近乎矛盾的面料特点，既实现了棉料的天然触感，又可随身形随意舒展。"[339] 德国舒雅集团面料事业部Greuter-Jersey研制出一种高弹性、柔软质轻的面料，他们称之为"维度"。这种尼龙棉混合面料是用世界上第一台50线径的织布机织成的，这种机器里每英寸用的不是28根针，而是50根，所以才能织出这么优质轻盈的布料。德国内衣品牌Olaf Benz的设计师阿尔方斯·克罗伊策在他的设计中用了这种布料，他说："现在运动服饰充满了性吸引力。为什么它就一定要是某个固定的样子？好像是卫生部门的规定似的。"[340]

健康与运动

20世纪二三十年代，运动内衣款式曾流行一时。20世纪最后10年里，运动内衣再次受宠，当时的人们认为即使是非职业运动员，也应该保持健康的生活方式和适度锻炼，因此其再次受宠也就不足为奇了。莱卡及其他尼龙微纤维等吸汗效果好，因此内衣面料中越来越多地加入这些纤维，更能防止皮炎。1924年，德国一对兄弟阿迪和鲁道夫·达斯勒在黑措根奥拉赫（Hersogenaurach）小镇上办起了一家"Dassler兄弟鞋厂"，这就是阿迪达斯的前身。1996年，阿迪达斯推出一款运动内衣系列，专门为运动员设计。为其代工的是洛杉矶阿格龙公司。当时阿格龙的老板罗恩·希施贝格认为，他当时在市面上看到的满目都是卡文克莱那种"很时尚但是不够阳刚，更不运动"[341]的内衣款式，而阿迪达斯这款内衣正是对当时市场的一种反击。同年，居可衣国际公司推出三款"运动"系列内衣——Jockey Tech、Jockey Zone和Jockey Reps系列，对运动范儿和时尚范儿

双拳出击。20世纪末，运动服饰越来越走向时尚，这对日后的内衣呈现方式和设计理念都产生了重要影响。尤其在美国，时尚观念越来越普及，文化史学家珍妮弗·克雷克甚至这样断言："当时运动服饰的流行本质上就是一种美国文化现象，尽管后来全球流行，包括时尚的发源地欧洲。"[342] 许多设计师和公司在为他们的内衣做推广宣传时，也越来越注意突出内衣对身体的益处和重要性，因为无论如何设计的衣物总是为了穿到身上，因此许多内衣系列现在把自己叫作"贴身衣物"。体育社会学家约翰·哈格里夫斯曾这样表示："身体关怀在整个消费者文化乃至相应行业里都至关重要；运动、时尚、减肥、健体疗法、广告，还有许多提升性吸引力的手段，都经过精心策划，反复包装，纷纷被拿来塑造一个个'标准化'的新个体。"[343]

20世纪末，下体护身绷带等运动支撑物使用的人日渐减少，因为越来越多的运动人士开始喜欢用紧身短裤。在进行高强度锻炼时，这类短裤能提供"稳定而均衡的压力"，紧贴腹股沟，抱紧腹肌和腿部肌肉。肯塔基州路易斯维尔大学教育学院运动生理学教授斯坦福德·布赖恩特的研究显示，1996年非接触类运动的奥林匹克选手中只有2%的运动员还在用下体护身。[344] 纽约"巨人"足球队的设备助理乔·希巴认为，用下体护身绷带的人越来越少是因为运动员们感觉下体护身和护阴垫"影响他们发挥，降低他们的速度"[345]。于是，像Bike这样的运动护具制造商也改变了他们的产品形象，借鉴大受热捧的紧身短裤，充分考虑到穿护身绷带的尴尬，他们推出的新产品既保留了传统下体护身的支撑作用，但是看起来又像是普通内裤。另一方面，很多内衣品牌又开始推出类似下体护身的内裤，这不是运动服饰而只是一种时尚需要。2003年的一项科学研究表明，紧身短裤"跟美式橄榄球内裤相比，能有效减少27%的冲击力。如果加以有效利用，这种优

第132页
Ginch Gonch品牌，"西部"系列形象广告，真正爽空空裤

第133页
QZ品牌，"坏小子"真正爽空空裤

势可以提高运动表现，减少受伤几率"[346]。不管是各种媒体上露面的运动员，还是各种运动场上的身影，紧身短裤基本上是所有人的选择。紧身短裤外面一般再穿一条运动短裤，这样的搭配甚至受到了高端时尚设计师比如一些英国设计师的青睐。与运动品牌Umbro合作的金·琼斯在2007年推出的"欢唱"春夏装系列就有这样的设计。另外，里卡尔多·蒂希在2009年为Givenchy设计的皮革短裤加打底裤的组合也借鉴了这样的搭配。

随着紧身短裤大受欢迎，耐克、阿迪达斯、安德玛（Under Armour）和新西兰品牌CCC Canterbury等运动品牌，也开始推出紧身背心，背心的名字起的也很有内涵：专业、吸汗、有型（Pro Dri-fit）、独享小气候（Climalite）、热动力（HeatGear）、清爽有型（Armourfit Cold）。跟紧身短裤的功能类似，这些背心也是紧贴肌肤，在运动中包住肌肉，提供支撑，减少肌肉损伤，另外还有吸汗、杀菌等效果。背心的面料一般都是天然纤维和人造纤维混合织成，富有弹性，这样才能让运动的人在冬天保持体温，在夏天保持清爽。这种衣服跟普通运动服饰不同，不是在平日里穿，而是专为运动准备的。诸如安德玛等企业使命就反映出了这个目标："结合本公司的高端织造技术，独一无二的湿度管理科技及创新概念，为世界提供高科技产品。"[347]

紧身内裤与男性不育

不论男女对男士内裤都有一种担心，那就是不同内裤类型，尤其是紧身三角裤，对男士生育有没有影响。睾丸处于身体外的阴囊中，因为高温会抑制精子成长，所以阴囊在体外有利于调节温度。紧身内裤使睾丸更贴近身体，进而提高阴囊温度，因此就有人认为紧身内裤

会降低男士精子数量，引发不育。一些医学建议也认为男性应该穿比较宽松的内裤，比如平腿四角裤，或干脆不穿内裤。但关于三角裤和四角裤与阴囊温度和男性不育的关系，美国很多科学研究的结果并非如此。1998年，《泌尿学》10月刊就得出结论："内裤类型对男性生育不太可能有很大的影响。"[348]尽管有这样的研究，医学界依然建议如果男士关心自己的生育问题，最好还是穿宽松的内裤。[349]2006年4月一项"提升男士生育能力内裤"的专利（专利号：No. 7024703）在美国公布。这项专利的实物就是一条有着特殊结构的三角裤，这种结构能将睾丸和腹股沟及阴茎分开。其囊袋非常透气，这样空气就能在睾丸的周围流动，从而保持睾丸凉爽。

改良与优化

"提升男士生育能力内裤"诞生之后，许多品牌也开始开发出各种新功能，但这次不再是为了提升生育能力，而旨在美化穿衣人的胯下外形。一些内裤在正前方双层布料的里面那一层中间开了一个洞，从这个洞里把生殖器掏出来，这样就避免了生殖器紧贴腹股沟，而且会有前凸的效果。还有一些内裤在裤腰内侧缝制一条布带吊环，将生殖器托起，也能达到同样的效果。特仕品牌创始人格雷戈里·索维尔在2004年推出的C-in2品牌系列，还有知名内衣品牌Andrew Christian，都应用了这种吊环设计，其推出的产品分别叫作"吊环支撑"和"秀出来"。起初所有Andrew Christian内裤都有吊环设计，但是这种设计上市后几个月就退出了。"对那些比较保守的人而言，似乎这种设计让他们觉得怪怪的。"[350]克里斯蒂安在接受《同性时代》杂志采访时如是说。2007年，澳洲雄风推出"魔术内裤"（Wonderjock）

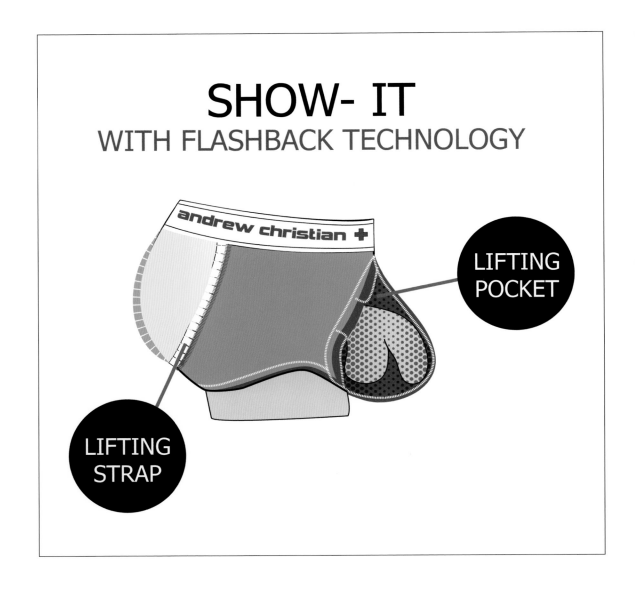

SHOW- IT
WITH FLASHBACK TECHNOLOGY

andrew christian +

LIFTING
POCKET

LIFTING
STRAP

第136页

Andrew Christian品牌，功能示意图

系列，其品牌创始人肖恩·阿什比说这个系列的设计来源于顾客的反馈需求。顾客们表示"就像女人穿魔术胸罩（Wonderbra）为了丰胸一样，他们也希望下身穿上内裤可以看起来更大"[351]。"魔术内裤"没有采用吊环带设计，而是在囊袋里面缝制了一个小口袋，将生殖器"托起"。其他品牌还创造了各种名目的囊袋，比如Tulio的"力量"囊袋、Pulse Underwear的"摇摆"囊袋等。这些内裤的囊袋设计是为了凸显裆下之物，而不像传统三角裤一样故意将它们压向身体贴着肌肤，甚至有些内裤还在囊袋上加垫片，以便穿衣的人看起来尺寸更可观。加拿大设计师格雷格·麦克唐奈在1984年创立的品牌Gregg Homme推出过"撑起"系列三角裤和下体护身，就是采用了垫片设计。

尽管许多品牌都推出了这种改善裆下外形的内裤，但是居可衣的市场经理鲁思·史蒂文斯还是坚持不会涉足这种内裤，觉得裆下囊袋的尺寸还是统一为好，不适合太大改动。"实际上囊袋不应有大小差异，这跟女士胸衣的罩杯不同，"史蒂文斯说，"我们讨论过，我还是认为不要做。男人在这件事情上比女人更羞涩一些。某个男顾客买内裤时若是要一件AA号囊袋（最小号）的内裤，你能想象那有多尴尬吗？"[352]

垫片还可以用来改善臀部轮廓。1997年MarkyBoy推出"Jaxx提臀内裤"时，英国行业杂志《男装》还质疑过："这种东西做出来给谁穿？女人会喜欢男人穿这样的东西吗？这样的产品怎么可能卖出去？"[353]然而，10年之后许多男士都希望借助内衣拥有一个翘臀，于是

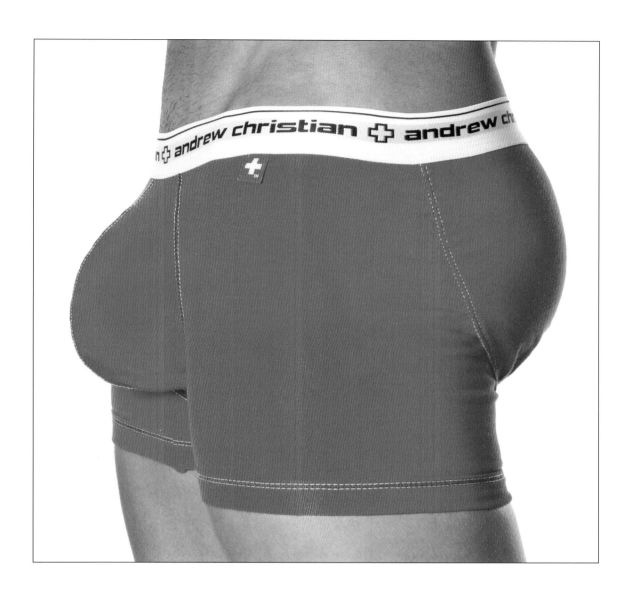

Go Software品牌在"超垫臀三角裤"后面加了好几层垫片，卡文克莱在"Rear Boostin"内裤系列里面加入提臀吊带，Andrew Christian也推出"flashback"系列，其特点就是在内裤面料接缝处藏入提臀支撑带，韩国品牌MovereJean的男士内裤后面也做出Y型接缝设计以抬高臀部。

新观念与新创意

除了不断丰富内裤面料种类，不断优化男士胯下外形，内衣制造商们还在探索各种创意，力求为顾客创造更多价值，更能投其所好。法国时装设计师帕特里斯·谢弗勒于80年代早期

创立的内衣品牌L'Homme Invisible从90年代初开始在内衣里不再使用缝制的标签，因为这种缝到内裤里侧的标签会磨得皮肤很痒，所以经常"顾客一买回来就把标签拆掉"[354]。取而代之的是热转印标签，上面依然有尺码、面料和清洗注意事项等信息，却不再有磨皮肤的问题。

许多男士选择穿四角裤就是因为它们不像三角裤那么拘束，但也有人觉得四角裤不够包身、支撑不足，还有人担心四角裤前开口张开的话会暴露隐私部位。在解决四角裤不够包身、支撑不足的问题上，Hom在1984年和2000年分别推出两款四角裤，四角裤里面内置一个三角裤，这样就结合了二者的优点。而针对隐私部位走光问题，美国公司"How Ya Hangin"开发出一种"防走光"四角内裤。公司总经理马

第137页
Andrew Christian品牌，9160 Show-It Flashback系列，红色内裤

137

flashback
lifting strap

克思·埃尔南德斯经过四年的试验，最后的设计确定在前开口后方加一片防护片，以防"走光"的意外发生，而且防护片不影响左手或右手从前开口伸进内裤，这还获得了一项美国专利。在前开口问题上，吉尔公司1995年还特意推出一款方便左手伸进内裤的前开口设计，专为左撇子人士准备，而且2009年Hom也做过一样的事情。1997年，Hom推出的HO 1三角裤带了一条横向的前开口，他们称这样的开口设计手更容易伸进去，还申请了专利。其实类似的设计最早在20世纪30年代的美国就由万星威申报过专利。但最后证明还是竖向开口是最主流的款式，而竖向前开口最早是出现在居可衣三角裤上的。

还有公司在内裤上引入口袋设计。Andrew Christian的Woodstock Boxer系列，还有澳大利亚品牌Underdaks都推出了带口袋的内裤，方便穿衣人存放贵重物品和贴身物品。两家公司推出口袋内裤的理由是一样的，放到内裤口袋里的东西不会像放在外衣口袋那样容易丢。Play公司在2005年推出的iBoxer内裤，专门设计了用来装iPod或其他MP3播放器的口袋。另外，随内裤还附赠一只小布袋，内裤不穿时可以叠起来放到这个布袋里。美国执法及军事装备公司Shomer-Tec将内裤口袋的理念进一步扩展，设计了一款三角裤，它看起来像斑斑污渍的东西，实际上是秘密隔层，用Velcro胶粘在内裤上用来藏贵重物品，从外裤的前开口就能伸手进来够到它。这种设计的理由就在于想偷东西的人一般不会在肮脏的内裤上太费神。

很多内衣公司为对付下身难闻的气味，比如屁，也想了不少对策。美国Under-Tec公司推出的Under-Ease祛臭内裤是2001年诺贝尔奖获得者巴克·韦默（Buck Weimer）研制发明的。它由覆盖有聚氨酯的尼龙线织成，整条内裤都不透气，只在后面留一个气孔，孔上堵着一个可替换的活性炭滤袋，内裤分为男款、

女款和男女共用款。2007年，英国内衣品牌Shreddies也生产了一种"滤臭内裤"，也有一个可替换的炭垫片，用以缓解屁产生的难闻气味。虽然Under-Tec和Shreddies的内裤都是为了对付放屁这件尴尬的事儿，但是Shreddies的内裤更注意从外形上为消费者考虑，他们的内裤乍看跟普通内裤没什么两样。2004年至2005年美国明尼阿波利斯军事医疗中心的研究发现，内裤中的"活性炭纤维面料"能"过滤掉55%至77%的硫化气体"[355]。而研究中其他测试过的加垫片的产品只能吸收2%的气体。此外，国际医疗卫生公司金佰利也推出过Depend系列内裤或内裤填充物，专为适应男性体型设计以对付这种尴尬的生理反应。

男士内衣品牌还有一个要关心的问题就是减肥功能。此前这个问题主要跟女士内衣有关，但是在英敏特研究咨询公司关于英国内衣零售问题的2009年4月的报告中，一名设计总监说："男士对屁股大一点不怎么介意，但是他们很讨厌自己的大肚子……他们希望有一种穿着舒服，又能让肚子瘦下来的内衣产品。"[356]类似女士束腰这种内衣在20世纪一直都有销售，而且也一直都有一些公司专门为男士生产传统的束腰衣和紧身带，但是直到2008年才有两家公司在这个问题上真正为男人着想。Andrew Christian推出一种内裤，据称是采用了"拒绝蓬松弹力腰带"设计，让"爱的把手"（即腰间赘肉）看起来不那么明显。小市冢本于1946年创立的日本女性华歌尔（Wacoal）控股内衣公司，2008年3月推出一款男士内裤——"Cross Walker"，其标语很有意思："穿上，走起，把小肚子减下去"。它的设计初衷就是想迫使男士们多走路，锻炼腹部肌肉，燃烧脂肪，所以内衣厂商特别建议这款内裤一周至少要穿5天，连续穿3个月，减肚子才能见效。华歌尔公司总裁吉方冢本说，Cross walker是"一种全新的减肥理念，你只需穿起内裤，通过最简单的

第138页
Andrew Christian品牌，功能示意图

第139页
Andrew Christian品牌，"拒绝蓬松"标志

第140页
Dim品牌，Belt系列

第141页
皇家斯莫里品牌，"黎塞留"品质207系列，无袖背心/皇家精选品质252系列，内裤
克劳迪娅·克内普菲尔与斯蒂芬·因都科夫（摄影师）
内·沙策（模特）

走路锻炼就能减肚子"[357]。2009年，特仕和洛杉矶品牌Go Software分别推出加宽腰带设计的三角裤，在借鉴早期束腹胸衣的基础上力求修复理想的腰际线。特仕新内裤的腰带有15厘米宽，采用密针脚氨纶面料，意在"消除'爱的把手'""将腰围缩减约5厘米"[358]。Go Software的新内裤Waist Eliminator也不甘示弱，其品牌副总裁亚历克斯·埃尔南德斯指出其设计理念最初源于那些做过矫正整形手术的男士："我们产品的矫正意图正好符合他们的诉求，他们用过后会反馈很多建设性的建议，最终有利于提升我们产品的外形和舒适度。"[359]

背心的兴衰

20世纪末至21世纪初，穿传统无袖背心的人越来越少，销量也日渐走低。只有一些年纪较大的男士一直都有把无袖背心当内衣穿的习惯。还有就是在一些气候较炎热的地区，因为这种背心吸汗效果好，可以防止汗水打湿外衣，所以也常被当作内衣穿。此外，背心经常是光穿在外面的。20世纪70年代，男同性恋总是穿着白背心出现在各种酒吧俱乐部，后来还越来越多地出现在大街上。到了1996年，一件杜嘉班纳（D&G）的白背心是当时男同性恋的必备上衣，另外再配上短裤、苏格兰短裙还有厚重的靴子，这些装束在伦敦、纽约和巴黎随处可见。[360]20世纪30年代，理查德·马丁就曾认定白背心是男同性恋的标志之一，后来记者基思·豪斯指出，之所以白背心被认定为男同性恋形象的一部分是因为受到一些电影的影响，比如电影《雾港水手》和德里克·贾曼的《爱德华二世》里都有男同性恋穿白背心出现。[361]

随着男士越来越关注健康和体型，越来越多的年轻男士开始出现在健身房，把背心直接穿在外面出现在健身房这样的公共场合也不再

是什么新鲜事，因为这样可以更好地展现肌肉身材。尽管各种内衣品牌推出的白背心不断受到追捧，也有贝克汉姆这样的名人穿着白背心出现在各种时尚杂志封面或公共场合，但是白背心还是摆脱不了和一些负面形象的联系。时尚历史学家瓦莱丽·斯蒂尔就表示，从各种时装店的宣传册里看到越来越多穿着内裤的男男女女拍摄的室内广告，"穿着内裤在家里走来走去，这在过去一般都是懒汉的行径"[362]。在英美社会，白背心的名声总不大好，媒体和大众总拿白背心来指代好吃懒做或蛮横粗鲁的民工形象。在英国，一部苏格兰电视剧里的一个叫拉布·C.内斯比特（Rab C. Nesbitt）的工人被塑造成穿着脏兮兮白色网眼背心的样子。在美国，穿白背心的人一般都被认为有家暴倾向，是个"爱打老婆的人"，虽然这一点也饱受争议。另外，在动画片《辛普森一家》里的角色克莱图斯·德尔罗伊·斯巴克勒也穿着白背心，这个角色就是个典型的乡巴佬形象。"Wife beater"（爱打老婆的人）这个词据说来源于对一次执法现场的描述，当时一个穿着白背心的家暴男子被逮捕，因此白背心和家暴联系了起来。2006年的美国，折扣零售商Building 19在一片争议之声中发布一条广告，将他们推出的运动背心描述成"专为打老婆的人准备的背心"[363]，后来在公众的压力之下，他们不得不撤下这条广告并对公众道歉。但尽管反家暴人士大声疾呼，这种白背心还是有一些网店有售，还赫然印着"wife beater"。

英国设计师薇薇恩·韦斯特伍德对传统内衣风格的重新演绎向来是批评不断，她将女士内衣设计成外套的理念更鲜有人认同。但在1997年至1998年秋冬服饰展上，她选派的是男模特，模特在T型台上身着格子呢的衬衫和长裤，独具匠心地在衬衫和裤子外面又加了一层网眼长袖背心和短裤，一下子将最过时最不入流的东西推向时尚的前沿。尽管背心过去总

是和老人、好吃懒做的人联系起来，但是这次的网眼背心受到了非裔和加勒比血统美国男士的热烈追捧。"网眼背心最开始是玩索尔音乐的人穿，后来又流行到玩雷格乐的人，接着各种小混混都穿了，"服饰史学家卡罗尔·塔洛克说，"这种衣服很适合在炎热天气穿，可以有效排汗……最开始它被当作内衣穿，但后来人们在它外面只穿一件非常薄的衬衫……这样的穿法让身体轮廓若隐若现。"[364] 后来拉斯塔法里教派（Rastafarianism）的男士穿起了红色、金色和绿色的网眼背心，牙买加殿堂级舞蹈艺术家夏巴·兰克斯也穿起了网眼背心。网眼背心也不再只是一种内衣，美国嘻哈音乐艺术家史努比·狗狗（Snoop Dog）、50美分（50 Cent）和肖恩·保罗（Sean Paul）都开始穿网眼背心，大批粉丝也纷纷效仿，各种大号加长加大的网眼背心垂到低腰牛仔裤裤腰以下，各种品牌内裤的图标也在网眼背心的映衬下若隐若现。2007年12月，网眼背心退出了英国连锁超市阿斯达（Asda）和特易购（Tesco），但在一些专卖店及黑人聚集区的市场上仍然有售。

世纪初的消费者：同性恋、异性恋、都市型男

20世纪末21世纪初，直男们的主流生活方式也开始出现了更多新选择。在市场营销的范畴内，选择不同生活方式的男性消费者被定义为不同的群体，如"新好男人""新派小伙""都市型男"，还有"男闺蜜"（1994年9月6日英国《旗帜晚报》将男闺蜜划定为"受过良好教育的新型男性消费者"）。这些概念的不断衍生，加上新世纪崛起的各种新媒体对这些概念的广泛传播，都在一定程度上影响了男士们对不同内衣类型的态度，当然也就带动了各种内衣的销售。

记者兼文化评论员马克·辛普森在1994年第一次将"都市型男"一词解释为"生活或工作在城市里的（因为城市里有最好的店铺），拥有较高可支配收入的年轻单身男士"[365]。2002年，辛普森为美国线上杂志 *salon.com* 写的一篇文章《遇见都市型男》里，将英国足球运动员贝克汉姆称为"全英国最知名都市型男"。此后"都市型男"这个词才被媒体和大众拿来形容那种对购物、衣着和打扮都兴致盎然的直男。国际营销机构灵智广告公司在2003年发布的英美版"男人的未来"报告中，将"都市型男"定义为"住在都市里受过良好教育的异性恋，能轻松驾驭这些比较女性化的东西"[366] 的男士，而且不会对这些"女性化的事物"[367] 感到不适，他们可以花"大量时间修饰自己，让自己的外形、体味、感觉上都很迷人"，并且"乐于购物"[368]。这个定义强调了"都市型男"是"异性恋"，也加深了公众对这一概念的理解。这种钟情时尚的直男消费者并不是在20世纪末期突然出现的群体，时尚历史学家克里斯托弗·布鲁沃德指出，早在20世纪早期的英国，"男性时尚消费行为就已经具备其合理性，也形成了一定的文化影响力"[369]，而且据比尔·奥斯戈比称，男性时尚消费者"在20世纪30年代的美国已经被清晰地定义为一个消费群体"[370]。

瑞典品牌比约恩博格的母公司——比约恩博格国际品牌管理公司执行总裁安德烈斯·阿恩堡在1997年曾称，对他的公司而言竞争并非来自其他品牌，而是来自男性消费者的态度，"我们一直都在宣扬这样一种观念，内裤是男人衣柜里至关重要的部分，而并不是什么让人不好意思的东西……我们的竞争者是谁？除了消费者，我们也没有其他的竞争者。"[371] 在20世纪80年代中期以前，男士若对衣着和外表公然表露出浓厚的兴趣，一般会被认为有一点女性化，或者有同性恋的嫌疑，虽然这种观念也并不能证明有多正确。但80年代中期后，

第142页
Dim品牌，"炫耀"系列

143

第144页
Gregg Homme品牌，"骑士"系列
吉米·阿默兰（Jimmy Hamelin）（摄影师），蒂里·佩平
（Thierry Pepin）（模特）

媒体越来越接受，甚至鼓励直男们对衣着外貌有更多的关注及更成熟的认识。1998年，记者谢里尔·加勒特在《周日时报》中表示"男士们对外表的虚荣心不再只是同性恋才有的东西""世界上最顶级的时装设计师都在意欲着手男士内衣设计"[372]。2002年，汤姆·斯塔布斯也在这份刊物上发表了一篇《直男可以穿同性恋的内裤吗？》，专门谈论了男士是否可以性感，还有男士选择内裤的问题。他在文章里提到他的一个朋友买了一条"非常前卫的三角裤"就是为了配"他刚买的一双橄榄绿的博柏利（Burberry）的闪亮袜子的"。斯塔布斯特别强调说，这样的举动对英国的直男而言从未有过，但是"穿什么样的内裤好看，英国的男同性恋还是知道一些的"。而"西班牙人和意大利人对于选择男士内裤这件事可就驾轻就熟了"，他们"一般都是五大三粗的老爷们，但是穿上各种艳丽的内裤一点都不觉得奇怪"[373]。西方发达国家的人思想较为开放，而在其他国家和地区某种内裤类型还是会和同性恋联系起来。法迪·汉纳在研究埃及的同性恋迫害问题时曾揭露过当地"公众都有一种潜在的意识认为'彩色内裤、长发、文身这些东西都是同性恋的标志'"，也正因如此，埃及的同性恋群体都会刻意避开这些指向标。[374]

21世纪早期涌现出很多网站专门对男同性恋群体兜售内裤，有各种大品牌的东西，更有很多独家设计，甚至异域风情的东西。也有越来越多的新公司开始注意到男同性恋群体对这个市场的重要性。其实业内对同性恋消费者的

第145页
Ginch Gonch 品牌，Ginch Gonch 男孩
本杰明·布拉德利（Benjamin Bradley）与伊桑·雷诺尔斯
（Ethan Reynolds）（模特）

关注也并非什么新鲜的事情了。如1996年英国《男装》杂志就刊载过："大多数公司推出的各种最时尚的内裤系列很明显都是赚了同性恋群体的钱了，因为大部分同性恋男人在内裤的选择上比一般的英国男士更愿意尝鲜。"[375] 澳洲雄风品牌的创始人肖恩·阿什比曾承认同性恋群体对他们事业上的成功有很大帮助，他表示："同性恋男人主导着这个世界的流行风潮……是他们成就了现在的我们，我们永远不会忘记这个群体，在没人相信我们的时候是他们给了我们信任和机会。"[376]

美国品牌特仕和Justus Boyz，及加拿大品牌Ginch Gonch都推出了专门针对男同性恋消费者的内裤系列。特仕在品牌创立之初就考虑到同性恋市场，当其市场执行副总裁杰

夫·单策尔被问及他们的广告模特靠什么吸引同性恋男士时，他答道："那就选个同性恋模特吧。"[377] Justus Boyz是菲尔·伊拉姆和迈克·布瓦拉创立的品牌，这两个人既是事业上的伙伴，也是生活中的伴侣。他们认为在买内裤这件事上"同性恋总是走在时尚的前沿"[378]。他们的产品包括经典白色三角裤、运动短裤、下体护身以及迷彩花纹的各种款式，内裤的腰带上都有其品牌名称。他们选用Justus Boyz这个名字就是想"将包括同性恋在内的所有男士都定义为我们的潜在消费者，因为我们知道很多同性恋喜欢同性这一点只是他们天性的一部分，并没有什么错"[379]。布瓦拉说很多黑人直男和拉美裔直男比白人直男更喜欢他们的内裤，"因为白人直男会担心被人当成是同性恋"。

但"都市型男"群体的出现悄然改变着人们的观念，男士越来越多地关注衣着打扮，也有越来越多的男士"从22岁到35岁都开始买我们的产品了"[380]。布瓦拉还说，Justus Boyz的广告想要"撩动人心却不以色情示人"，这样才能在吸引男同性恋的同时又不会引来直男的反感。[381] 随着品牌影响力不断扩大，他们发现"很多认同我们产品的人都是一些崇尚自由思想的，他们都在不断努力要让这个世界变得更美好""这也是一种能量，它鼓舞着我们不断进取"[382]。Ginch Gonch公司的Duties & Cuties系列主管梅利莎·威尔逊（Melissa Wilson）指出男同性恋更愿意花高价钱来买内裤，"男同性恋把内裤消费带到了一个新高度"[383]。Ginch Gonch公司采用了各种方式拉近和同性恋消费者的距离：在美国和加拿大举办很多同性恋内裤派对；派他们的内裤模特代表本杰明·布拉德利和伊桑·雷诺尔斯，所谓的"Ginch Gonch男孩"，亲临各大同性恋酒吧和俱乐部；为加拿大同性恋冰球队"Cutting Edges"提供赞助；他们的广告模特也常常是成双成对的性感小伙，也多用双关的广告语来取悦这个群体。2006年是Ginch Gonch公司创立的第三年，美国男同性恋杂志《出柜》（*Out*）将Ginch Gonch评为"年度最性感内裤品牌"[384]，其品牌创始人兼"Stitches and Inches"系列主管贾森·萨瑟兰对于Ginch Gonch在同性恋消费者心目中的地位非常自豪："我们占领了同性恋市场……男同性恋喜欢它们；女同性恋也喜欢它们。"[385]

为男人买内裤的女人 —— 世纪初的另一群消费者

尽管异性恋男士对自己的内裤也越来越关心，但从各大内裤生产厂商、零售商以及各种

官方市场调查机构收集到的数据显示，以母亲、女朋友还有妻子为代表女性仍然是男士内裤的重要买家。1991年，英国《男装》杂志报告称70%的男士内裤都是女性购买的。[386] 同年，伦敦塞尔福里奇百货公司也表示他们店里50%的男士内裤都是女士或者陪女士逛街的男士购买的。[387] 1991年，英敏特研究咨询公司的报告也承认女性在男士内裤购买行为中的重要角色，并指出她们更容易受到零售场所环境的影响："零售商通过更合理的摆放和更舒服的方式呈现商品，这有助于鼓励消费者的内裤购买行为，女性消费者更容易受到影响。"[388] 1995年，英敏特研究咨询公司关于男士内裤的调查显示，31%的男士承认他们从来不自己买内裤。[389] 英敏特公司在2009年4月关于内裤零售情况的报告中指出，大约67%的受访男士表示自己买过内裤，这一数字比2006年的50%有较大提升。另外，37%的受访女性表示给男士买过内裤，这一数字比2006年的28%也有增长。[390]

21世纪，美国的内裤零售情况也呈现出类似的数据。恒适男士内裤业务副总裁兼总经理吉姆·费伦（Jim Phelan）就表示，2001年从他公司的业务情况来看，"只有60%的男士自己购买内裤或者参与了内裤购买的行为"，但到了2006年这个数字上升到了80%，而且其中有17%的人是所谓的"高度参与"了买内裤的事情。[391] 2001年，由Howard Merrell & Partners广告公司发起的调查"消费者眼中的态度和行为：内裤篇"揭示，83%的男士表示他们的妻子或女朋友给他们买的内裤不超过他们所有内裤数量的四分之一，但是将近一半的女士都觉得她们给丈夫或男朋友买的内裤超过了四分之一，这反映出在谁给男士买内裤的问题上男女双方的感知不太一样。[392] 2008年12月，英敏特研究咨询公司关于美国男士内裤的报告指出，80%的男性受访者自己购买过男士内裤，而买过男士内裤的女性受访者只有40%。[393]

第147页
吉尔品牌，广告语：姑娘，我要……

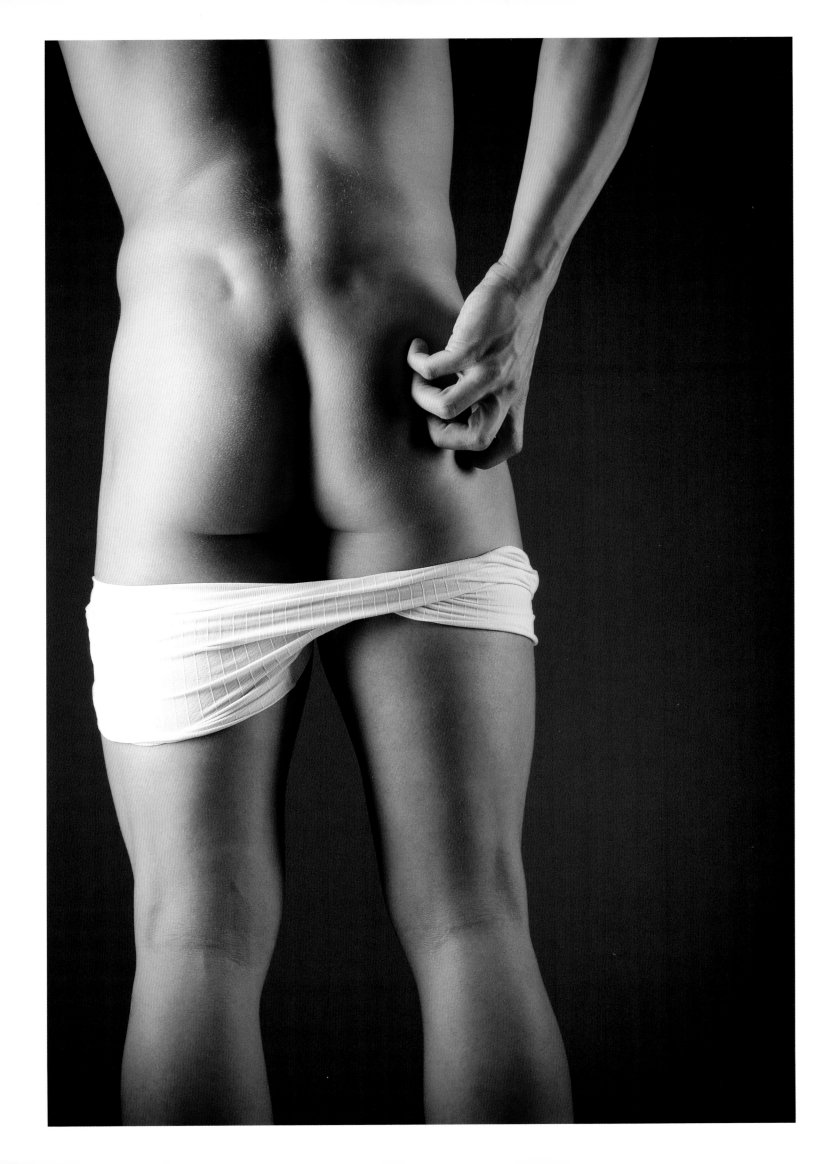

即使女人们不亲自为男士购买内裤，她们还是会影响男人们对内裤的选择。女人喜欢男人穿什么样的内裤就会给男人买什么样的内裤，所以即使是男人自己买内裤，还是常常被女人的喜好所左右。因此英国零售商玛莎百货一个发言人说："男士内裤穿起来要性感，这才能吸引人们购买。"[394] 芬兰学者布·隆奎斯特在关于男士内裤和情欲的关系的研究中提到了芬兰一个女性内裤设计师的例子，她专门为那些给丈夫选购内裤的妻子们设计他们丈夫的内裤。她把设计拿给办公室的男同事看，没有一个人认同她的设计。[395] 而且在为这些男士内裤设计包装的时候，她基本上主要是顺从了女性买家的喜好，当然也有为内裤的真正主人——男士们有所考虑。"包装的设计要能让看到的人引发想象，"前美国公司Structure品牌经理乔·汉考克（Joe Hancock）说，"包装盒或者包装袋上若是没有模特头像的话，那么消费者就会把她另一半想象成包装上的那个人，假想她的另一半穿上这条内裤是什么样子。"[396]

内裤在男人心目中的地位

"男人和他们内裤之间的关系是一个很深的谜。"记者保罗·多尔曼在1995年这样写道。这样的说法是因为他认为很多人不明白男人和他们的内裤之间"的确是有一种特殊的关系"[397]。多尔曼说内裤"不只是几片纯色或花纹布料"，而是"每天陪伴着男人，与其'同呼吸共命运'的活物"[398]。对许多男士而言可能真的有这种体会。但对有些人而言，他们和内裤的关系不过就是出于实用的目的穿在身上而已。2004年，新西兰的一项线上调查催生了一个新概念——"retro-metro-undie-sexual"，用来指那种"自认为一点都不关心穿什么内裤，但是在发现新西兰76%的男人都自己买内裤

之后，他其实又很关心这个问题"的人。[399] 英国电影《光猪六壮士》的编剧西蒙·比弗伊在其出版的剧本的序言里，针对20世纪末期社会政治上的性别角色转换问题，探讨了男士在购买内裤问题上的态度转变："10年前，作为一个男人，你会为了买一条新内裤而再三考虑吗？你会花28英镑买一条裤子吗？"[400]

2006年居可衣在英国开展的调查，还有2008年跟凯尔顿调研机构（Kelton Research）合作在美国做的调查，收集到的数据揭露了很多有意思的事实，可以看看男人们和内裤都有哪些故事。在英国，90%的男人希望在圣诞节收到的礼物是内裤，而超过60%的男士希望他们的另一半能给他们买内裤。有82%的女性会认为买内裤是一件奢侈之事，但是只有7%的男人赞同这种看法。最后一项数据显示英国男人内裤通常会保留5至12年。[401] 而在美国，只有26%的男人会有保存了5年或5年以上的内裤，11%的男人拥有保留了10年以上的内裤。有77%的人说他们的内裤烂的烂，掉色的掉色，还有的各种污渍斑斑，很少会保留。更有23%的人说他们的内裤"都跟新的一样"[402]。

不穿内裤（Going Commando）

在谈到2008年至2009年经济危机对内裤销量的影响时，汉佰公司（Hanesbrands Inc）的发言人马特·霍尔（Matt Hall）表示影响肯定是有的，"但男人也不会因为经济危机问题就少穿几次内裤"[403]。但也的确有些人，经济危机对他们穿不穿内裤基本没什么影响，因为他们有一大堆的理由选择根本不穿内裤。

1982年，克拉克·亨利写道："布奇遇到什么骗人的把戏就能一眼看穿，他才不会被内衣行业忽悠。内裤根本就是不必要的东西嘛，穿上只会碍事。"[404] 苏格兰男子传统的穿衣风

第148页

《在抓挠的男人》

第150页
明信片

第151页
广告语：让女士失望
1910年
私人收藏，伦敦

格就是苏格兰裙里面不穿内裤，虽然这个传统并没得到什么好评。而且人们常常会问"苏格兰人裙子里面穿的什么呀"？对于这个问题，马修·纽瑟姆在2005年写《苏格兰旗帜》时给出的答案是"袜子"，并引用了很多著作来佐证，如霍恩·斯图尔特·陆艾得利·厄斯金的《怎么穿苏格兰裙》（约1901年）和查尔斯·汤普森的《你要穿苏格兰裙！》（1979年），这些文章还给出建议，苏格兰裙应该搭配什么样的袜子。很明显，问这个问题的人兴趣远不在袜子上，而在袜子以上的双腿更上端。《苏格兰婚礼》（2002年）的作者华莱士·洛克哈特说："跟大家的想法不一样，其实苏格兰裙里面穿什么根本就没有定论。"[405] 2002年，威雀威士忌于圣安德鲁日（St Andrew's Day）[406] 做的一项调查显示，69%的穿苏格兰裙的人都喜欢裙子里"不穿内裤"[407]。而那些裙子里穿内裤的人，14%穿四角裤，10%穿三角裤，还有7%穿其他类型的内裤。"21世纪的苏格兰，在苏格兰裙里面穿内裤根本就不是什么丢人的事，"苏格兰裙制造商Slanj的发言人克雷格·哈利说，"那种认为苏格兰裙里什么都不穿才更像个苏格兰人的想法只是谣传。"[408] 2009年，Slanj公布了一项新举措，出于卫生考虑，要求租用他们苏格兰裙的男士一定要穿内裤。"我们觉得大部分人都会明白穿内裤的原因……既卫生又舒服。"哈利说。他也承认可能会有"传统势力的强烈抵制"。《格子军》（Tartan Army）杂志的编辑伊恩·埃默森就是这种传统势力的一员："我们苏格兰人就是裙子里不穿内裤，我们就是这样在1314年取得了班诺克本大捷，也是这样赢得了1977年的温布利大赛，我们曾这样骄傲地走过这些胜利，现在我们也不会改变。这种唯一的民族服饰让我们享誉世界，现在让我们在苏格兰裙里面穿上内裤的想法只会抹杀所有幻想，会让女人们失望。"[409] 但即使是一些传统的穿苏格兰裙的人有时候也不得不妥协。维

多利亚女王的贴身服侍约翰·布朗就有一条棉质四角短裤，专门为了搭配苏格兰裙，以备陪同王室在苏格兰皇家百慕乐城堡出席活动时避免尴尬的走光发生。[410]

"going commando"（不穿内裤）这个词来源于各种版本的军事政策，因为很多军队里都鼓励或建议士兵不穿内裤。苏格兰士兵被禁止穿内裤，[411] 英国商船队里的男人也基本都不穿内裤，因为内裤会占用船上非常有限而珍贵的储物空间。美国军队基本上也是用这样的理由建议士兵不穿内裤，一些军事安全条例除外，比如《海军预防性医疗手册》就建议穿上"允许范围内的最少量的衣物"可以避免灼伤。记者丹尼尔·恩贝（Daniel Engber）指出"going commando"[412] 这个词第一次进入大众视线是在越南战争期间，那时候美国军队长期处于潮湿炎热的环境下，不穿内裤会让士兵感觉更舒服，但这个词之前主要出现在大学校园里，有"坚强起来"的意思。[413] 而第一次以书面语的形式出现，据说是记者吉姆·斯潘塞（Jim Spencer）在1985年1月的《芝加哥论坛报》（Chicago Tribune）中所说的一句话："只穿裤子不穿内裤（校园里称之为"going commando"）这种事简直太粗俗了。"[414] 这个词真正进入流行文化是在1996年，美国电视剧《老友记》（Friends）里马特·勒·布朗扮演的乔伊在剧中说过："我还能再多穿一件衣服吗？要是我没有穿内裤的话或许还可以。"21世纪的头10年，这个词在大众媒体里得到广泛传播。传播者主要是一些名人，尤其是女性名人，她们不穿内裤，然后不经意地或者是故意地对大众透露这个偏好。当然，跟女人相比男人不穿内裤更不容易被发现，但是还是会有人用这件事造出新闻效应。"我从来都不穿内裤，一直都这样，"时尚设计师汤姆·福特（Tom Ford）说，"我不穿内裤这件事众人皆知啊。我妈妈还老是跟我说，'别老是告诉别人你不穿内裤'。"[415]

DISAPPOINTING
THE LADIES.

第五章
袜子的故事

无论从制造技术的革新来看，还是从男装风格与时尚的变迁来看，男士针织品均与男士内衣的发展密切相关。然而服饰史学家杰里米·法雷尔认为"长袜和短袜极少受到人们关注"。他将之归结为两大原因：一是它们所穿着的位置，二是导致它们被人贬低的"家居味道"[416]。尽管袜子穿在脚上，而且通常不会被人看到，但还是值得人们关注。穿对袜子相当重要，因此男装礼仪书籍以及时尚指南都在这方面提供了指导，指引人们如何挑选并穿着合适的袜子。这类书籍的看法深具洞察力：穿袜子的方式已经成为衡量一个男士是否"绅士"的标准。

美国纺织业高管弥尔顿·N.格拉斯（Milton N. Grass）1955年在他的《针织袜业的历史》（History of Hosiery）一书中，将各种不同形式的"遮脚里布"（inner foot coverings）看作是男士袜子的前身，并且指出早在11世纪，这种用丝绸、羊毛或亚麻布裁剪的"贴合腿部和脚部，从后面进行缝合"的"布长袜"就开始替代那种未经裁剪的简单绑腿成为人们日常着装的一部分。[417]中世纪时，男性的腿部完全被袜子遮住。众所周知，人们在穿着这种毛呢连趾袜时会将它拉到马裤或宽松长裤裤边的上方，在袜腰处用一根有绳结的带子将它和裤子连起来，这根带子称作"吊袜带"。长袜用梭织面料沿着布纹直裁或斜裁 —— 所谓斜裁也就是沿着布纹的对角线裁剪，目的是获得最大的弹性。长袜比较宽松，容易起褶。穷人的长袜可能没有脚掌，或者只在足弓下面有一根带子。从14世纪中叶起，男士的束腰外衣开始变得更短，而长袜则变得更紧身，更多地显露出男性腿部的线条。长袜也逐渐地合并成一个整体，而不再是两个单独的袜筒 —— 要用"吊袜带"将它们固定在一种被称作"吉庞服"（gipon）的罩衫上，以免滑落。一份1397年来自意大利北部普拉托的一个面料商弗朗切斯科·达提尼的财产清单透露了一名富有的男士可能会有多少双袜子。他有6条马裤、10双亚麻打底袜以及5双棉布或亚麻的长袜，其中2双蓝色皮底、2双黑色，用来搭配凉鞋。[418]

16世纪（1500 — 1599年）

16世纪，男士袜子分为上下两个部分，也被称作"上着袜"（upper stocks）和"下着袜"（nether stocks），由不同的面料制成。上着袜由马裤发展而来，从内搭变成了外穿；而下着袜则由传统的长袜演变而来。下着袜仍然主要由梭织面料制成，但越来越多的人开始穿着针织袜子，因为它能更好地贴紧腿部。据记载，英国国王亨利八世有"6双针织丝袜"[419]。他的儿子爱德华六世曾收到过一双"西班牙丝质长筒袜"[420]，由资本家兼商人托马斯·格雷沙姆爵士赠送。男士长筒袜越来越多地使用昂贵精美的针织面料制作，并且在上面用花纹进行装饰。不仅仅贵族阶层如此穿着，下层社会的男子也不例外："那么，他们用一些下着袜替代那些漂亮的长袜（尽管从没有这么精美），这些袜子不是布的（因为人们觉得布袜太低档了），而是绒线、毛线、绣花线以及丝线或诸如此类材质的…… 在脚踝部位有绣花的边饰和花纹，有时候（偶然）在与脚踝相接的地方掺入金色或银色的丝线织成一条美妙的分割线。"[421]这种铺张和夸耀之风日渐盛行，以至于1583年菲利普·斯图贝斯（Philip Stubbes）在他的《流弊剖析》（Anatomie of Abuses）一书中狠狠地抨击了这种花费："它现在已经发展到一种无耻的傲慢和肆无忌惮。尽管他们很穷，每年只有可怜的40先令收入，但几乎每个人都不会满足于只有两三双丝质下着袜。哪怕售价已经达到一个金币（约合15先令），或是20先令……而在那个时代，一个人从上到下买上一身像样的衣服，都不会比买一双下着袜花得多。"[422]

1558年，伊丽莎白女王来到英国时，衣着入时的绅士都穿着垫成洋葱形的"大脚短裤"，从腰部一直延伸到大腿根，盖过他们的长袜。后来，到她执政期间，"大脚短裤"的裤脚部分开始多了长度到膝盖的紧腿"脚饰圈"。随后它演变成马裤，有时也叫作"威尼斯式"或"威尼斯马裤"，以便与内衣区分开来。威尼斯马裤长度到膝盖下方，材质为羊毛，内衬亚麻或亚麻帆布。脚饰圈和威尼斯马裤都用来搭配及膝长筒袜，而不是长袜。长筒袜为白色，或染成红色、绿色或黑色，有梭织面料，也有日益风靡的针织面料的，偶尔会在上面或侧面用丝线绣花来装饰。到伊丽莎白退位，黄色已经变成宫廷专属的颜色。在德洛尼（Deloney）1587年至1588年写的《高贵的行业》（The Gentle craft）一书中，朗德·罗宾和他的4个朋友去宫廷时，"腿上穿着…… 精美的黄色袜子"[423]，而1605年奥弗伯里（Overbury）的《人物》（Characters）中也提到"如果（乡绅）要去王宫，他们就会穿着黄色的袜子"[424]。伊丽莎白的继任者詹姆斯一世在位期间，黄色仍是宫廷流行的穿着色（同时流行的还有红色）。正如菲纳·莫里森（Fynes Morrison）在一份航海记录（这份记录记载了他10年来在12处

法国领土的旅行事件）中所言："詹姆斯国王在位期间，大量使用这两种明亮的色彩。"[425]

人们有时候会在户外穿着厚重的染色罩袜，用来保护更加精美同时也更容易弄脏的白袜子。马裤长度一般到膝盖位置，长版型马裤可能会到膝盖下，长筒袜通常会压住马裤的裤边。为了袜子不滑落，男人们也会使用吊袜带。吊袜带的位置一般在膝盖附近，依马裤的长短而定，材质是机织或针织的羊毛，而下层社会也会使用配有皮带扣的皮带，或者如果他们能负担得起，会用稍微奢华一些的面料，比如塔夫绸。吊袜带是在膝盖上方或者下方的腿上绕一圈，而十字交叉袜带也会用到。据精通文学的历史学家M.钱宁·林西克姆记载，那些希望自己显得"特别整洁的人 —— 如清教徒、学究、男奴、男仆、情人、时髦人士或宫廷侍臣会用十字交叉袜带"[426]。在英国戏剧家莎士比亚的《第十二夜》（约1601年）中，十字交叉的袜带被人们当作嘲弄的对象。仆人马伏里奥（林西克姆所提到的会用十字交叉袜带的人，他符合其中的好几种）受人鼓动正在追求奥利维娅小姐。可他穿着奥利维娅最厌恶的十字交叉袜带，还搭配了一双黄色丝袜，而黄色是奥利维娅最反感的颜色。马伏里奥平常并不会这么穿着，然而他以为奥利维娅对他的外表印象深刻："她最近称赞过我的黄袜子和我的十字交叉袜带，她用这种方式向我表达了她对我的爱。"[427]

为了保护长袜不碰到粗糙或油腻的表面，人们在皮靴中垫上了亚麻的靴袜。这种靴袜的袜口装饰有蕾丝或绣花的花边，露出靴口，向下翻到靴子外面。菲利普·斯图贝斯批评靴袜的装饰过于繁复，而且做靴袜用的是最精美的面料，它通常是用来做昂贵的衬衫的："然而现在却让它们紧挨着油腻的靴子，这已经够糟糕的了。而且…… 从吊袜带开始向上的部位，他们还要细致地用各色丝线绣满鸟、兽群和古典肖像，十分奢华。"[428]

第155页
艾萨克·奥利维尔（Isaac Olivier）
《布朗兄弟》，牛皮纸、水粉和水彩，24 × 26厘米，1598年
伯利庄园（Burghley House），林肯郡

17世纪

17世纪，随着第一台针织机——织袜机的发明，袜子制造业发生了变革。英国诺丁汉附近卡尔弗顿的威廉·李牧师注意到妇女们在手工织造袜子上花费的时间和付出的努力，于是他发明了一个能做同样工作的机器。据说伊丽莎白女王拒绝赞助他的发明。尽管伊丽莎白钟爱针织丝袜，但她依然反对这项发明，这是因为她考虑到这可能会造成很多从事手工针织工作的人失业。1605年，李氏兄弟带着7名工人搬到了鲁昂（Rouen）（法国最重要的制造业中心之一），依托9台机器开始大规模生产袜子。1610年，威廉·李去世后，他的兄弟詹姆斯·李带着8台针织机和7名工人回到了诺丁汉郡。此前，威廉·李的学徒阿斯顿曾留在诺丁汉郡继续工作，并且对针织机做了大量改进。

詹姆斯·李还将大量机器卖给伦敦的袜子制造商，使得这座城市建立起自己的针织工业。17世纪早期，因为开设针织车间所需的开销和空间较大，所以几乎没有几家；而手工织造的投资金额要低得多，只需要有一副织针就可以开始工作了。到1664年，伦敦已经有400至500台针织机投入使用，而伦敦附近的诺丁汉、莱斯特、赫特福德郡、白金汉郡、萨里郡和汉普郡则有150台。

1656年，一个名叫让·安德雷的工业间谍，偷偷将李牧师的针织机图纸从英国走私到

了法国，并用它制造了大量针织机，开启了法国的机器针织袜贸易。然而，法国政府的第一反应和伊丽莎白女王对李的发明的第一反应是一样的，他们担心使用机器织造袜子、内衣以及其他的羊毛或亚麻制品会导致手工织造工人失业。1684年，法国国王路易十四下令，只有至少一半以上的机器是用于织造丝绸的时候，针织机才可以用于织造亚麻和羊毛。消费者们更喜欢价廉物美的机器制品，因此，手工针织业的衰落在情理之中。1700年，法国国王路易十四修改了他的政令，在巴黎、杜尔当、鲁昂、卡昂、南特、奥莱龙、普罗旺斯地区艾克斯、尼姆、图卢兹、于泽斯、罗芒、里昂、梅斯、布尔日、普瓦捷、亚眠和兰斯这

17座城市，限制对针织机使用许可证的发放。尽管17世纪末很多胡格诺教派的针织工人（Huguenot knitters）离开了法国，但在法国机器针织品的生产仍然持续增长。

1700年3月8日，尼姆制造业督查汇报说，尼姆"有数量可观的各种制造商，既有羊毛的也有丝绸的，尤其以袜子为主，雇用了超过3000人，有大约800台针织机"[429]。

17世纪的袜子是用一个扁平的布片和另一片用于脚底的布片缝合在一起制成的。另外还有一个单独的楔形或"三角形"的织片，用在脚踝部位。长袜由各种不同的面料制成，包括梭织和针织。比如1633年，普利茅斯的威廉·赖特去世后留下了一整套袜子，包括：2

第157页
克劳德－居伊·阿莱（Claude-Guy Hallé）
《路易十四接受热那亚总督的赔偿》（局部），约1685年，凡尔赛宫

双靴袜、2 双靴衬，还有 "2 双旧针织丝袜、2 双旧爱尔兰丝袜、2 双布袜、2 双瓦德麦尔 (Wadmoll) 呢袜、4 双亚麻袜子"[430]。

当人们不穿靴子，因此也不穿靴袜的时候，他们穿的丝袜（在脚踝处有绑带以便能够更合脚）上面通常会有一些精美的刺绣，而且脚踝上方还有一条装饰，被称作 "袜边饰"（clocks）。这些刺绣和边饰往往和全身其他行头搭配协调。多塞特郡的第三代伯爵理查德·萨克维尔（Richard Sackville）拥有 "1 双长长的浅蓝色绣花丝袜（列在其 1617 — 1619 年的衣饰清单里）"——1616 年，艾萨克·奥利维尔为他画肖像的时候，他就穿着这条丝袜，搭配了一条深红色和蓝色相间的，绣着太阳、月亮和星星的天鹅绒大脚短裤。他的另外一些袜子有的绣着 "球体、火焰以及金色的鹿"，有的 "在袜腰处有 8 层真丝、金色和银色的蕾丝花边"[431]。菲纳·莫里森在 1605 年至 1617 年所记录的存货清单中，对法国绅士和英国绅士的袜子进行了对比：法国人穿着丝质的或质地轻薄的袜子；而英国人的丝袜则用金线细密地缝合，比波斯人的装饰更为奢华富丽。[432] 到 17 世纪 90 年代，这些在男士和女士袜子上几乎没有任何区别的 "三角形边饰" 可能会高达 16 或 17 厘米，碰到小腿下部，并且通常与袜身构成撞色效果。为了进一步美化，人们会在袜子上用金线或银线围绕着三角形区域绣上些漩涡纹、一顶王冠或者一朵玫瑰。直到 18 世纪，绣花边饰仍旧出现在男士长袜上，与时尚的紧身外套加窄腿马裤的轮廓线遥相呼应。

正如以前的人都在外裤下穿着马裤，到 17 世纪中叶，人们开始在长袜里穿上打底袜，一是为了美观，二是为了保暖。双层穿法使得长袜颜色更深，能够遮盖住他们的腿毛。男士们还穿着 "socks"（袜子）。按照 1721 年《贝利词典》（Bailey's Dictionary），"socks" 被描述成 "一种穿在脚上的服饰"[433]。而在 1758 年

出版的《戴奇-帕尔东词典》（Dyche and Pardon's Dictionary）中 "socks" 却是 "一种放在脚底的东西，为了保持脚的温暖和干燥"[434]，其实就是一种鞋垫。英国国王查理一世有很多长袜和袜子，用来搭配各种不同的服装，在不同场合穿。1633 年至 1634 年，他的袜商托马斯·鲁宾逊为他提供了 60 双精美的丝质上着袜、7 双丝质下着袜、3 双线袜（亚麻）、56 双精美的毛袜及 69 双白色上着袜。他还从其他袜子生产商那里得到了 44 双靴袜、35 双精美的网球长袜、48 双网球短袜及 64 双用来运动（打网球和踢足球）的短袜。[435] 并非只有皇室才有这么一应俱全的长短各式袜子，詹姆斯·马斯特斯就曾有 2 双带着金色和银色流苏的黑色上着袜、1 双大红色哔叽呢上着袜、1 双猩红色哔叽呢上着袜、1 双白色骑马上着袜、2 双及踝短袜、1 双绿色长丝袜、1 双半丝质长袜及 183 厘米用于装饰靴袜袜腰的蕾丝花边。[436]

17 世纪 60 年代，靴袜袜腰的装饰折射出男装时尚的奢靡之风，正如兰德尔·霍姆在他的《军械学院》（1668 年）中所描述的："大号马镫长袜或长筒袜的袜腰有两码宽，上面连着几根吊袜带，而马裤衬裤的裤边有一排突出的缎带，用来和吊袜带系紧。"[437] 为了遏制这种奢华铺张的趋势，英国国王查理二世 1666 年 10 月 8 日宣布，他将要树立一种新风尚来 "教育这些贵族学会节俭"。他穿着一种新款的套装，里面是黑色的布马甲配白色内搭，外面是 1 件外套和 1 条马裤。国会议员兼书记官塞缪尔·佩皮斯描写道，他的腿上 "扎着一些用黑色缎带做的褶皱饰边，很像鸽子的腿"[438]。

法国国王和他的朝臣并没有追随英国流行的黑白风尚。1667 年，在亨利·泰斯特兰和安托万·范德默伦所绘制的肖像中，路易十四穿着深红色的长袜来搭配他帽子上的羽饰以及衣服领子、袖克夫和肩部的缎带装饰，而他的朝臣们则穿着棕色、白色、红色、蓝色和灰色

第 158 页
威廉·贺加斯
《浪子生涯，场景三：浪子在玫瑰客栈》（局部），布面油画
62.2 × 75 厘米，1734 年
约翰·索恩爵士博物馆（Sir John Soane's Museum），伦敦

第 159 页
《图卢兹伯爵穿着圣灵骑士团新人的服装》，约 1694 年
孔岱博物馆（Musée Condé），尚蒂伊（Chantilly）

的长袜。在那个时期，红色是与法国贵族阶层相关联的，这是因为红色是用从墨西哥进口的胭脂虫来染色的，非常昂贵。根据历史学家里查德·拉特（Richard Rutt）的记录，17世纪上半叶的法国，至少有50种色调对于男士长袜来说是非常时尚的，但总体而言倾向于"以粉色、米白及肉色为主"[439]。泰奥多尔·阿格里帕·德·奥比涅的反天主教的讽刺文学作品《凡奈斯特男爵奇遇记》（1630年）和《17世纪的生活、时尚和服饰》（1607年）这两本书中均有对各种色彩的描写……而一则印染商的广告则列出了与男士长袜相关的各种色彩名称，其中包括"染色顽童""风流寡妇""爱意绵绵""地狱之色"和"棕色面包"[440]。

18世纪

直到18世纪30年代为止，男士长袜都对男士套装的色彩起到了烘托作用。1720年左右，法夫郡克洛斯本的托马斯·柯克帕特里克爵士穿着一身银线刺绣的棕色外套，搭配了一双棕色丝袜、袜口有精致的银色绣花边饰。[441] 18世纪30年代，时尚发生了变化，人们开始用白色的长袜搭配宽大或正式的礼服。1736年，《读书周刊》注意到："绅士和淑女们在盛大的婚礼场合都穿着白色长袜。"[442] 整个18世纪，这一风气越来越盛，人们开始经常在白天穿着白色长袜。在弗朗西斯·考文垂1753年写的小说《小蓬佩史》中，杰克·钱斯用白色长袜搭配麂皮绒马裤及蓝色、红色或绿色的双排扣礼服。白色长袜同样也可以搭配五颜六色的服装——深褐色的天鹅绒外套、绿色和粉色格子的马甲以及黑色绸缎马裤（1786年），[443] 还可以搭配深色或者更为灰暗的服装，比如黑色或者深蓝色的双排扣礼服、黑色马裤和白色背心（1782年）。[444] 白色丝质长袜同样地风靡了整个欧洲。

1791年，在尼德兰人们用它搭配黄色布外套、白色马甲和深蓝色马裤。[445] 而巴黎在早几年就建议人们用白色丝袜来搭配"天蓝色的翻领天鹅绒外套和橘色开司米马甲"[446]。

丝质长袜价格不菲。到18世纪为止，丝袜都是由裁缝搭配套装一起提供的。1738年至1739年平均1双丝袜花费12英镑、羊毛袜14英镑、线袜5英镑。托拜厄斯·斯莫利特1748年写的小说《罗德里克·兰登》就描绘了这样一个由袜子的丝线和面料所打造的社会阶层。当罗德里克出发去伦敦的时候，他拿到了一些钱用来添置服装——其中包括"2双羊毛长袜"。后来有人送了他"12双新的长线袜"和6件精美的衬衫，还有一些马甲和帽子，于是，他开始"把自己看作是有些头脸的绅士了"。在巴黎的时候，他有5件时髦的天鹅绒外套、7件马甲、8条马裤和"12双白色丝袜以及同样数目的黑色丝袜，细棉袜也是这么多"。他那个身为军舰中尉的叔叔的装扮似乎与他大相径庭，只是穿着灰色的羊毛袜。[447]

一直到18世纪40年代，棉线长袜还是由手工进行织造。它并不怎么时髦，但是更为实用。1775年，里查德·阿克赖特发明了新的带滚轴的纺纱机，这样也可以生产出精纺线。这一技术在18世纪末得到了进一步发展，这意味着棉袜开始在英法两地流行起来。18世纪四五十年代流行手工织造的螺纹袜。在约书亚·雷诺兹为海军准将奥古斯图斯·凯佩尔画的画像中，主人公穿着手织螺纹袜，搭配灰色贴布的蓝外套以及马甲和带有金色穗饰的马裤。店老板亚伯拉罕·登特在他的账目清单中列出了各种风格的男士针织长袜以及其他针织品，特别是七年战争时期（1756—1763年）军队中所穿着的袜子。"'骑兵团、禁卫军、突击兵、海军、伤残军人'，灰色的、螺纹细羊毛、螺纹细棉纱……男士白色（经过预缩整理的）精纺羊毛、螺纹毛圈、毛圈羊毛、毛圈纱

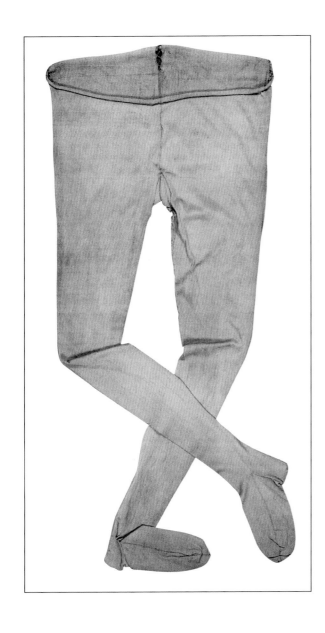

第162页

男裤，后边和侧边有可调节丝带，约1795年

巴伐利亚国家博物馆，慕尼黑

线"[448]，各个阶层的人都会穿着羊毛袜，下层阶级穿的更可能是手织的，而上层阶级穿的则是机织的。例如，兰开夏郡南部的工人就穿着由家庭手工纺纱织造的棕色或蓝色长裤，配上蓝色或浅褐色羊毛衫，或是棉麻粗布夹克和皮马裤。[449] 1730年，德比郡生产了第一批机织螺纹袜。随后的30年中，这一技术在这里得到了改进和发展，开始成为众所周知的"德比螺纹"。螺纹袜流行的一部分原因是因为它紧密贴合腿部，另一原因是它使男性的腿看上去更纤细。从1771年到18世纪90年代中期，人们做了各种尝试，比如袜子看起来似乎是螺纹的，但实际上却是平纹的。与此同时，各个制造商都开始生产有条纹的长裤。1792年的一本荷兰杂志《品味时尚衣橱》（Kabinet van Mode en Smack）就描写了一名英国绅士身着"紫色和白色条纹袜子，棉底子上配丝线。这种袜子便宜、好穿而且看起来不错"[450]。

到18世纪70年代，英国的年轻贵族从"大陆旅行"中归来，吸纳了欧洲大陆的时尚潮流，被称作"纨绔子弟"，他们身着柔美的紧身马甲，浅肉桂色的及膝马裤以及条纹或者平纹的亮色长裤。《城里城外》（the Town and Country）杂志形容道："他们的腿上有时候会有彩虹上的所有斑斓色彩""甚至还有肉色和绿色的丝袜。"[451] 18世纪90年代，在这些"纨绔子弟"的继任者"富有者"中，横条以及直条的长裤仍然流行。正如1797年韦尔内（Vernet）提到的，条纹长裤也深受法国时尚团体"难以置信"的喜爱，而1787年的《时尚画廊》（Galerie des Modes）杂志中展示了一条宽条纹（约2.54厘米宽）的长裤，它被称作"英式长裤"。

及膝马裤下露出一双秀美的腿及条纹的长裤，这也是"纨绔子弟"对时尚品味的要求。对那些腿形不好的人来说，很容易补救——可以将绵羊皮或法兰绒制成的假小腿垫捆在腿上，上面再穿男士长裤。当时的戏剧和漫画都对这种风尚进行了嘲讽，如刘易斯·马克斯的蚀刻版画《男士盥洗室，炫耀小腿垫》（约1796—1800年）。1781年，在杰纳勒尔·伯戈因所创作的喜剧《庄园主》中，观众被告知用"6码法兰绒布卷让小腿出汗，并支撑小腿肚……就会获得一条完美的腿——拥有大力神海格力斯的肌肉及太阳神阿波罗的脚踝"[452]。1777年，谢里登创作的戏剧《斯卡伯勒之旅》（A Trip to Scarborough）中，地主福平顿忧心忡忡地告诉他的袜商"这些袜子的小腿垫太厚了，它们让我的腿看起来和搬运工差不多"[453]。这个时期的法国也有人会使用类似的小腿垫。法国士兵让·罗什·乔涅（Jean Roche Ciognet）在其回忆录中说，自己的腿太纤细，不得不使用假小腿垫，并穿上3双长袜。[454]

18世纪下半叶，英国的中产阶级变得更加富裕，他们越来越需要更多、更精美的长袜。到18世纪末，袜子进出口贸易的数额很大。然而，正如杰里米·法雷尔指出的，这仍旧是一个崇尚个性化的时代。长袜是为每一个购买者量身打造的，因此，"图案是一次性的，紧跟时尚潮流，并带有织造者和穿着者的独特边饰记号"[455]。1780年，马萨诸塞州塞勒姆镇的一个名叫塞缪尔·柯温的商人住在伦敦的时候，编撰了一本服饰目录，标明了可以买到的各种长袜系列。他有39双长袜，大部分是丝质的，图案和颜色各式各样：有白色杂花的、黑色和蓝色条纹的、蓝色斑点的、紫色和白色斑点的、黑色杂色的以及纯黑色的。他还有一些蚕丝和羊毛混纺的棕黑白三色长袜。[456]

19世纪末，美国的时尚人士也喜欢丝袜，因为它们非常合体，能够显现出小腿的线条。通常人们会用吊袜带来挂住袜子——尽管马裤膝盖处的带子和带扣已经足够紧，吊袜带显得并不是那么必要。如果长袜不是丝质的，那么它们就是羊毛针织的（用于冬季）或者手织亚麻的（用于夏季）。棉袜在美国南方诸州要比在

新英格兰更流行。塞缪尔·古德里奇（Samuel Goodrich）回忆道："棉花——未加工的棉花——那时候在北方，人们只是纯粹出于好奇才知道它产于热带的某些地区，除此之外，一无所知。棉花究竟是来源于植物还是来源于动物，人们对这点仍然不怎么清楚。"[457] 日常穿着的长裤最常见的是靛蓝色纱线的或蓝色和灰色羊毛的。在美国北部和新英格兰岛，人们穿着厚重的羊毛裹腿来抵御风雪。在南方和北美法属区的那些最穷的人穿的长裤是用梭织面料斜裁的，而不是针织面料。

19世纪

19世纪早期，人们开始穿着窄裤和长裤，这对于男士针织品而言有显著的影响。窄裤是马裤和长裤之间的过渡，用有弹性的羊毛或丝绸面料制成。从18世纪末开始，一些时髦人士兴起穿着窄裤。19世纪早期，马裤和裤装的流行趋势是"非常紧身"，正如巴尔扎克在《幻灭》（1837年）中所描述的，"吕西安的灰色丝质网眼长裤、优雅的鞋子、黑色的缎面马甲和领带，所有这一切其实都非常合身，你或许

第163页
约翰·海因里希·威廉·蒂施拜因（Johann Heinrich Wilhelm Tischbein）
《歌德在罗马郊外》，油画，164 × 206厘米，1787年
施塔德尔艺术馆（Städelsches Kunstinstitut），法兰克福

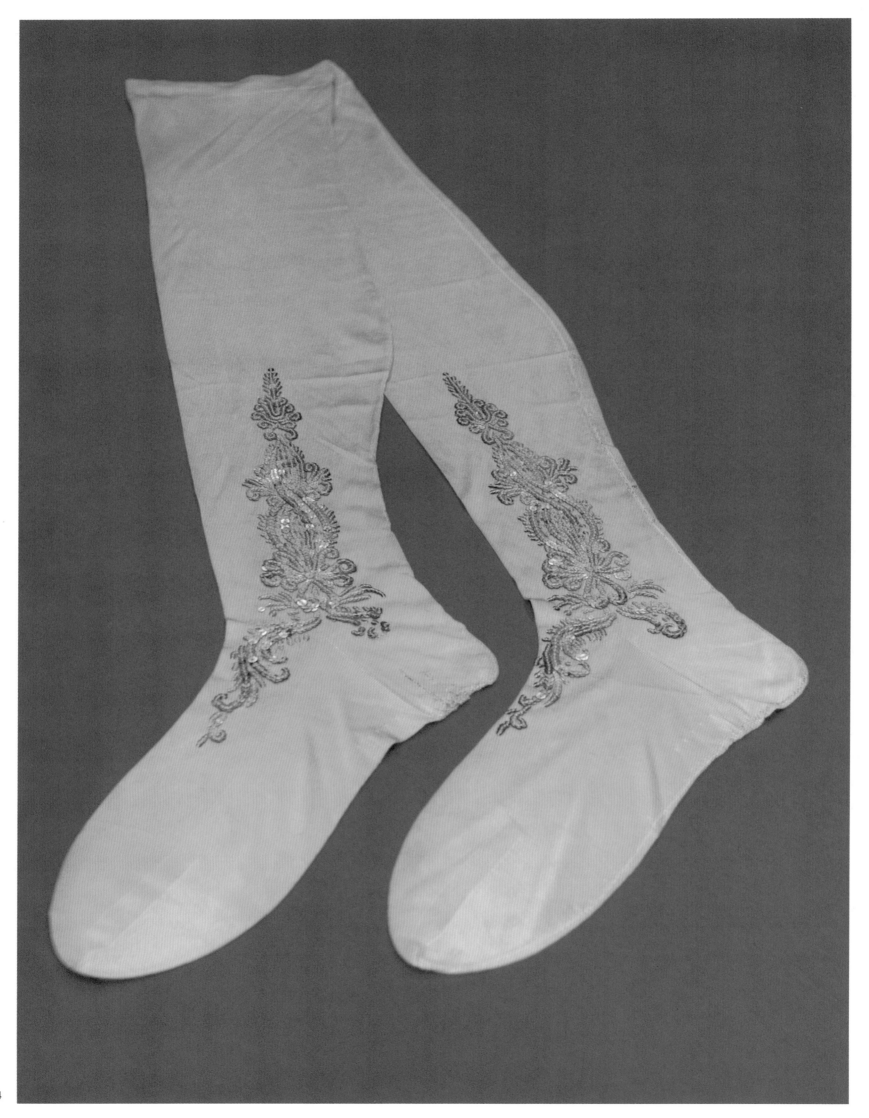

会说，简直就像用他本人做模子浇铸的那般严丝合缝"[458]。巴尔扎克笔下的吕西安的"身材比例就仿佛是太阳神阿波罗一般"。对于一个体形不像吕西安那么完美的人，如果腿部肌肉不够发达有型，不能达到时尚的要求，那么他可以借助于小腿垫和臀垫。1830年的《着装艺术大全》建议人们避免穿着过紧的窄裤，除非这个人"至少有相当好看的小腿"。若非如此，"稍微做一点填充绝对是有必要的"，甚至当时使用填充物都必须"非常仔细非常小心"[459]。法国人也同样主张在穿着马裤的时候对长袜进行填充，《装扮的密码：优雅卫生完全手册》（ *Code de la toilette：Manuel complet d'élégance et d'hygiène* ）（1828年）建议那些"有着'腼腆'的双腿，因为太过羞涩不敢展示它们"的人应该"遵循传统的习俗 —— 尤其是年轻的时候更应该如此"，并且应该利用袜子店提供的"极为舒适的应对措施"[460]。

就像中筒袜（袜腰处有贴边的半截长袜）一样，长袜是穿在窄裤里面的。因为裤子很紧，所以中筒袜不会滑落。而由于长袜没有贴边可以将自己挂住，为了防止长袜滑落，可以使用装饰性吊袜带。19世纪30年代，有长袜内衬的窄裤，让男人可以"瞬间穿上鞋袜"[461]，并且这使得人们不再需要单独的袜子。长袜内衬的脚底部位使用"非常结实的针织面料"斜裁而成，使之具备必要的弹性。一个法国裁缝注意到，窄裤必须做得比实际测量的长度长出两公分，这很关键 —— 这么做能让穿着者"坐下来的时候舒服一些"。能否成功地裁剪出袜子的脚掌部分和脚底的带子是衡量裁缝技艺高下的标志。[462]整个19世纪，人们都在用这种踩在脚底的带子。1885年，龚古尔（Goncourt）兄弟观察到法国小说家巴尔贝·德·奥勒维利穿了一条"白色的裤子，它看起来仿佛是在脚底加了一根带子的法兰绒内裤"[463]。

19世纪40年代，窄裤开始被长裤替代。

法国大革命期间，雅各宾党人接纳了这种曾经属于工人阶级服饰之一的长裤。长裤早期的样子是宽短型的，搭配长袜一起穿。英国外交官兼陆军军官威廉·加德纳将长袜的衰落归结于裤子的流行，"裁缝为了做长裤已经将短款的及膝马裤搁置到一边了"，因此长袜被中筒袜替代，这"彻底破坏了那些美丽新奇的长袜的生产。而在此之前，长袜一直在尽其能事地推陈出新"[464]。直到19世纪40年代为止，在长裤或窄裤的裤脚下方，低帮鞋的脚背部分，人们仍然能看到男士袜子的踪迹。

在舞会和正式场合中，马裤和长裤仍旧是得体的着装。正如1826年的《时尚界》（ *The World of Fashion* ）所记载的：素面、绣花或网眼的白色长裤搭配白色的马裤，而黑色马裤则搭配黑色长裤，袜腰处通常有绣花边饰。人们还注意到在巴黎的一场音乐会中，男士们穿着白色的开司米窄裤，"配上白色有镂空花边的丝质长袜"[465]，而黑色窄裤则搭配白色或者浅灰色的长丝袜穿。到19世纪70年代，彩色袜子会用来搭配晚装裤子，一度流行的深红色长袜配天鹅绒马裤试图让男人们渐渐变成黑白灰的单色衣柜再度鲜艳起来。在宫廷中，粉色丝质长袜搭配传统的紫红色便服；而黑色丝质长袜，用来搭配开始逐渐替代紫红色的黑色天鹅绒马裤；白色长袜则用来搭配正式的金线绣花制服以及白色马裤。在所有情况下，长袜都必须是紧身的，高度达到腰间，并且需要在里面穿上同色棉质长袜以免露出腿部的肌肤。

1820年的肖像画展示了黑色或白色的素面长袜，但时装图片表明当时流行各种各样的螺纹和有图案的长袜。英国花花公子乔治·博·布鲁梅尔也会中规中矩地穿着"条纹丝袜"，搭配"黑丝窄裤，扣子从大腿一直系到脚踝"[466]。1826年9月号的《时尚界》推荐人们穿"白色或条纹长袜"[467]搭配浅色裤子，并在脚底用带子系住，以便早上穿时它们能在正

第166页
黑丝短袜，约1830年
时装博物馆，巴黎

第167页
加瓦兰（Gavarin）
《夜巴黎》，19世纪

确的位置上。夜间穿着以素面或网眼白色丝袜搭配黑色或白色窄裤，或者是黑色晚装长裤。而到了19世纪30年代，黑色袜子则占了主导地位。骑兵军官兼《着装艺术大全》的作者写道："正装的袜子应该是黑色和灰色的丝质，或者灰白色和花白色，在去年后者曾风靡一时。"但他也承认说它们"再次被传统的经典颜色——黑色所压倒"[468]。网眼丝袜在法国红极一时，导致《女性与时尚报》（1820年）质疑："我们的年轻人真的会为了让他们的网眼丝袜上的绣花更明显些，而将小腿染成粉红色吗？"在1874年的小说《逆天》中，于斯曼的主人公德塞森特坐在"一个玻璃盒子前面，它里面有一系列丝袜，排列得像一把打开的扇子"，为了能和自己的"单色套装"搭配，他选择了"一双棕色的袜子，那颜色也是落叶的色彩"[469]。夏季，由于丝袜太贵，人们也穿棉袜。而《着装艺术大全》推荐"日常穿着原色或浅灰色的螺纹棉袜，两者都很耐穿而且很实惠"[470]。

从1850年到19世纪80年代，袜子经常会用两种颜色染成均匀的条纹。有些袜子在袜腰处织有螺纹以避免滑落，另一些则整体都是螺纹的。到19世纪90年代，人们普遍使用吊袜带来防止较短的袜子滑落。1893年的出版物《进步与商业》形容由伦敦布鲁尔大街的阿尔弗-布里斯公司生产的吊袜带是一种"精巧简洁的装置，它能够佩戴在膝盖下方，不会阻碍关节的运动"，还说"公众能够轻松地从任何一家知名的零售商那里买到他喜欢的吊袜带。"[471]

美国南北战争期间（1861—1865年），北方联盟和南方联军都能得到未经染色的羊毛袜以及便宜的现成的靛蓝羊毛袜。尽管主要只有一种颜色，但因为靛蓝很耐脏，所以在两方军队中都很受欢迎。虽然双方军队能够弄到由工厂制造并在商店中出售的袜子，但它们"绝大部分都粗制滥造，以至于有'只能穿一天'的恶名"[472]。鉴于这些买来的换洗袜子品质低劣、

价格高昂，前线士兵的妻子、母亲和姐妹纷纷投入了家庭织造，手工针织业开始崛起。历史学家卡林·蒂穆尔注意到战争爆发后，"优秀的针织工一周可以织3双袜子"[473]。从1864年12月至1865年4月，盟军首领罗伯特·李将军的妻子就为部队送去了859双袜子，那些被吸引到弗吉尼亚州的里士满和她一起织袜子的妇女人数很多，以至于人们将她的针织车间称作"工业学校"[474]。同一时期，纽约的阿比·豪兰·伍尔西在一封家信中描绘了她家中的所有女人是如何"为士兵们织线袜"的。[475]

到19世纪90年代，男士袜子和大部分男士服装一样，以黑色为主。尽管有些人，比如英国艺术家菲利普·威尔逊·斯蒂尔（1890年，西克特为他画的肖像中，他穿着深红的短裤）穿着色彩鲜艳的袜子，诸如蓝色、绿色或深红，有时候会和领结或领带的颜色相一致。乡下人通常会选择手织或机织的羊毛长袜，主要是白色或灰色，但偶尔也会有鲜艳的颜色，例如，泰因塞德·基尔曼穿的那种亮蓝色。[476]

1851年，伦敦世博会为来自全欧洲的针织袜类提供了一个展柜。很多英国企业都展示了他们的男士针织袜类原料和品种的悠久历史。莫利公司展示了棉质中筒袜，有些采用绢丝复合底，有的采用昂贵的美利奴羊毛，有的则是真正的海狸毛袜底，而J.B.内维尔和W.内维尔公司展示了条纹棉质中筒袜、用爱尔兰亚麻制成的白色亚麻线袜，还有仿真丝长袜。[477]在1867年巴黎世博会上，Doré-Doré的产品夺得了一枚金牌。这家公司也被称作"DD"，创立于1862年。当时有个名叫让-巴蒂斯特·多雷（Jean-Baptiste Doré）的手艺人。他曾销售过法国香槟地区的工人手织的针织袜。他的侄子洛朗（Laurent）曾创办过一家生产针织袜子的家庭作坊。他们叔侄联合创办了DD公司。1863年，DD为其工厂引入了可以同时织造6到8双长袜或短袜的针织机。[478]在1882

PARIS LE SOIR

24.

Par Gavarni.

Chez Bauger R. du Croissant 16.

Imp. d'Aubert & Cie

- Vous voyez bien ce fashionnable qu'entre là ?
- Oui !
- Savez-vous ce que c'est ?
- Qu'est-ce que c'est ?
- Rien du tout

第168页
科尼埃尔（Cornuel）品牌，袜子，发票MB82
1900年
针织品博物馆，特鲁瓦

年的伦敦展览会上，国家健康学会提倡人们着装不要压迫身体或使身体变形，于是在袜业界催生了"五趾"袜 —— 就像分指手套一样，这种袜子为每个脚趾提供了一个独立的空间。

汉斯·古斯塔夫·耶格在他的《现代男性着装指南》中对长裤进行了极为严厉的批评。他抱怨这种里面灌风的中空的布管子就像那些邪恶的灵魂一样，破坏了男人的健康。耶格写道："最为健康的正确着衣理念是穿着用针织面料制作的紧密贴合腿部线条的马裤。"[479] 例如中世纪人们穿的那种马裤。人们没有采纳耶格用中世纪式的绑腿代替长裤的建议。于是他又鼓动人们重新穿上羊毛袜和马裤，因为这么穿膝盖处可以仔细地扎紧。后来，马裤以"灯笼裤"的形式回到平民服饰中。19世纪晚期的唯美主义者，比如作家兼戏剧家奥斯卡·王尔德（Oscar

Wilde）就穿着它，或者把它当作外出服装。于是，长裤又一次出现在人们的视线中。灯笼裤和长裤这种实用性的结合，在19世纪80年代被用来作为打猎、足球、散步和骑车的服装。英国国王爱德华七世和乔治五世就提倡人们这样穿着。而一种新式的手织螺纹袜开始变成外出服饰。这种袜子的袜腰可以翻下来盖住吊袜带，因此人们不再需要用马裤的膝带将吊袜带藏起来。手织长袜最初只用两种颜色织造，比如黑色白色或者红色白色。1870年巴黎包围战时，狙击手自由兵团的志愿兵就穿着这样的双色袜子。后来袜腰部分开始有了图案和颜色的装饰。从1894年起，有一种用来打高尔夫的灯笼裤长袜，手工织造，花色为普通格子或苏格兰格子。以前苏格兰格子袜是苏格兰高地的男人搭配苏格兰短裙穿的，用苏格兰格呢斜裁

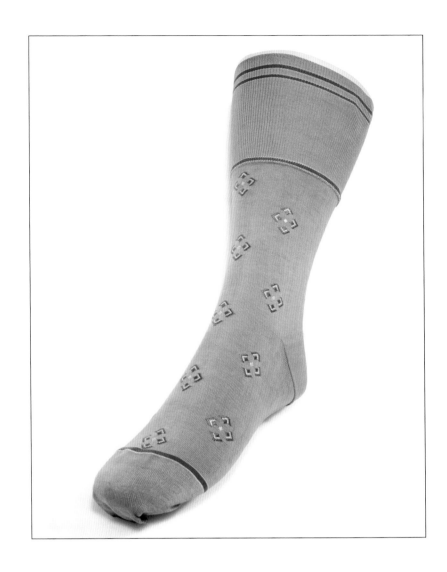

而成，因而造就了它典型的钻石型图案。男性服饰改革党于1929年在英国成立，提倡穿着短裤和长袜。MDRP剑桥分会的荣誉秘书长乔丹博士，建议人们穿着丝绸上衣、缎面短裤和丝袜出席1930年的剑桥5月舞会。男性服饰改革党的建议并没有受到广泛的拥护，甚至连那些采纳他们建议的人也仅限于在私人场合才这么着装。爱德华·尚克斯（Edward Shanks）在《旗帜晚报》上发文承认说，如果在公开场合被人看到穿着比基尼短裤、羊毛袜和羊毛吊袜带，他会觉得很不自在。因为这身行头是他在私下穿着的，比如在自己家中或花园中。[480]

19世纪下半叶，事实上通常男士穿的袜子是看不见的，因为人们一般整天都穿着靴子。一个袜子制造商注意到，在穿靴子的时候，绅士们"不想在小羊皮靴里面穿任何东西"，而且

人们不再关注"袜子是怎么制作的，它是否好穿"。这导致"将所有袜子制造商都打入了底层，因为这一商品在穿着的时候是完全看不见的"[481]。某些类型的靴子几乎只能勉强遮住脚踝，例如，在"有一大家子人，收入极为微薄的伊斯灵顿（Islington）小职员"[482] 那样的下层阶级中非常流行的开口很低的半统靴。只有在这种情况下，人们才可以看到在裤子和靴子之间露出的袜子，通常以白色长袜为主。

20世纪

男士袜子在20世纪前25年几乎没有怎么改变。总体而言，日装袜子是素色的，例如藏青、棕色、灰色或稍浅一些的色调，或者有些

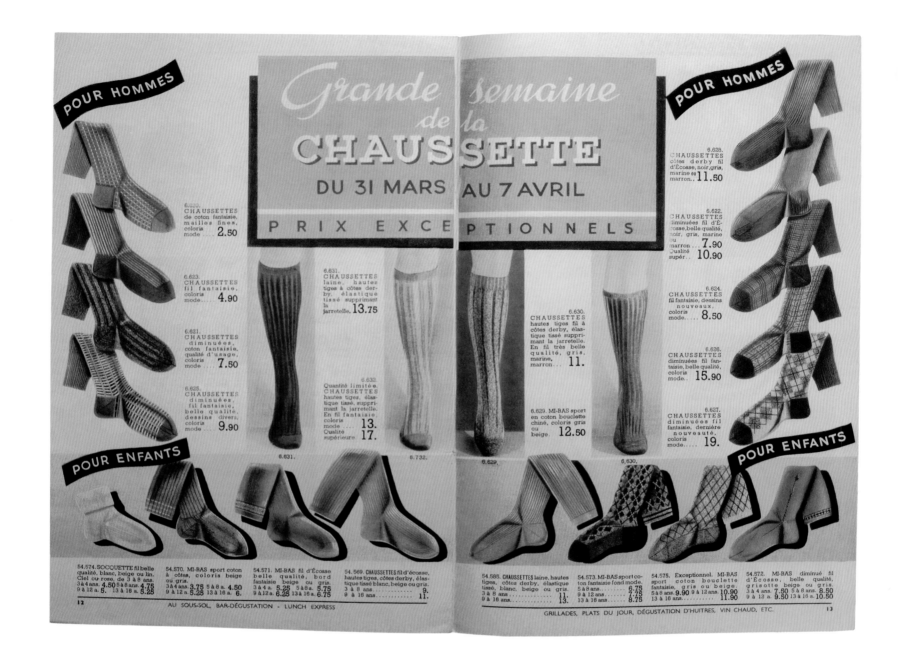

第170页
"袜子周",举办于卢浮宫,"袜子周"海报
时装博物馆,巴黎

低调的图案。它们的质地通常是丝绸、尼龙、羊毛或莱尔线(一种产自法国里尔地区的亚麻线)。晚装袜子是黑色丝绸或者尼龙的,有时候采用双面织法,这样正面是一种颜色,而背面是另外一种颜色。巴黎卢浮宫百货公司1904年至1909年的商品目录中提供了素色羊毛和真丝长袜和短袜,以及带有精美的丝绸绣花装饰的袜子。美国西尔斯-罗巴克公司标榜拥有"世界上最大针织品专柜",也提供了类似的男士针织袜品系列:无缝针织中筒袜、无缝40支针织袜、带弹力的螺纹袜、昂贵的真丝中筒袜、高机号黑色弹力开司米袜——全部由

"三家世界上最大最好的针织工厂(其中两家在美国,一家在欧洲)"[483]织造,由西尔斯公司对生产进行监控。在第一次世界大战期间,卢浮宫百货公司所出售的羊毛袜都配有一只用于修补的毛线球,这反映了战时经济所导致的物资短缺。战争期间,英国的女人们为在法国的战士们手工织袜子、腰带、手套和头盔。多萝西·皮尔在其1929年出版的《那时我们如何生活》中写道:"想到我们的劳动能够保护那些在苦难中的人们是多么地令人宽慰。"[484]

1914年,Doré Doré公司在店铺中运用品牌销售点广告推广他们的产品,以便将其特

殊类型的袜子，比如"神职人员袜"和"骑行者袜"推销给目标客户。到1919年，Doré Doré 的1000名工人每年可以生产18万打长袜和短袜。1927年，Doré Doré 公司开始每周一次在综合新闻出版物《插画》和一些更为专业的报纸上做广告，为它的成功锦上添花。

在穿彩色袜子时，要与领带同色，或者至少也得与之色彩协调。在E.F.本森（E. F. Benson）的小说《露西娅皇后》（*Queen Lucia*）（1920年）中，乔治·皮耶森用一条淡紫色的领结来搭配他的夏季套装，并且穿了一双同色的袜子，"因此一个富有想象力的旁观者可以猜想说，在这个暖融融的日子里，他的领带末端融化了，顺着他的腿流了下去"[485]。人们在非正式或娱乐的场合越来越喜欢穿着彩色图案的袜子。1905年冬季，卢浮宫百货公司推出一种小羊驼毛的长袜和绑腿，它没有脚面，只在脚底下有一根带子，花色是提花花纹，用在开车时穿。美国棒球队的队服也很流行与彩色袜子进行搭配，而且人们会以袜子对很多球队进行命名，如波士顿红色长袜队和波士顿红袜队。然而，由于害怕染料渗入伤口而导致败血症，1910年左右开始引入了彩色套袜或袜镫，用来穿在白色袜子的外面。20世纪20年代，穿在下面的白色袜子被称作"健康袜"，因为它们是在无菌环境中生产的。[486]

20世纪20年代，在打高尔夫球时穿的长提花袜和多色菱形图案袜很普遍，就像这项运动本身一样受欢迎。随后，高尔夫服装（如灯笼裤）被那些像威尔士亲王爱德华·温莎这样的有钱人变得非常时尚。人们认为多色菱形图案（素色底上织出五颜六色的菱形图案）起源于东苏格兰的阿盖尔郡坎贝尔（Campbell）部落的绿白相间的苏格兰呢。[487]巴黎的乐蓬马歇百货公司和老佛爷公司1929年的商品目录上都有出售提花翻边的运动袜，颜色有米白、灰色和棕色。除了这种运动袜，它们还销售多种

有图案的袜子，其花色丰富几乎能媲美针织羊毛衫，一个美国时尚记者形容这些图案"借用了闪电和其他一些惊人的灵感"；而它们的色彩搭配则来自"未来主义艺术"[488]。美国行业期刊《男装》1933年报道了"格伦·厄克特格子"袜的实用性，反映了这种花纹在"套装、领饰、衬衫——事实上，也就是男装的所有行头"[489]中都非常流行。20世纪30年代，一度风靡高尔夫球袜与羊毛衫相配套。针织袜类生产商莫利公司在1930年的商品目录中用了4页来介绍高尔夫球袜，其中素色的有卡其色、驼色和白色，另外还有精纺羊毛的满花图案袜子，类似法国的袜子品种。多色菱形图案的袜子据说是被布鲁克斯（Brooks）兄弟的董事长约翰·伍德介绍到美国的。他在纽约的洛克斯特瓦利参加高尔夫锦标赛时看见人们穿着这种袜子，并发现这种袜子的图案是这些人的妻子为其织的一种家常花样，于是他借来了图案册子。1954年，布鲁克斯兄弟开始出售多色菱形图案的袜子。[490]然而，正如20世纪30年代的一本美国男士服饰杂志指出的，1954年之前就有多色菱形图案的袜子，但是可能是进口的而不是由美国的工厂生产的。

威尔士亲王爱德华始终是潮流的引导者，他甚至曾一度使得红色的袜子被人接受。1930年，他抵达土耳其机场的时候，穿了"一件粉色的衬衫，领子也是同色的，打了一个军装领结，穿着格子外套，配上了红白相间的格子袜，而脚上那双黑色褐纹的皮鞋使得他这身装扮无可挑剔"[491]。《国际先锋论坛报》注意到了他对时尚潮流的影响力，报道说："不管他其他方面怎么变化，他总是一成不变地戴着红色的领结并穿着一双红色的袜子，而到了下午，他永远会在草帽上扎上一根红色的丝带。所有年轻的花花公子们都开始穿着鲜艳的红色……和亲王本人一模一样。而裁缝们已经将红色放到他们的橱窗里。"《君子》（*Esquire*）杂志注意到

第171页
《美丽园丁百货公司夏季商品目录》第20页，1909年
时装博物馆，巴黎

在美国人中开始风行英国乡村俱乐部的运动以及与之相关的时尚，其中包括穿"轻薄的黄色羊毛短袜"[492]。1934年，美国《男装》也就"针织袜领域坚定的冒险精神"进行了报道，认为它包括"极为鲜艳的色彩、花边、大胆的设计和粗野的配色，比如薰衣草紫和番茄红"[493]。

男士袜子的变化是由新材料所驱动的。20世纪30年代初，英国针织袜织造商米德兰袜业（也就是后来的Pantherella）的创始人路易斯·戈尔德施密特说服当地的机器制造商本特利发明了一种新型双缸圆形针织机。

尽管19世纪末期引入的最初的圆形针织机提高了产量，但为了保证品质，Pantherella依旧手工将袜子的脚趾部分缝上去。其他制造商仍在物色一种能将这道工序机械化，并且能自动织出袜子的脚趾和后跟部分的设备。1933年，法国Doré Doré公司为其工厂引进了一种当今广泛使用的本特利柯迈（Bentley Komet）圆形针织机，并雇用插画家维克托·加德（Victor Gad）制作了一系列广告推广新的产品系列，其中包括小帆船系列——从1947年起，这些广告就按照巴黎公共交通公司（RATP）的安排张贴在巴黎地铁中。

新人造纤维（如尼龙）也开始投入使用。而在莱卡（一种弹力丝线）发明后，20世纪20年代末袜子开始有了莱卡织成的螺纹袜腰。自身防滑落的袜子（如斯蒂芬兄弟1929年申请专利的"Tenova"）在袜腰上有一条莱卡带子，下方有个半环形的开口。[494]而Samson款式则是有一个"轻轻握紧"[495]的橡筋圈，这意味着再也不需要用吊袜带来防止袜子滑落了。1935年夏天，巴黎美丽园丁百货公司的商品目录以"自动贴合"的袜子为特色，它用埃克斯线（一种英格兰产的丝线）织成，袜腰处织入橡筋，淘汰了吊袜带。次年，美国《男装》杂志记录了公众的反应，"特别是南部和整个中西部地区，这种自身防滑落的中筒袜很受欢迎，并且

制造商已经扩大了其生产线的规模"[496]。

正如第二次世界大战对内衣产业造成了影响，它同样也不可避免地影响了袜子制造业。英国的袜子是定量配给的，购买一双袜子需要花费3张代金券（要从每年的津贴里出，1941年至1942年的津贴是66张券，1943年是48张券，而1943年之后是36张券）。尽管如此，1941年至1945年间袜子依旧是英国最受人们欢迎的服饰，平均每人一年要买2到4双新袜子，而每人每年只买1到2件衬衫、1到2双靴子或皮鞋。1941年10月，沃灵顿的下议会成员诺埃尔·戈尔迪在下议院的一次辩论中质问贸易委员会主席是否知道"人们购买马甲和袜子所需要的代金券数量与生产这些产品所要用到的羊毛的重量"相比是不匹配的，特别是人们的袜子还需要大量更新，尤其在冬季。切尔滕纳姆的国会议员丹尼尔·利普森（Daniel Lipson）要求减少男士袜子所需要的代金券的数量，因为比起只要两张代金券的女士袜子来说，男士袜子所要用到的羊毛更少。[497]

战争期间，制造商不再使用人造纤维织袜子，因为这种原材料需要靠战争获得，但他们确实生产了较为厚重的棉质或羊毛袜子，以便它们能更耐穿。定量配给导致了对家庭手织袜子的新的兴趣以及新一轮的生产，例如旧的毛袜可以拆了重织。这种由厉行节约的典范人物"缝缝夫人"所倡导的"缝缝补补"运动极大地鼓舞人们通过织补旧袜子来改善他们的生活。包括袜子在内的手工织造的衣物被送到了前线部队。诸如耶格和维耶勒（Viyella）这样的服装制造商，还有佩顿（Paton）和萨达（Sirdar）这样的毛纺商，以及报纸和杂志都开始提供制作羊毛袜的图样。1939年12月，《女性杂志》刊登了一套制作男士袜子的图样，宣称"连外行都可以充满自信地尝试"。与此同时，伦敦的J.D.科尔（J. D. Cole）提供了一套美国斯温（Swing）公司的"奇妙袜子"的图样，专

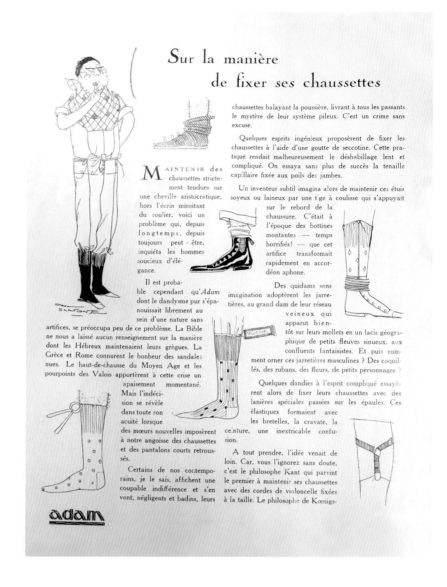

利号为4759120，将袜子的脚跟和脚趾分开织造和缝纫，这意味着不需要织补，让"将就和修补"的民族精神向前迈进了一步。1945年，英国对男士袜子的限制条件提高了——尽管定量配给一直持续到1949年。英国政府推行的"实用服装模式"推荐了特定的纤维和款式，并为核准服装贴上"CC4"标签，这种做法一直持续到1952年。而1945年第二次世界大战结束后，法国就终止了对布料的定量配给。

20世纪50年代，人们对诸如尼龙之类的人造纤维的兴趣又一次复苏。1949年，美国《男装》杂志在一篇名为《尼龙，他们想要！尼龙，他们得到了！》的文章中记录了人们对尼龙袜的渴求，以及尼龙"如何在女士针织袜领

域重新执掌大权"，还有关于"人造纤维服装较之天然纤维（例如用于织造袜子的真丝）服装，谁寿命更长"的争论。这篇文章宣布"现在同样的事情发生在男士针织袜行业"。因为观察到"去年春天尼龙如何开始在零售柜台出现，而消费者又如何贪婪地将它们揽在怀中"，这篇文章预言"明年秋天，尼龙将占领大部分生产线——既有全尼龙产品，也有尼龙与其他纤维的混纺产品"，还有"零售商不会再局限于只有一两种尼龙产品。如果在市场上采购，人们会发现有各种各样用尼龙制成的袜子"[498]。20世纪50年代中叶，英国重磅推出了特丽纶（1941年由英国卡里蔻印染公司发现的一种聚酯纤维的商品名称）和腈纶纤维（由考陶尔德

学院进行研发）。1953年，英国零售企业玛莎百货引入了一种将涤纶"拼接"到男士袜子中的技术，这使得袜子更为耐穿，同时他们还发明了一系列的工序来降低缩水率。[499] 尼龙和其他人造纤维提供的弹力，让尼龙可以用来制造一种适用于所有尺码的"均码袜子"。1951年，美国引进了这项技术。1955年，哈罗德的春季男士新品发布会推出了尼龙加固的螺纹羊毛袜，有牧师白、钢铁灰、棕红色、酒红色、藏青或全黑色，每双售价10先令6便士，还有绉纱尼龙袜，有灰色、蓝色、米白、深紫、黄色和黑色，售价从11先令6便士（普通）到14先令6便士（精品）不等。[500] 1954年，卢浮宫百货公司春夏商品目录提供了尼龙袜以及用尼龙袜加固的棉袜（Jarrettes），有藏青、深绿、灰色、酒红色和白色；1958年，乐蓬马歇百货公司特别精选了一些长款和短款尼龙袜，以及一些素面、条纹和图案的新型人造聚酰胺丽绚袜。

20世纪50年代到60年代初，男士袜子以内敛的色彩和图案为主导，并强调要在相应的场合选择恰当的款式，比如，"张扬的袜子应该专门用作体育赛事观众的休闲服"。[501] 英国时尚传统表明袜子以及衬衫、领带和手帕应该和西装的颜色相协调。1960年，温莎公爵注意到美国人的着装习惯非常不同，他们既可能混搭颜色（袜子、衬衫、领带、手帕以及西装都是不同的颜色），也可能色彩单一（衬衫、领带和手帕都是同一种格子面料）。他还注意到纽约的商人会将黑色的袜子穿进办公室，"而我本人仅限于用黑色的袜子来搭配晚礼服"。[502]

色彩鲜艳的袜子与异常行为——特别是同性恋——是相关联的。1949年，英国"大众调查机构"（Mass-Observation）对性观念做了一个调查，发现在其实验分组中"淡蓝色是酷儿们的'交易颜色'，他们很喜欢淡蓝色短袜"。[503] 黄色袜子也与同性恋有关，在英国和澳大利亚都是如此。英国人阿兰·亚历山大

回忆说，他的老师——人们说他是一名"Big Jesse"（男同性恋的俚语）——"打着黄色的领带并穿着同色的黄袜子"[504]；而在澳大利亚，住在工人聚居的小镇纽卡斯尔（新南威尔士州）的同性恋都被人们称作"黄袜子"[505]。尽管有这样的关联，英国、澳大利亚和美国的很多同性恋仍然会遵照当时相对严格的着装礼仪。一个名叫彼得的男同性恋回忆起自己穿着华丽袜子的时候，强调说"我所谓的'华丽'袜子只不过是黑白菱形格子的莱尔线袜"[506]。

青少年亚文化团体的涌现同样使这种传统受到挑战。20世纪50年代，英国的泰迪男孩（Teddy Bots）穿着窄腿九分裤和绉胶底休闲鞋，露出他们色彩鲜艳的袜子。随着20世纪70年代泰迪男孩的复兴，荧光色的袜子变得越来越流行，甚至连他们亚文化圈的对头"朋克"也穿着荧光袜。在美国，整个20世纪50年代，那些装束时髦的"花花公子"个个都穿着干净的白袜——往往穿着修身翻边九分裤和白色麂皮靴，露出白色的袜子。[507] 20世纪60年代的英国模特也同样会露出他们的袜子。这一定程度上来源于西印第安狂野男孩风，其中包括流苏懒汉鞋和白色袜子。模特肯尼·琼斯回忆道："我们过去常常喜欢露出袜子，我认为从根本上是因为我们不知道腿或者那些经常缩水的裤子应该在哪里打住，不是这里就是那里。" [508] 光头党延续了这一传统——它不仅是60年代风格的起源，也是70年代末80年代初复古者的起源。光头党风格的各种衍生风格也都热衷于穿着短裤，露出白色、红色或者多色菱形格子图案的袜子，下面穿着拖鞋或布洛克鞋，有时候也会穿马丁靴，将袜子翻出来。[509] 早期朋克团体Joe Pop回忆说，作为英国朋克典范的着衣风格，"所能想到的最滑稽的穿在脚上的东西是卢勒克斯（Lurex）袜子和塑料凉鞋。穿着卢勒克斯袜子就仿佛穿了一个奶酪擦丝器，因为上面有一些小金属片会摩擦你的腿"[510]。

第175页

运动袜吊袜带，20世纪30年代

私人收藏，伦敦

20世纪60年代末，所谓的"男子服饰革命"带来了男装色彩的大爆发。这一流行趋势广泛地反映在男士袜子上，比如在布赖顿，一个男士回忆道："人们开始穿着鲜艳的色彩……开始穿红色的袜子，这就是红袜子的开端。"[511] 美国《男装》杂志在1970年1月发表了一篇名为《袜子参与了流行热潮》的文章，声称"这些新式图案、色彩和长袜子看上去像是年轻人会抢购的类型"[512]，鉴于流行的喇叭裤会将人们的视线吸引到脚上，《男装》认为这种袜子是"新一波抢眼的宽头双色皮鞋的最佳拍档"[513]。英国时装设计师哈迪·埃米斯和美国设计师约翰·韦茨设计了一种专门用于休闲穿着的"周末旅行袜"，花样有"鲜艳的方格花纹"（颜色为棕白、黄白、红灰）以及一种"生机勃勃的格子花纹（颜色为大红、白加藏青的套格）"[514]。1971年，人们可以买到长度到脚踝的船袜，上面有星条纹、和平标志及标语"eco now"和"sex"[515] 等图案，反映了在内衣上印上鲜艳图案的趋势——内衣上的图案某种程度更为隐蔽。同年，《美国新闻纪事日报》就这种带图案的袜子是否会取代已经在年轻人中流行开来的不穿袜子的趋势进行了推测。[516] 使用色彩和图案的做法一直盛行到20世纪70年代，GQ和《花花公子》杂志的美容专栏作家查尔斯·希克斯在他的男士着装风格指南《正确穿衣》中写道："首要的准则就是：你所选择的袜子必须和你的衬衫或领带有同样的颜色、质地或图案。"[517] 20世纪70年代，越来越流行把运动服当作日常的穿着，因此人们会用运动袜，特别是针织毛圈袜来搭配田径服和跑鞋。同时，人造纤维（例如涤纶、有光涤纶、涤纶/黏胶和布里诺瓦纤维）开始模仿羊毛、亚麻、棉和丝绸。[518]

20世纪六七十年代，新技术革新不断推动男士针织袜业向前发展。乐蓬马歇百货公司1961年的商品目录中最有特色的是一则"超级男袜"的广告。"这种可以祛除腿部疲劳的及膝长袜"由勒布吉（le Bourget）公司为那些整天站着工作的男性专门打造。它设计了网眼结构来"对腿部进行按摩，刺激肌肉，加快血液循环，逐步消除疲劳"。有3种颜色可选：藏青、深灰和中灰。卢浮宫百货公司1964年至1965年的商品目录中销售的所有10种袜子都是尼龙、丽绚或者尼龙与羊毛混纺的，这表明人造纤维袜子受欢迎的程度已经超过了天然纤维。在这10种袜子中有8种是素色的，另外两种是低调的长圆形撞色图案。1971年在英国和美国，中性风格的流行为男性带来了紧身衣。英国Sunarama公司制造的"博比摩尔运动裤"（Bobby Moore Action pants）有黑色、棕色、藏青、石色、深紫红、苔绿色以及紫色尼龙螺纹，裤子上有一条带拉链的门襟，很像老式的"长内裤"（long johns）[519]。美国也有类似的服饰，带有暗门襟以及从脚到小腿的"袜子"，起名为"暖约翰"（Warm Johns）、"暖人"（Warmers）和"他裤袜"（Pant-He-Hose），通过名字着重强调了这种新兴的男性服饰与女性紧身衣的区别。这种服饰是专门为那些运动员以及在户外工作的人设计的，但一家美国制造商也建议"温度下降，凉风习习的时候"，将它们当作日常穿着。2009年，可以见到类似服饰的复兴——新闻报道中曾提及，将它称作"男裤袜"[520]。英国Unconditional女士内衣公司"向市场投放了一种120旦（denier，表示袜子纤度的单位——译者注）的男士强力莱卡紧身衣，有连袜和不连袜两种款式，用来穿在长裤下面，或者那些敢于挑战的人也可以拿它来搭配"男士迷你短裙"，这样在冬季的时候可以多一层保暖措施。那些美国、瑞典、保加利亚和中国的其他品牌也生产不同款式的同类服装，通常它们的产品广告不是说它很保暖，就是说它可以作为医疗用的弹力衣。

1971年，大量美国袜子制造商生产抗静电袜，以避免裤腿粘在人造纤维的袜子上。由

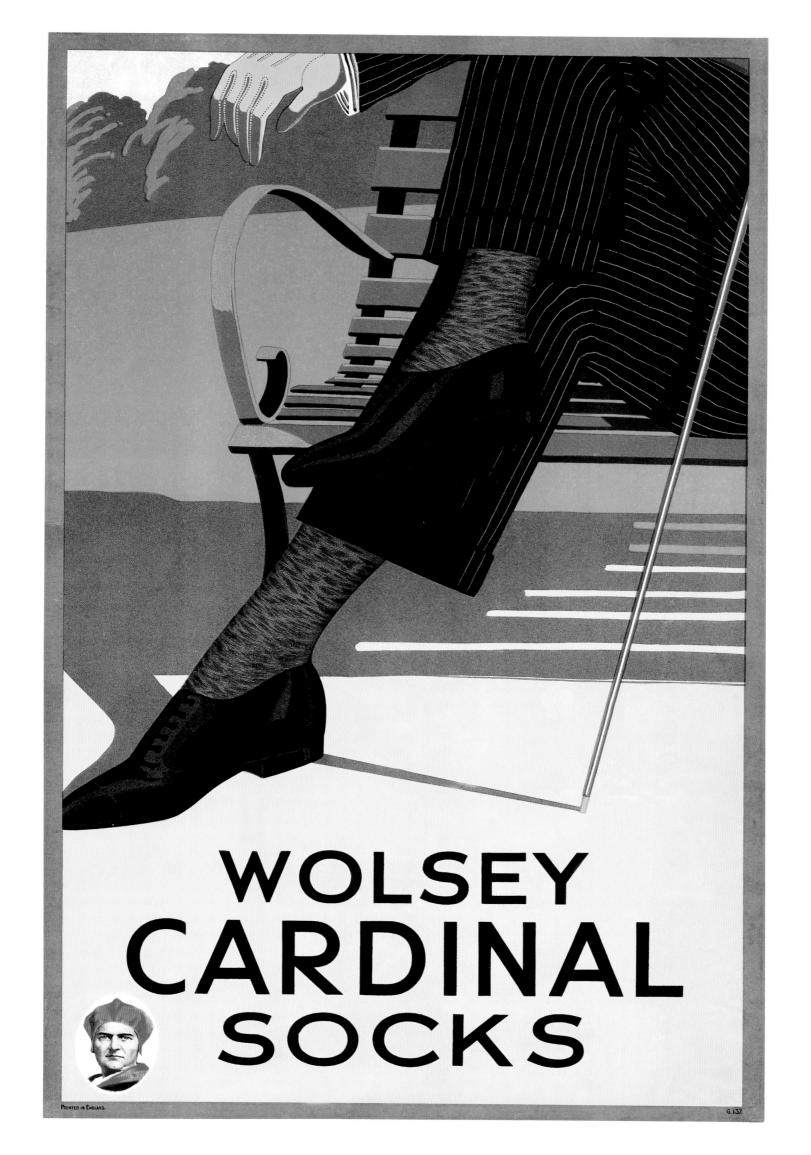

WOLSEY
CARDINAL
SOCKS

第178页

Rasurel品牌广告，1917年

私人收藏，伦敦

布赖顿工业公司研发的，具有各种不同长度的抗静电腈纶袜，可以在布赖顿袜业买到，而且袜子大本营公司、交织公司、美国针织公司和君子袜业都生产用杜邦公司的安特纶三号尼龙（Du Pont's Antron Ⅲ nylon）织造的中筒袜。卡罗琳·芬克君子袜业为袜子撰写的广告词，说它能"解决裤子的难题，你站起来的时候，裤子就会滑落下来。脱水洗衣机里不再有一团团的线头。能够消除静电真是太好了"[521]。《罗马新闻论坛报》报道说：所有厂商的抗静电袜

都分夏季和冬季两种厚度，而且紧跟彩色袜子的潮流，有多种颜色可供选择，其中包括：橄榄绿、金色、宝蓝、森林绿、藏青、棕色、灰色、黑色，甚至还有香槟色。[522]20世纪70年代，西班牙蓬托（Punto）公司发明了一种"五趾袜"，它像分指手套一样将每个脚趾都分开，有点像19世纪晚期的分趾健康袜。在经过一系列的试验后，蓬托公司终于织造出了"五趾袜"，并申请了专利。1980年在堪培拉投放市场的"Holeproof计算机袜"在小腿下部织入

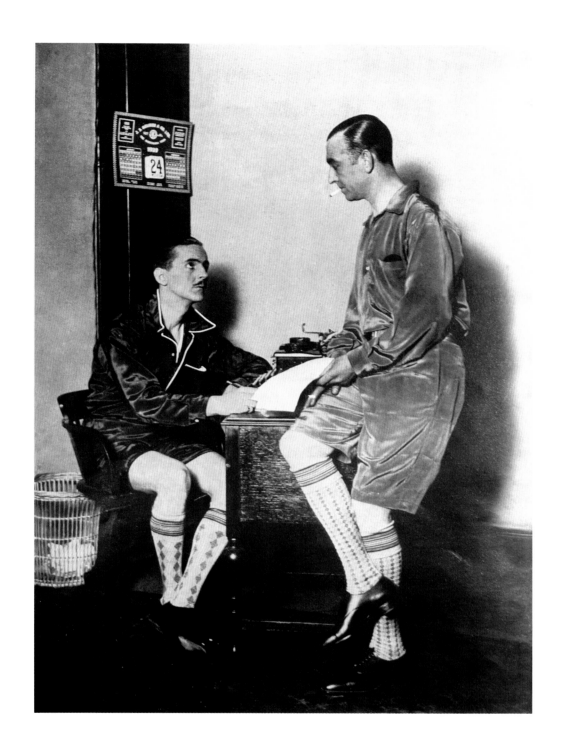

了更多的莱卡，越往上莱卡的含量越低，有助于"袜子向上提升"。尽管在这种袜子的实际织造过程中并没有用到计算机，但公司还是注册了"计算机袜"这个名称，为的是创造出一种"来自艺术之都"的印象。到20世纪70年代末，石油价格上涨导致人造纤维的成本提高，因此袜子开始越来越多地使用更为传统的天然纤维作为原料，尤其是棉纤维。

到20世纪80年代，袜子已经稳稳地占据了时尚品的位置，而不再是服装必须的实用物件。诸如保罗·史密斯这样的男装设计师们开始将注意力放到袜子上，设计出比较前卫的配色方式和图案花样；而传统的袜子生产商也开始织造各种颜色、图案和面料的袜子。带有抽象的或其他图案的袜子掀起了一股"趣味袜子"的风潮。法国20世纪80年代有很多公司专门对袜子进行点缀，比如设计师本雅明·巴比里（Benjamin Barbieri）和妻子让娜（Jeanne）于1980年创立的星球袜业，还有创立于1986年的阿谢尔（Achile）公司。由它们设计、生产

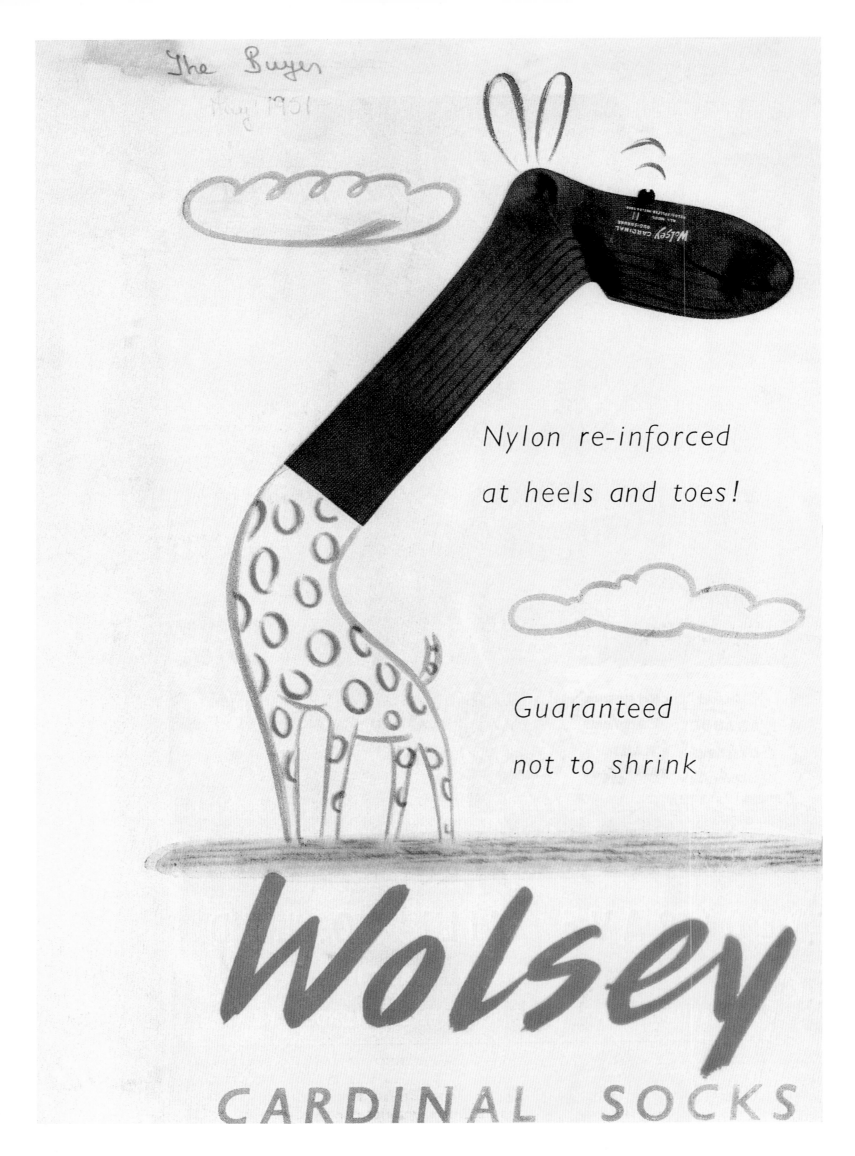

并批发的充满装饰味道的新奇袜子，风靡了整个欧洲。1982年，探险工作室的创始人弗朗索瓦·加德雷要求当时最热门的动漫艺术家马尔热兰为他设计一个由50种不同款式构成的产品系列。在探险工作室的努力下，丁丁、兔八哥、迪士尼和特克斯·埃弗里等卡通形象都出现在了袜子上。[523]同年，DD公司发明了一种后整理系统，在他们的横条袜子上形成一条隐形的接缝。尽管能买到各种时髦的彩色袜子和有图案的袜子，但那些为男人提供着装建议的时尚指南依旧提倡在特定的场合下要选择正确的袜子与不同的套装搭配。例如保罗·基尔的《绅士的衣橱》（1987年）就提到"虽然羊毛'乡村袜'现在可以在城市里穿着，但事实上这么穿仍然是不合时宜的"[524]。然而"时尚"经常会听命于那些打破了这些规则的风格。20世纪80年代中期到末期，流行穿牛仔裤的时候把裤脚卷起来，这为男人们尝试彩色和有图案的袜子提供了机会。约翰·格林回忆说："80年代的亚黑装束是极简的——马丁靴、任何一种颜色的马球衫（Polo）领上衣，还有裤脚翻起来的黑色牛仔裤，因此你能看到人们的袜子，其中最流行的是多色菱形格子花纹的袜子。"[525]20世纪80年代中期到末期，还有一种时尚是不穿袜子。人们认为美国电视警匪片《迈阿密风云》（1984—1989年）对这种流行趋势构成了影响。因为主人公克罗克特（两位主角之一，唐·约翰逊扮演）喜欢一种非正式的着装风格，穿着色彩柔和的夹克衫和牛仔裤，并且光脚穿懒人拖。时髦的伦敦人约翰·坎贝尔回忆说，白色袜子在伦敦非常流行，但"在《迈阿密风云》播出之后，决定了'不穿袜子'才是时髦，就像是把评判标准变成了：你有没有穿袜子"[526]。

随着设计师内衣系列的发展，20世纪90年代，越来越多的设计师开始为他们设计的不同系列的服饰提供配套的袜子，而（买袜子时）人们也越来越关注设计师的名字。1996年4月，伦敦塞尔福里奇百货公司内衣部门的主管约翰·雷德尔曼注意到"我们销量最好的袜子是Pantherella基本款的黑色平针螺纹袜，布赖顿品牌的休闲袜也卖得不错，特别是多色菱形格子花纹的，对时尚比较敏感的顾客会寻找像伊夫·圣·洛朗、卡文·克莱和切瑞蒂这样的著名设计师的作品。"[527]无论是传统低调色系（比如黑色、藏青或灰色）的精明商务风袜子，还是穿在行军靴里的厚重的针织羊毛袜，袜子对于打造一身完整的装备，或者说整体的形象是非常重要的。在很多场合中，传统得体的着装礼仪仍然适用。理查德·勒策尔在他1999年出版的服饰指南《绅士：永恒的时尚》中写道："基本的原则是，袜子的颜色要和鞋子一样深，不应该和裤子以及你身上的其他服饰形成强烈的对比。没有什么彩色本身可以永远'正确'或永远'错误'。搭配始终是关键。"[528]

鲜艳的彩袜以及有图案的袜子仍然很流行，勒策尔对查尔斯·希克斯的建议作出回应说："当然你必须保证袜子的图案和你的裤子、衬衫、夹克、领带以及西服手帕相协调。"[529]很多人会穿着彩色或有图案的袜子，借此彰显个性，甚至连在日常生活中本该穿得中规中矩的时候也是如此。对那个时代的大多数人来说，因为他们的裤子会盖住袜子，所以袜子提供了一个隐秘而合宜的机会洞悉穿着者的个人品位。英国记者佩里格林·沃索恩和英国驻美国大使（1997—2003年）克里斯托弗·迈耶爵士，都以穿着红色袜子而闻名，可能他们也是继承了威尔士亲王爱德华的传统。英国文化评论员、时尚专家彼得·约克（Peter York）说："上层阶级的花花公子的标准策略……穿着这种袜子说：'在我的萨维尔街高档订制西服下面，享受一定程度的自由。'这是在规则下的出轨，从这种角度来说，他们的品德是非常有问题的"[530]。英国设计师保罗·史密斯设计了五彩缤纷的各种条纹和有图案的男士配饰（包括袜子）并

第180页
金狐狸品牌，广告语：红衣主教的袜子，用尼龙对后跟和脚趾部位进行了加固
20世纪50年代

第181页
"威斯敏斯特"袜子广告，1950年

因此而享有盛名。他也发现了这种趋势："用有图案的袜子（比如大胆的条纹或者印花）来搭配传统的西服套装，会让穿着者觉得更为别致。"[531] 2008年6月，英国英敏特研究咨询公司关于男士内衣的报告注意到，曾经作为男性用来"表达个性和个人风格品位"[532]的传统物品的领带已经变得不那么流行了，因此袜子在彰显个性上起到了"更多的主导作用"。

白袜子在20世纪80年代曾经一度风靡，与深色裤子和鞋子搭配形成鲜明对比，而之后，白袜子又为人摒弃，被戏称为一个时尚的"错误"。而2003年，白袜子再度流行起来，这种戏剧性的喜好变幻与20世纪60年代受西印度影响的现代风格所经历的颇为相似。一件物品如何能在非常有限的空间和时间里从流行变成不流行，白袜子就是一个很好的例证。时髦的伦敦人雷·韦勒记得20世纪80年代末有一段时期，短裤、马丁靴搭配露出靴子的袜子曾经一度很流行："一直到那个时候为止，穿着短裤和马丁靴，搭配白色袜子真的很性感，而配上黑色袜子真的很老土；但仅仅一年后，配白袜子就变得很老土了，你必须得配黑袜子来穿。"[533] 记者查利·波特（Charlie Porter）在《卫报》（The Guardian）中写道，在威尔士的梅瑟蒂德菲尔，阿斯达超市一天就卖出了"200双白袜子，价格是2英镑4双"[534]。他将之归结为两个原因："大多数顾客都会被便宜货吸引"以及"大部分男人并不真的关心他们的袜子是什么颜色的"——通常由他们的妻子或者母亲帮忙购买，而她们往往把这些男人本身也看作便宜货。2007年，英敏特研究咨询公司关于男士内衣的报告同样表明：便宜的大包装男士袜子深受欢迎——这种袜子可以在超市或者高街连锁百货买到，这使得袜子"真的变成了一次性的商品"[535]。时尚编辑卢克·戴（Luke Day）将白色袜子看作是反传统的方式，人们不再穿着和西装鞋子同色的袜子，他写道，"穿彩色袜子很可怕"，还有"我希望有一些更真实的东西，选择白色袜子目前看上去真的很正确"[536]。2003年秀场，特别是缪缪（Miu Miu）和法国品牌Comme des Garçons都提倡穿着刻意裁剪得很短的短裤，并且不穿袜子。[537]

新技术和未来

舒适和健康日益成为人们对男士袜子的要求：足跟和脚趾部分要有衬垫，要用手工缝纫以减少臃肿的接缝，要有弹力和吸汗性，这一切全都纳入了消费者的考虑范围。1998年，袜子制造商切兰斯·埃塞泰特（Celanse Acetate）开发了一种从木浆中提取的新型人造纤维素纤维，并加入了一种叫作"微安全"的抗菌保护。它与其他纤维（如棉和羊毛）混纺，广泛地用于男士袜子的生产。这种抗菌成分阻碍了足部和袜子常见的细菌和真菌的生长，并通过消除汗液中细菌分解而产生的气味，可以有效地抑制脚臭。21世纪，"抗菌性"是男士袜子销售的关键词之一。英国零售百货之一的玛莎百货卖得最好的系列就是他们浸泡了抗菌剂的"清新足袜"。玛莎百货的发言人注意到，男人"喜欢有技术含量的产品。他们不会因为在乎别人的看法而去买这种袜子，但会因为他们知道这种袜子有益于脚部健康"[538]而购买。文化历史学家特雷弗·基布尔（Trevor Keeble）指出："技术和体育的影响，使得男性时尚获得心理上的认同。"[539] 很多男性不愿意与时尚扯上关系，这意味着商家要努力制造出"一种较之服装更接近于产品设计的东西，在努力变得不时尚的过程中，差异化开始出现"[540]。

男士袜子和男士内衣一样，朝着将环保面料的产品与有益健康的性能相结合的方向发展。竹子含有抗真菌、抗细菌的成分和抗芯吸的特性，可以使脚部保持干燥，无异味，因此

Announcing the best-dressed men in America.

You're looking at a revolution.
The most influential men in America are breaking out of their socks—out of their old, blah, boring, one-color, no-style socks.
At Interwoven/Esquire Socks, we saw it coming all the way. That's why we make the great fashion socks that are making it happen.
In lots of great colors and lengths. All in the first

Ban-Lon® pattern socks ever made. They feel softer and fit better than any sock you've ever worn.
That's why we dress the best-dressed men in America. Or anywhere.

Another fine product of Kayser-Roth

第183页

"交织袜"广告，1972年

更为健康。自然生成的金属银破坏了细菌的细胞膜，抑制了它的生长，这种自然的抗菌效果被"山宁泰"公司（全球领先的纺织品领域的抗菌卫生防护专业厂商）加以利用。这一技术可以在浸染或浸轧工序进行，已经被整合到针织品的生产程序中，如玛莎百货公司的"清新足袜"。像涤纶这样的人造纤维［例如由杜邦公司前子公司美国英威达（Invista）公司开发的"酷美丝"（Coolmax）］，在设计时就考虑到要提高干燥速度，并将湿气排出体外。最初它用于制作运动或工作时穿的袜子，后来逐渐用于制作卡文克莱和高街连锁百货等设计师品牌的"时尚"或"礼服"袜子。2010年后，另有一些实验技术对针织袜市场产生了影响。日本长野县信州大学的研究者通过将金球蜘蛛［golden orb spider，即"横带人面蜘蛛"（Nephila clavata）］的基因注射到蚕卵中，开发了一种丝线，比传统的蚕丝更柔软纤细，却

更结实耐用。政尾长崎所领导的团队通过改变基因的做法，创造了第一个在商业上可行的大批量生产蜘蛛丝的方法。此前因为蜘蛛有同类相残的天性，所以无法通过传统的养殖方式来实现蜘蛛丝的批量生产。曾经开发过"可呼吸的纤维"（一种经过特殊处理的抗菌除臭的羊毛"超级鞋垫"）的日本袜子制造商冈本目前正计划开发一系列轻薄但坚固实用的、用蜘蛛丝制成的袜子。[541]

就像男士内衣一样，男士袜子的形状几个世纪以来几乎没有什么变化，但是它们始终是男人衣柜里的关键物品。男士袜子主要的变化反映在颜色上，19世纪趋向内敛，而20世纪末又向更为彰显个性的色彩和图案回归。与此同时，男士袜业生产也跟上了技术革新的发展：新面料和新纤维不仅保证了男士袜子仍然很实用，对卫生健康有好处，而且还折射出男士服装的时尚潮流。

第185页
"贝克斯利"（Bexley）系列袜子

第六章
促销有道：内衣广告

男士内衣广告的撰写面临着很多问题，尤其关系到这样的一个事实：男士内衣的视觉表现正好介于着装和全裸之间。时尚史家、策展人理查德·马丁指出，这些问题具体围绕着"男性文化身份、男性高雅品味的定义，以及内衣与人体相关的服装工程原理"[542]三大核心。19世纪之前，人们在谈到男士内衣的时候，措辞往往或幽默或猥亵，这是因为内衣与裸露和难堪有关。随着19世纪文化的演变，内衣成为一种很少被人提及的东西，身体变得更为私密，那些直接与身体接触的服饰通常会远离公众的视线，在谈到它们的时候，需要使用委婉的语言。

19世纪末，男士内衣的生产出现了一些变化，自制以及由裁缝和缝纫店小规模制作的内衣数量在减少，而由工厂生产的内衣数量则显著增加。这种变化以及男性消费习惯的发展让那些内衣生产厂商——按照保罗·乔布林（Paul Jobling）的说法，1900年至1939年之间，在美国和英国有超过50家[543]——开始考虑如何最好地利用广告业的发展来推广他们独立的内衣生产线，以便更好地将他们的产品推销给顾客。每个生产厂商都希望通过强调新颖的款式、某些面料的益处以及他们产品的品质来赢得新客户并留住老客户。1901年，美国的鲁茨（Roots）内衣要求购买者"购买前看看是不是每件衣服上都有'鲁茨蒂沃利标准内衣（Roots Tivoli Standard Underwear）'的商标"。同样，必唯帝公司和查尔莫斯（Chalmers）针织公司在做广告的时候，也将人们的注意力吸引到它们的品牌和标签上来。查尔

莫斯针织公司推荐消费者"寻找'porosknit'标签，以便买到他们的专利面料的内衣"，而所有必唯帝的衣服都"可以通过红底白字的'B. V. D.'标签进行辨认"。他们要求购买者"不要接受冒牌货"，因为'没有仿冒品能做得和必唯帝的产品一样好'。直到20世纪30年代末，必唯帝都在使用这个商标，并且不断地提升其产品的品质。

1935年，芝加哥马歇尔广场百货商店（Marshall Fields department store）橱窗陈列的居可衣男士紧身裤大获成功，继此之后，库珀公司也与零售商合作来帮助他们推广和销售库珀的内衣产品。库珀公司为零售商承担一半居可衣内衣的广告费，并承担了店内陈列的费用。广告宣传和市场推广对库珀公司和居可衣公司的成功起到了关键的作用。1939年，库珀公司的售货员彼得·普法尔（Peter Pfarr）发明了桌面式货架。库珀公司将它分发给全美国的零售商，这使得他们可以合理摆放不同尺码和款式的库珀内衣，并进行促销。办公室文件夹井井有条的组织方式启发了彼得·普法尔，他开始思考："为什么不能用类似的方法来收纳居可衣的内衣服饰，如按照尺码，或者有可能的话，按照款式在店里进行陈列呢？"[544]1940年，库珀委托雕塑家兼画家弗兰克·霍夫曼创作了一个"居可衣男孩"（Jockey boy）的形象。这个形象后来成为该品牌的象征符号，作为库珀公司的商标大约50年之久。原始的男孩青铜像高约30厘米，随后库珀公司将它复制并分发给授权零售商，作为销售点的形象标志。1947年，库珀公司再次创造了历史，首次将

第186页
居可衣品牌，《居可衣男孩》雕像

"Jockey"商标织入内衣腰带。库珀公司为这一创举感到自豪，推出广告"在腰带上寻找商标"和"商标回来了"，并指出目前的两个驰名商标是"Jockey"和"Y-Front"。

作为广告手段的插画与摄影

1906年9月号的《装备店》杂志注意到了广告和促销资料中所包含的"艺术价值和文学才华"，并宣称它们"是最为精致的排版印刷文章"。这也是设计史学家保罗·乔布林在他的广告和男士内衣研究中着重强调的领域。他注意到在评价男士内衣广告的历史时，与"服装业和零售业的技术和社会变革，以及阶级和性别政治的影响"一样，内衣广告中"商业艺术家和广告撰写人所创作的图像和文字修辞"是非常重要的。[545]尽管技术对于创作一则成功的广告而言十分关键，但这一章涉及更多的是广告内容的概况，着眼于服装的描述、产品的特色、注定与内衣密切关联的人体，以及吸引购买男士内衣的男性和女性消费者的特殊方式。

虽然自19世纪80年代末，诸如网点印刷这样的技术就使得摄影图片可以用在报纸和期刊中，但直到20世纪40年代末，摄影图片才开始取代插图成为最受男士内衣广告青睐的图像类型。在此之前，广告图像有各种各样的插图类型，从简单的线描到复杂充满细节的场景，刻画了单个或几个男性，或几组男女，或衣着整齐或只穿内衣，再配上大段文字以及容易记住、朗朗上口的广告语。广告中的插画通常不署名，尽管有些制造商（例如库珀公司）确实委托诸如J.C.莱恩德克这样的平面设计师或插图画家来创作他们的广告图像。聘请著名的插图画家或者卡通画家，对消费者而言，增加了品牌的辨识度，并提供了附加价值。少数几家美国内衣生产商的确在使用摄影为衣服

第189页
超级连衫裤广告，20世纪10年代
私人收藏，伦敦

促销。一则1915年万星威连衫裤的广告中有一幅手工着色的摄影图片，拍摄了一个坐在扶手椅上的男士。而差不多同一时期，奥尔巴尼（Albany）公司和纽约的富尔德和哈奇（Fuld and Hatch）针织公司推出了一则广告，鼓励消费者"来函索取一份免费的商品目录，其中包括'哈奇威（Hatchway）无扣连衫裤'和'哈奇一粒扣连衫裤'的整个产品系列，图片全部用真人模特进行拍摄"[546]。1925年，行业期刊《广告人周刊》指出"栩栩如生的插图——也就是说，其中描绘的男性看起来像真人一样，人物姿态和周边环境都很自然"对于一则成功的男装广告而言是非常重要的。[547]1936年，同一杂志强调了这个观点，此外还补充道，确切地说在男士内衣广告中，手绘的插图比真实的摄影更加受人欢迎，因为表现一件内衣穿在"肌肉发达的身体上，是以最不体面最荒诞的装束暴露人体"，同时"展示内衣本身不光十分无趣，而且毫无用处，因为所有品牌的内衣看上去都相差无几"[548]。

继1935年推出其居可衣三角裤后，库珀开始使用男性摄影图片，它们类似于芝加哥马歇尔广场商店的橱窗中心装饰。这些1937年的广告由一些单人摄影图片组成，照片中的男士姿态僵硬，模仿健美选手分开双腿站立，双手放在臀部或是交叉双臂。背景是黑色的，这使得观众的视线集中在人物形象和他的内衣上，而不去注意环境或者不去想象他究竟在哪些情况下才可能只穿着内衣。到20世纪40年代中期，这种图片还与其他的摄影图片、插图和线描相结合。1937年，用在威尔逊兄弟、箭牌和Allen-A内裤上的斯科维尔公司的"gripper"按扣的广告也用了棒球比赛的摄影图片，同时还拍摄了著名棒球运动员以及衣帽间的场景。另外一些美国公司（例如箭牌、斯科维尔和万星威）和一些英国公司［例如埃尔特克斯、考陶尔德（Courtauld）和金狐狸］也

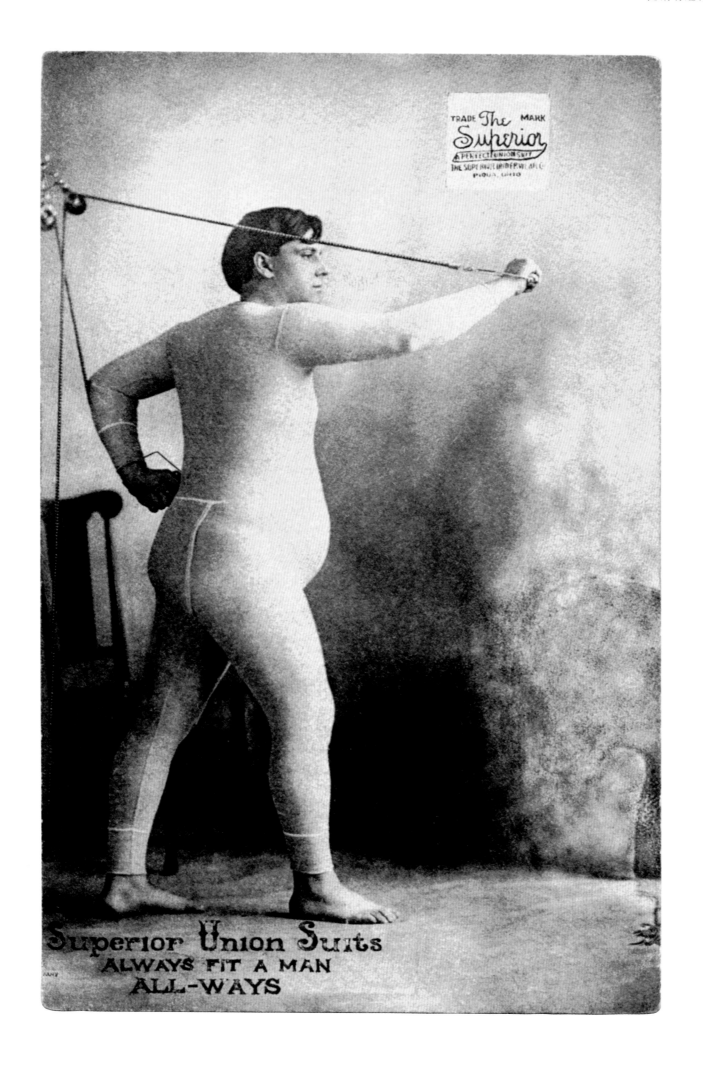

开始试着使用摄影图片。

到20世纪60年代，尽管使用摄影图片成为男性内衣广告的常规做法，但仍然有一些例外，例如1966年美国赖斯公司的"锥形内衣"广告采用了时尚插画类型的线描，有点像纽约Regency Squire公司商品目录中的插画风格；而1968年法国制造商爱米朗斯的广告中则采用了瑞士广告艺术家赫伯特·勒平（Herbert Leupin）创作的卡通画般的插图。20世纪70年代中期，居可衣和法国公司（例如吉尔和爱米朗斯）喜欢用素描作品，而不是摄影作品。1973年，爱米朗斯委托法国艺术家兼插图画家勒内·格吕奥（René Gruau）为他们的彩色内衣系列创作广告。居可衣的时尚紧身三角裤"skants"广告中有4幅素描，描绘了肌肉发达的男性躯干。而一直到20世纪80年代，摄影图片都不曾以这么大胆的方式来表现男性身体。与此同时，1974年吉尔的两则广告也用素描展示了这一发展变化的过程：一则是男士和内衣的演变；另一则是吉尔时尚斜纹棉彩色内衣系列的广告，其中展示了斜纹棉牛仔裤的进化过程——从19世纪初的西部拓荒者，到20世纪70年代那些穿着彩色斜纹棉三角裤和T恤衫的时尚男士。这些穿着斜纹棉服饰的人物（其中包括滚石乐队和嬉皮士）展示了对于街头风格的"酷"的理解，使得吉尔和年轻一代联系起来。流行歌手凯莉·米洛格（Kylie Minogue）的造型师威廉·贝克（William Baker）与摄影图片主流背道而驰，用一场广告活动推出了他的B*Boy内衣系列。这一系列由"人体地图"（BodyMap）的前任设计师史蒂维·斯图尔特（Stevie Stewart）设计于2008年。这场广告活动的特色是那些图片——先是拍摄了一些肌肉发达的年轻男士，再由艺术家们将商标手绘在照片上，而这些年轻男士的形象源自诸如"芬兰的汤姆"（Tom of Finland）这样的艺术家所创作的同性恋情色图像的传统。

服装秀

20世纪初出品的男士内衣广告关注的主要是服装的款式和制作工艺，直到20世纪末它们仍然扮演着重要角色。最初的时候只是简单地表现衣服穿在身上的样子，很大程度上依赖于制造商或零售商的商品目录中对款式的描述。相对于文本而言，图像是次要的，文本对服装进行了描述并强调了它的特色，例如裁剪、合体、舒适和面料。对于展示半裸的男性形象，人们有一种文化上的保守观念和社交上的不安全感。由此产生了一系列的技巧，用以弱化穿着内衣的人体。

很多美国公司的广告（例如Harderfold公司1899年的广告和刘易斯针织公司1899年开

始的广告）都抛开了人体，单独地表现衣服本身。连衫裤由衣着整齐的男士或女士举在手中，暗示这件服装穿在身上看起来是怎样的，但是并没有真的展示半裸或者半着装（根据观众的立场不同而不同）的人体。举着衣服的那些人物很僵硬，没有任何的动作迹象，就像塑料模特一样，这样做的后果是再一次将他们与真实的、活生生的、做运动的人拉开了距离。整个20世纪都在不断地重复这一做法，例如1920年，在瑞士-美国纳威克劳斯平治白克（Navicloth Pinch Back）公司的连衫裤广告中，连衫裤由一个山姆大叔类型的人物举着，借用了爱国主义的概念，但是这样做再次将广告中的人物与真实的穿着者拉开了距离。20世纪60年代，法国制造商爱米朗斯采用了类似的技巧，将白色的三角裤或"游泳裤"衬在风格化的剪影上——构成剪影的是一个衣着整齐的男士以及一个骑自行车的男士。2008年，古琦公司投放了一则广告，表现了一个模特举着他的内衣，而不是将它穿在身上。然而，和将近100年前的广告不同，这个模特裸体背对观众，举着这件透明的三角裤，似乎他不光是将其在身体前面展示出来，而是正准备要穿上它。2002年，恒适公司的一则电视广告"四角短裤还是三角短裤？"故意没有出现任何的内衣。画面拍摄了穿得整整齐齐的迈克尔·乔丹——这个长期认可并支持恒适公司的美国著名篮球运动员。这时有两个女士路过，她们正在讨论身边经过的男士穿的究竟是三角短裤还是四角短裤。走近那两个女士的时候，乔丹告诉她们："它们是恒适。这事儿就到此为止吧。"恒适公司认为，观众看了这则广告不但可以熟悉这两种内衣款式，而且还了解到恒适公司自身作为内衣领域巨头的声望，因此无须实际展示服装。

另一种避免表现身体的方式是在展示这些私密衣物的时候，将它们平放在一个平面上，例如像1918年本宁顿库珀公司的"弹簧针"

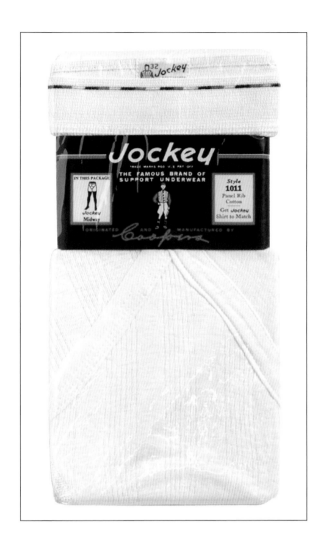

第191页
居可衣品牌，"居可衣"套装广告

NOUVEAU. LES J DE JIL EN PUR FIL D'ÉCOSSE.

（Spring Needle）内衣系列，吉尔公司1986年的"吉尔的'J'"系列和1994年的"奥卡顿"（O'Coton）系列那样，将它们平铺在销售包装上；或者像1918年本宁顿库珀公司的"弹簧针"内衣和1898年赖特的"真健康"内衣那样，将成包的内衣放入广告中。这类广告在强调内衣穿着的同时还强调了销售。内衣被表现为放在商店柜台上或者床上，仿佛主人正准备进入房间穿上它们。在1923年Allen-A的广告中，一个男士正举着内衣，让他的朋友们看，而内衣的包装被展示在广告下方。内衣广告通过描绘售货员销售内衣的真实过程，这样做再次避免了任何与肉体相关的暗示。广告表现了售货员和顾客间的互动，例如威尔逊兄弟公司的广告"这是我们能买到的最好的内衣"、富尔德和哈奇针织公司的"恒酷"（Keepkool）内衣广告，它们的目的是吸引购买男士内衣的男性和女性消费者。广告中用文字说明了在顾客和售货员之间会发生怎样的对话。在1917年必唯帝公司的广告中，销售人员告诉顾客说："是的，先生！这个标签确保了必唯帝的品质。"这类广告文本也会提到女性——那些购买内衣的男士生活中的妻子、母亲和姐妹，她们常常被看作"内行"，而且"她们几乎本能地懂得面料"。这个时期，男装行业刊物中的广告经常强调店员在打理内衣时的快乐，暗示如果内衣很容易打理，也就很容易穿着，例如1932年塞拉尼斯品牌内衣的广告就是如此。希尔帕克斯（Sealpax）公司的广告赞美了密封的包装，其出售的内衣"未经使用并未被弄乱"，同样避免了这种与人体接触的暗示。

内衣广告也会突出面料生产和内衣结构上的新技术开发，在描述内衣的时候配上文字，强调如下一些事实，例如"真正的弹性能够保证它不变形"（1910年General针织公司的"双螺纹针织面料"内衣广告），以及"老式的针织品现在变成了新式的舒适内衣"，在"裤裆

和臀部都宽松舒适"（1909年费城Roxford针织公司的广告）。前者配了一幅插图，上面有一个男士将内衣拉伸到远远超出其正常尺寸，来证明它的弹性。

舒适性

"构成内衣的面料能够让男性在冬天很暖和，或者在夏天很凉快"——这一点在内衣广告中显得非常重要。从内衣孕育到当今这个时代都是如此。查尔莫斯的"porosknit"夏季内衣广告，从1909年沿用到1918年，强调这款夏季内衣如何能够"让你的身体呼吸"。这种感觉引起了很多公司的共鸣，诸如埃尔特克斯、阿尔邦（Aerborn）、富尔德和哈奇以及必唯帝等公司效仿，这些公司全都开发了能让身体保持凉爽（cool）的面料。必唯帝公司特别使用了"凉爽"这个词来强调穿着必唯帝内衣的男人是"在人群中最Cool的男人"，他"非常凉爽，而且看起来很酷"。在广告配图中，一个贴身穿着必唯帝内衣的男士很舒适地在外面套上一件夹克并打着领结，而他那个没穿必唯帝内衣的同伴却热得不得不将上衣脱掉。1990年，法国公司Hom为它的HO1内衣做了两个广告，强调了他们的内衣"材质通风良好""感觉非常凉爽"，配的图片是风向标和冰激凌卷，以及两大勺冰激凌，这两者都戏谑地暗示了男性生殖器，意为"穿着Hom内裤，能够保持它的凉爽清新"。另外一些公司则强调了它们的冬季羊毛内衣的针织方式非常特别，在寒冷的季节里能够保暖，与此同时，还能提升舒适度并能防止瘙痒。

诺福克和新不伦瑞克（Norfolk and New Brunswick）（1900年）针织袜业公司以及库珀公司（1910年）都强调了他们的服装特别针对那些整天风吹日晒的男士，比如猎人、渔

夫、伐木工、警察和运动员。希尔普鲁夫（Chil-prufe）、多富得和Healthknit这些公司的名称都强调了服装结构以及保暖特性，他们做的广告也反映了这些好处。内衣的这些特质迎合了人们想用最佳的方式保持身体健康的想法。广告中强调对面料的描述以及它们保暖或凉爽的特性，其潜台词就是制造商们渴望让那些男士穿着他们的内衣的时候感到舒适。在英国和美国，很多广告都在主题句中突出"舒适"这个词，或者在广告文本中表达这种感觉。1930年，考陶尔德公司的一则广告宣称他们的"尼龙线让这件精美的衣服穿着无比舒适，皮肤的触感非常光滑，以至于穿着它的人都感觉不到它的存在"[549]。而尤蒂卡保镖公司（Utica Bodyguard）公司1950年的广告"入乡随俗"强调了如同"影子一般的轻盈，只有3盎司"的面料，广告配了一幅小插图，画了一个缠着腰布的"本地人"，周围是热带的背景。这一创意或许也是受了1949年百老汇出品的音乐剧《南太平洋》（South Pacific）的影响。卡特1951年和1953年的广告指出他们使用了杜邦奥纶（du Pont Orlon，一种在冬天起到保暖作用的腈纶），并强调"由于有这些独家舒适的性能，［瑞格（Triggs）牌］内衣更为合体，

第193页

Hom品牌，广告语：H01现在没有压迫/H01革命性的开篇

1997年

私人收藏

Tenue d'été

看起来比任何其他内衣都好"。在强调舒适的同时，很多制造商（例如居可衣）也提醒人们注意他们的衣服的合理价位，或者提醒人们多花一丁点钱就得到这种舒适，这很划算。到2003年，居可衣推出了囊袋式运动内裤，促销广告上说它使用"独一无二的弹力纤维制造，能够让你运动自如"，穿着它"是仅次于裸体的最美妙的事情"。

广告不仅强调了新面料的开发，还强调了内衣结构上的变化和改进，尤其是那些再度提高内衣穿着舒适性的方面。继1935年成功推出Y-front的居可衣短裤之后，库珀公司又推出一系列广告，强化了男人自从穿上他们生产的带承托的三角裤之后所得到的舒适感。这些广告以幽默的方式调侃了穿着不舒适的内衣在社交场合会出现的尴尬，强调穿着居可衣Y-front的男士将从此不再是一个"扭动不安的人"。1944年和1946年，Healthknit品牌也在他们的"卡特阿伯斯"（Kut-Ups）内衣广告中玩了一个类似的概念，用了卡通版的"战战兢兢的乔的尴尬大冒险"。这两组广告文字体现了图片的内容："扭动不安的人的唯一朋友是他的狗"。Healthknit在发现内衣的时候，从"恼怒"变成了"惊喜"，而在穿上这么舒服内衣的时候变成"噢，宝贝"的满意。1951年，居可衣品牌在他们的广告"扭动不安的心理分析学家"中使用了一套连环画，焦点再次集中在舒适的内衣如何能够帮你避免尴尬的境地。广告中演了一出喜剧，一个心理医生穿着令他不适的内衣，在一种非常不舒服的情形下，试图抚慰穿着居可衣内衣的病人，而最后这个精神分析学家忍不住将话题转到了居可衣内衣上。

不仅紧身款的内衣广告强调舒适度，1920年至1930年，威尔逊兄弟公司推广他们的"超级短裤"（Super-Shorts）时也说他们新发明的专利"无中缝"短裤"为裤裆和臀部提供

了新的自由"。从1949年起，恒适公司的新式"吉维斯短裤"（Givvies Shorts）也利用了相似的卖点，说它能够防止穿着者患上"佝偻病"。另外一个让内衣变得舒适的技术是不缩水的面料的开发和使用。1930年的《男装》杂志上布列塔尼亚（Britannia）公司与三叶草（Shamrock）内衣公司共同发表了一则广告，其中布列塔尼亚公司直截了当宣称他们的全羊毛内衣"保证不缩水"。然而并非在整个20世纪都可以买到这种不缩水的面料。继1933年一种被称作"桑得福"的预缩水工艺的专利发表之后，这一特质才出现在广告上。20世纪40年代晚期，克卢特、皮博迪公司为他们的"不缩水短裤"推出广告，1957年赖斯公司为其"尺寸永恒的内衣"促销，说它"永远不会因为缩水而不合尺寸"。1969年，Healthknit用了一张摄影图片，上面有一个缩水的迷你男士遇见一只兔子，这只兔子此刻在他眼中简直是巨兔，这张旁边是Healthknit的广告语："男人不需要通过缩水来适应他的内衣"以及一些所谓的"不缩水内衣"。

1967年，居可衣公司强调了内衣的结构，指出居可衣三角裤是由13片单独的裤片组成的，能够提供必需的支持和保护。所谓"支持"体现在文字上方的主图上，一个着装整齐的男人举起一个小男孩，老生常谈地暗示在从事费力的体力活动的时候，要有内衣的必要支持。Reliance Ensenada公司短裤的专利"撕不破门襟"在整个20世纪40年代热销，因为它经久耐穿。在经济困难时期，它们因为价格"适中"而得到了推广。广告图片中有两个穿着背心短裤的男性试图将一条短裤撕开，但最终短裤没有被撕开。1995年，法国制造商吉尔为他们的新式"左手开口三角裤"打广告，其中的图像是两个穿着西服套装的男士小便的背影，一个是左边，一个是右边。文字强调了这种新发明的便利，它能够让左撇子的人生活更

FOR COMFORT...
'Celanese' Fabric feels fine made up into Underwear for men. So light and free and comfortable. And it's wonderfully hard-wearing too. In ivory and blue, each in four sizes. From most good outfitters.

Underwear in 'Celanese' FABRIC

UNDERWEAR · SPORTS SHIRTS · TIES

第194页
吉尔品牌，夏季套装广告

第195页
塞拉尼斯品牌，广告语：人造丝面料内衣
私人收藏，伦敦

轻松。"这是左右鸿沟的终结点。人们从来没有看到过男人如此自在"。吉尔公司和Reliance Ensenada公司的做法不同,它没有在广告中展示要推广的服装。1994年,吉尔公司的夏季和冬季内衣广告用了滑雪和冲浪的照片,图片中男士的外衣上开了个窗口用来展示里面的内衣。很多品牌和制造商都用这一技巧在广告中体现服装的细节。1995年,瑞士广告代理商维尔茨-韦拜贝尔滕(Wirz-Werbeberatung AG)创作的瑞士品牌Triumph的内衣广告运用了图像和文字游戏,通过一幅有两只网球的照片,暗示这种内衣在运动的时候是多么的舒适。澳大利亚内衣品牌邦兹(Bonds),1915年由美国人乔治·艾伦·邦德(George Alan Bond)创立,最初是将女士的长筒袜和手套进口到澳大利亚。2003年,邦兹委托创作了一则电视广告,拍摄了澳大利亚网球明星帕特·拉夫特(Pat Rafter)在衣帽间更衣,推出他们"非常舒适的内衣"。当被人问及为什么网球运动员打球"会那样哼哼"时,拉夫特回答:"伙计,他们没有穿着舒服的内衣。"拉夫特还出现在2008年邦兹品牌的"每日活力"内衣系列的广告中,在其中他被问到如何解释吸湿排汗技术的科学原理。看起来应该是广告拍摄的刻意安排,拉夫特结结巴巴地解释了这个原理,坚持说男人不需要知道,或者说不需要关心是什么让它们变得这么舒适的,他最后总结说,它们"是非常舒适的夏季内衣"。

细节与特色

尽管很多广告都展示了内衣并且文本中也强调了结构和面料的革新,但通常很少深入探究在广告中所拍摄的服装的真实结构。1918年,恒适"弹力针织"内衣的系列广告中拍摄了一些穿戴整齐的男士,在他们身后投下了巨大的影子,在这些影子中具体展示了内衣的细节,例如裤裆和肩膀处的接缝,腕部和脚踝处的弹力螺纹,以及领子上扣着的纽扣。这些细节都在图片上用圆圈标出来以示强调。20世纪20年代,恒适公司再次使用了类似的技巧,在1924年的广告中集中了"五大著名卖点",并将每一个卖点都列出来进行详细解释。库珀公司和皇家公司都使用了这一策略。库珀将它用在发给销售员的销售指南上,帮助他们推销内衣。皇家公司内衣则采用这一技巧突出了活裆连衫裤的拉链。一则1927年的广告,演示了"椅中摇滚(Rockinchair)内衣合身的秘密",将"椅中摇滚"内衣彻底解体,展示了在结构细节上的精心处理。最后宣称,正是这样的工艺使得他们的内衣能够适合所有男人的身体尺寸。广告通过一系列线描插图强调了这一点,其中分别描绘了中等体形、高大体形以及偏瘦体形的男性穿着连衫裤的样子。

很多制造商热衷于强调连衫裤的拉链细节。1910年左右的多富得公司、查尔莫斯公司、富尔德和哈奇针织公司的"恒酷"内衣广告,展示了穿着者正在拉上连衫裤的前拉链。然而,对于那些后开口的拉链,则多了一重麻烦,因为正如理查德·马丁指出的,在展示一个男人的背影,将注意力吸引到臀部时,必须小心避免"在表现男性的时候屈从于肛门焦虑"[550]。宽松式内衣的广告不需要对这种焦虑或者这类解读如此敏感,但是对于紧身内衣,就必须考虑到这一点,哪怕主打的产品特色位于衣服的臀部,通常也不会予以展示,就像哈奇威公司1922年的无扣连衫裤广告那样。20世纪40年代,万星威的弹力裆内衣广告拍摄了一组弯下腰的男人背影,既有穿戴整齐的,也有只穿了内衣的,强调了这种内衣的舒适性。1992年,由大卫·摩根(David Morgan)为特仕拍摄的一系列的5个广告,也强调了内衣的背面。万星威的广告中有一则特别展示了内衣的弹力后

LE SLIP POUR GAUCHERS.
UNE INVENTION QUI

CONCERNE DIRECTEMENT

577 000 HOMMES EN ÂGE

DE PORTER UN SLIP.

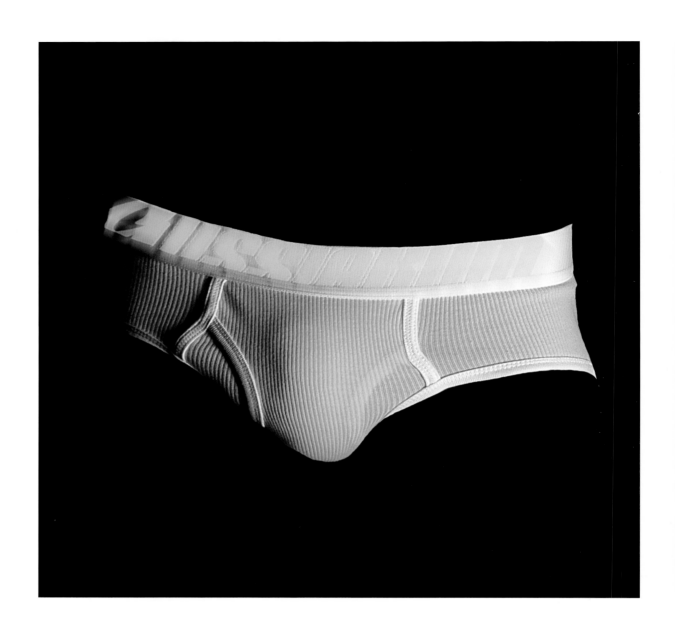

镶片。甚至到20世纪下半叶，这种背影都很罕见，这表明社会上仍然很介意把男人放在这样一个位置上，相比而言，放上一个半裸男性的正面则舒服得多。

1926年，多富得公司用了一些近距离特写照片来展示连衫裤的面料，上面有一只手在演示服装面料的重量。大约与此同时，查尔莫斯公司和埃尔特克斯公司同样也展示了他们的网眼面料，但是仍旧按照惯例，避免展示衣服穿在身体上的样子——直到70年后，Hom公司才敢于拍摄穿着内衣的模特。在20世纪60年代居可衣的两则广告中，面料也非常抢眼。一则1964年的广告将焦点放在胯部的网眼面料上，强调网眼面料继20世纪二三十年代一度流

行后的再次复兴，这次它被重新定位为舒适时尚。而1967年的广告则将焦点放在机织腰带、标签以及前门襟开口的"Y"字接缝上。广告上的一行文字再次强调了品牌的重要性："如果没有居可衣男孩的商标就不是居可衣品牌的内衣。"一则1999年Hom的Ho1系列三角裤的广告同样也展示了衣服背面，但是在其中所展示的是构成服装的网眼织物。

身体的暗示

有些广告将人体完全从图像中抹去，而另外一些则用技巧和图像暗示广告中的内衣穿在

人身上的样子，但并没有展示人体本身。1959年恒适品牌的"自身带承托"三角裤的广告仅仅拍摄了一套三角裤和吊带（或背带），而吊带则暗示了在三角裤上部的躯干。很多广告只是不展示穿着内衣的人体，代之以穿着整齐的人物形象，同时暗示了在外层内衣下的身体和内衣。

1916年恒适品牌广告中的影子，在随后的几年被改成了剪影轮廓，它们就像影子一样，与主体人物的姿势相呼应。同一时期，多富得公司"椅中摇滚男士、女士以及儿童运动内衣"的整个系列的广告，将这些衣服放在一些人体剪影上进行展示，勾勒了人体的形状，并暗示了身体在衣服中运动的形态，但并没有对人体进行写实表现。

有些广告为了避免展示真实的男性人体——例如1953年至1956年恒适品牌的系列广告——将那些服装的摄影图片平铺在线条勾勒的男人和男孩的卡通插图上。这些插图描绘了他们所从事的各种活动，例如打猎、钓鱼和园艺。到1956年，这些插图不再描绘男人，而代之以拟人化的狮子和狗。而所有这些广告的文本都在强调衣服的舒适和它们的价格。在1949年和1960年的两则广告中，法国袋鼠公司使用了一些插图，上面画着一只袋鼠穿着公司注册专利的水平囊袋三角裤，也被称作"袋鼠三角裤"，因为它的结构类似于袋鼠的育儿袋。采用拟人化的动物穿着内衣的表现方式，避免了在广告中不得不展示男性身体（特别是藏在三角裤里面的那部分）的尴尬。如果制造商不想在广告中介绍上衣或背心的时候，这个方法也很有用，因为它避免了当时某种程度上还无法接受的男性裸露上身的图像。1992年，万星威修改了"影子"：在这个系列中拍摄了一名衣着整齐的高尔夫球员，但他的影子却是一只袋鼠。这么做是为了促销万星威公司有着"独一无二的舒适口袋"和水平开口门襟的袋鼠三角裤。

1964年，恒适公司在广告中用了一幅四角短裤的摄影图片，在短裤的腰带中塞了一篮面包，上面压了一条常见的俚语暗示腰线，通过这样的方式避免在广告中出现身体。这个广告的卖点在于弹力腰带的强度。1965年，居可衣则拍摄了一个穿着他们新款"生活"内衣的塑料模特。订制款的"布鲁特"（Brute）T恤衫和"斯里姆盖"（Slim Guy）三角裤用两个塑料模特分别展示，以免在广告中出现一个裸露的男人胸部或者一个下身一丝不挂的真人。

特殊的文化限制常常会导致展示半裸的人体不受人欢迎，例如印度Rupa and Shiba内衣公司的广告墙只描绘了二维平面的衣服，里面没有任何人体。在某些情况下，鲁帕（Rupa）会用一些穿着衣服的男性图像作为补充，暗示这些内衣都是穿在外衣里面的。整个20世纪，很多美国和欧洲的广告商都在用这种方式。澳大利亚的澳洲雄风公司2008年为格鲁（Glo）内衣创作的电视商业广告，拍摄了一条夜光的腰带，包括了一部分身体，但身体隐入了黑暗的背景中，只剩下内衣显眼地在空间中自由舞动。这是为了强调澳洲雄风品牌内衣基本形的冷光质感，而不是因为礼仪或文化的原因将身体掩盖起来。在这个商业广告的另一个系列中，表现了一个肌肉发达的男士身上只穿了一条"格鲁"内裤在黑暗的夜总会跳舞，广告主打的是当代内衣广告中一成不变的肌肉猛男模特体形。

雕塑般的人体

早期的广告倾向于展示穿着衣服的人体，但与此同时，还有一些例外，有些广告直接涉及衣服里面的男性身体。然而，这些广告并没有用真人的身体，而是用古典雕塑的理想化的男人体替代。1898年，欧内塔（Oneita）针

第198页
澳洲雄风品牌，"发光的内裤"

第199页
"椅中摇滚"品牌和"多富得"品牌广告，1920年
私人收藏，伦敦

第200页
Rasurel品牌，三角裤广告
珐琅瓷
私人收藏，伦敦

第201页
L'Homme Invisible品牌广告

织公司率先推出了他们的弹力螺纹连衫裤广告"广告人集会"，将他们的肩部系扣内衣穿在一座古典雕塑上，演示了它们"像一层附加的皮肤一样完全地"覆盖身体的方式。20年后，皇家公司内衣用古希腊雕塑来让他们广告中的摔跤选手显得合情合理。广告以俯视的角度拍摄，焦点集中在内衣的后镶片上，因此也就是穿着者臀部的位置。1930年，"Dazonian"螺纹内衣使用了一幅希腊罗马风格的运动员线描，并用面料将他的腿和腰缠起来，仿佛古典雕塑上的衣褶一般。1951年，尤蒂卡保镖公司使用了罗马众神的信使墨丘利的形象，善于奔跑的墨丘利穿着背心和短裤，意味着是这些内衣的分量非常轻。1941年，库珀公司播出了三则系列广告，其中并没有使用古典雕塑，但是直接以希腊雕塑来命名：《荷矛者》（Dolyphorus）、《掷铁饼者》（Discobolus）和《嬉戏的男孩》（The Playing Boy），这些名字被标在穿着库珀内衣并摆出运动员姿势的"现代男性"的旁边。这些广告从各个角度展示了居可衣三角裤的好处，它们像"遮羞布一样凉爽""给男性以支持"，而且它们不会"打褶或者形成束缚"。理查德·马丁在分析J.C.莱恩德克对内衣影像和广告的贡献时，注意到必唯帝公司从1912年到20世纪20年代早期的广告并没有直接使用古典雕塑，但在一则广告底部的角落中放了一个只穿着内衣的男性形象，当时他们确实提及了库罗斯（kouros）这个代表年轻男性的希腊雕塑。这则广告中的"男性被表现得像各式各样的圆形浮雕一般，而自由漂浮的人物对于广告的构图而言就像女像柱一样，对描述必唯帝内衣的主要图像和文本起到了支撑作用"[551]。

在20世纪下半叶，这个技术很少被用到，直到1982年，第一则卡文克莱品牌的男士三角裤的广告诞生，广告中才开始通过体育图片涉及肌肉发达的身体。尽管这里并没有直接使

用到古典雕塑，但摄影师布鲁斯·韦伯选择对奥运会的撑杆跳高运动员汤姆·欣特瑙斯在古希腊的锡拉岛进行拍摄这一事实，直接让人联想到当代奥运会选手以及那些早期希腊奥运会选手的超凡才能，后者的飒爽英姿常常会在雕像中进行表现。欣特瑙斯那被太阳晒成古铜色的身体凸显了他轮廓分明的肌肉组织，把它变得仿佛是用色彩丰富的石头雕成的，而不是血肉之躯。但欣特瑙斯在这幅图片中裸露上身这件事确实不同寻常。大多数男士内衣的广告都用内衣将男性的胸部遮住了，甚至本来不用促销上装的时候也是如此。但其中也有例外，例如1907年必唯帝公司为"coat cut"内衣做的广告，其中一个裸露上身的男士正在穿内衣；1965年的短裤广告"万星威带来的夏威夷风"中的那个男士正在刮胡子，这个动作让他裸露上身的行为变得合情合理。1961年，英国行业期刊《男装》杂志刊登了一则广告"世界著名的文斯短内裤，比运动短内裤更短"，其中最引人注目的是一张不知从哪里来的肌肉起伏的人体图片，从中截取了从腋窝到大腿中部的躯干，姿势与欣特瑙斯的图像相类似。自1977年起，居可衣公司的一些广告也开始表现裸露上半身的运动男性。从此之后，除非是专门推销背心或者T恤衫，裸露上身成了男士内衣广告的惯例。卡文克莱公司继续在其广告中使用以古典艺术为灵感的男性图像，无论是模特的姿势，还是不断地用肌肉发达的男性模特的做法，都能反映出这一影响。和欣特瑙斯不同的是，卡文克莱品牌广告中的很多图片都是黑白摄影，单色的表现用来强调人体肌肉分明的线条，通常以白色面料的服装进行烘托。卡文·克莱很清楚他的广告所产生的影响，他说："我现在要说的话可能还有点早，但20年或30年之后，我相信有人会去看所有我做过的商业广告，并将它们视作这个时代的小品，反映了人们的想法和当今的时尚。"[552] 大多数其他内衣

第202页

Gregg Homme品牌，"Joxx"广告

吉米·阿默兰（Jimmy Hamelin）（摄影师），蒂里·佩平（模特）

制造商纷纷效仿这种做法，在他们的广告中表现了同样类型的肌肉发达的男性人体，并且时不时地直接借鉴古典雕塑或绘画。美国品牌特仕的两个系列广告，分别由大卫·摩根拍摄于1994年和霍华德·沙茨（Howard Schatz）拍摄于1999年，广告中模特的姿势都是受古典艺术的启发。摩根的图片是黑白的，只表现了一个模特；而沙茨则用了一组模特，并采用了红色和紫色的灯光来表现肌肉，这使得衣服和带着商标的腰带在图片中非常显眼。

2006年，卡文克莱公司在其无缝超细纤维系列内衣广告中直接用了雕塑，在米开朗琪罗的大卫身上叠印了一套黑色的四角内裤。这反映了一种变化——抛弃真实的男人体，转而借用那些早已成为完美人体同义词的古典雕塑图片来达到理想化的表现。另外两场内衣广告活动也涉及了雕塑。2007年由梅尔特·阿拉斯（Mert Alas）和马库斯·皮戈特（Marcus Piggott）为安普里奥·阿玛尼内衣拍摄，模特是足球明星大卫·贝克汉姆（David Beckham）。乔治·阿玛尼（Giorgio Armani）在评论这场广告活动时写道："我是以我脑海中的古典运动员的身体来构思的……他让我想起了佛罗伦萨米开朗琪罗的那件美妙的雕塑……对我而言，大卫·贝克汉姆代表着现代男性气概：强壮、匀称、健康，但同样也是敏感体贴的。"[53]与此相似的是，2008年杜嘉班纳公司男士内衣的促销日历由一组马里亚诺·维万科

（Mariano Vivanco）为顶尖男模大卫·甘迪（David Gandy）的照片组成，马里亚诺·维万科将它们当作向米开朗琪罗的雕塑致敬。在这些图片中清晰地展示了甘迪的肌肉，与此同时，还有大量让人联想到韦伯拍摄的欣特瑙斯的那种慵懒姿态，并且无论是创作还是消费这些图片的时候，都会招致同样的与同性恋色情有关的欣赏眼光。

理想而性感化的男子气概

1982年，卡文克莱公司的欣特瑙斯的广告首次出现的时候，就因其开创性的惊人之举而被人注意，随后它被公认为广告中对男性的表现开始出现重大变化的标志。詹姆斯·W.切泽波罗（James W. Cheseboro）博士认为这则广告的出现标志着第一个"活生生的、民族的（美国人）对于性感的男性气概的描绘"[554]。然而，这一性感的男性气概不仅是美国的标志，还是一种国际现象，这种表现男性身体的图像风靡了整个西方世界，并逐步地扩散到了远东的部分地区。埃迪索·多森（Edisol Dotson）指出："男性气概，或者说阳刚气概……是一种文化的创造。"在现代社会中"男性是鲜肉——他们裸露的身体被悬挂在比真人更大的广告牌上，（并）被冻结在印刷广告中"[555]。现在这种近乎全裸的男性普遍地出现在各种

第203页
澳洲雄风品牌，红色内裤广告

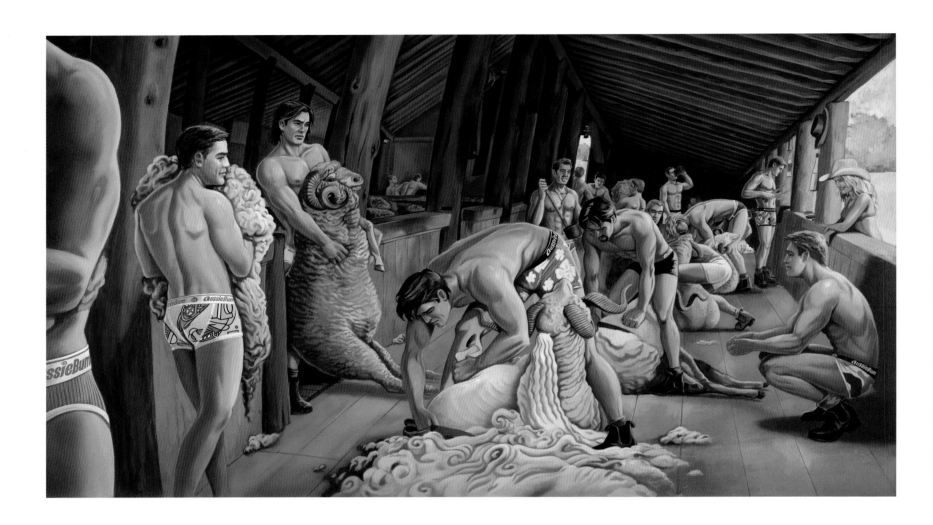

第204页

澳洲雄风品牌的剪羊毛广告图

形式的当代视觉文化中，而当他们出现在广告里时，自然会产生这样一个问题——到底是在出售什么？究竟是产品本身，还是事实上是对理想化男性肉体的幻想？在当代的男士内衣广告中，男性的身体更为迅速地吸引了观者的注意力，远胜于他们身上穿着的所要推销的内衣的品牌或者款式。就其本身而言，它们经常落在广告和色情甚至淫秽之间，而有一些广告的来源就是色情文学的描写或意象。同时，大卫·布赫宾德（David Buchbinder）指出媒体倾向于将男性躯体表现为"雕塑般的、英雄化的、强壮有力并且肌肉发达"[556]。西班牙公司"马乔"（Macho）2009年为推广内衣而制作的日历中就强调了这些"肉体的堡垒"（corporeal fortresses）。为了使他们的"男子气概、阳刚、性感、进取"的美好想象变为现实，马乔公司委托摄影师安德烈斯·拉米雷斯（Andres

Ramirez）创作了一套以电影《300》为灵感来源的奇妙图片。这些图片描绘了同性恋场景中肌肉发达的模特。与很多男士内衣广告的图片不同，它们采用了复杂的组合，并且使用了饱和度很高的色彩，而不是单调刻板的黑白两色。1951年，万星威同样也从一部史诗电影中为其广告寻找灵感。这一次《君在何处》（Quo Vadis）启发他们创作了一个戴着桂冠，穿着四角短裤和背心的男性（他内衣的图案以罗马为灵感来源）正在拉小提琴，直接借用了罗马被焚时，罗马皇帝尼禄（Nero）拉小提琴的故事。澳大利亚的澳洲雄风公司通常会凭借其前身是一家泳衣公司的特点，以邦代海滩救生员的照片来表现澳大利亚人的阳刚之气。在这则广告中却采用了一幅身着内裤的牧民们正在修剪羊毛的图片，展示了阳刚之美的另一种典范。在这里，这些澳洲内陆的农民显得非常

make like Nero in...

QUO
VADIS shorts

... speed up the process
by showing your "empress" this page

A minute after she sees this page she'll
chariot off to buy you Munsingwear's exclusive
QUO VADIS shorts. The gay designs are
plucked right out of the dazzling motion pictures
of spectacular Roman days. Poor toga-clad Nero
never knew the smart comfort of these full-cut
rayon boxer shorts. They're in the happiest
patterns you ever saw. If she doesn't come
through ... get 'em yourself.

$2

Inspired by M.G.M's great underwater
motion pictures. An authentic garment,
fashion, exclusive fabric by
KNICKERBOCKER textile corp.

Eight fiery patterns blazing with color

MUNSINGWEAR®
at better stores everywhere

ESQUIRE · December   191

第206页

万星威品牌，广告语：穿上暴君短裤，征服你的女人

1951年

私人收藏，伦敦

自在 —— 无论是对自己在一个几乎完全由男性组成（画面中只有一个女性）的环境中的半裸状态，还是对于自己从事的体力活动，他们都表现得十分从容，反映了广告文本中的内容："如果你不自信，请穿上别的衣服。"

对男性身体的强调促使大量广告商创作了一些全裸模特或者强烈暗示裸露的图片。1968年，法国制造商塞利玛耶（Selimaille）为他们的"黑色腰带"内衣制作了一则广告，由让-弗朗索瓦·博雷（Jean-François Bauret）拍摄，这是一幅全身像，一个模特扮演25岁的古希腊哲学学生，眼睛看着镜头并用手遮住他裸露的生殖器。模特裸露的臀部暴露了一个明显的事实 —— 他并没有穿广告所要促销的服装。这一则广告不光出现在《新星》（Nova）杂志上，它的海报还被张贴在巴黎地铁中，而一天中被愤怒的公众撕坏的海报竟多达300张。[557] 6年后，吉尔推出一则广告，用了一幅摄影图片，上面是一群在公共场所裸奔的男士的背影，配了一行文字，上面写着"禁止裸奔！"。这则广告预示着裸体不会流行起来，并且鼓励穿上内衣的做法 —— 就像1979年同一家公司的广告中那样，有个斜倚着的裸男手里举着一包吉尔三角裤，并且强调了穿着吉尔内衣的男性对于女性的诱惑力："她们喜欢我穿着吉尔。"1996年，Dim公司的"澳大利亚拳击手运动短裤"投放市场。为了促销，公司推出了一个电视广告，其中拍摄了名模格雷格·汉森（Greg Hansen）在大海中裸泳，先是展示了他被太阳晒成古铜色的臀部，然后他穿上Dim的三角裤，并套上拳击短裤，沿着海岸线奔跑。Dim为经典款三角裤做的配套广告再次拍摄了汉森沐浴的场景，沐浴后汉森穿上一条白色腰带上有商标的三角裤，然后躺在床上。1994年特仕的广告和2008年古琦的广告都拍摄了裸体模特，手里拿着他们的内衣，表明他们正在穿衣服或正在脱衣服，而2007年加拿大品牌

Ginch Gonch则拍摄了两个男人在洗锡浴，他们的内衣在浴盆的另一边，如果这不算是直接暴露的话，至少也是暗示了他们的裸体。

突出裆部

当代的内衣广告似乎与男性身体的性诱惑力和吸引力有着直接的关系。这似乎也暗示了，或者事实上直接反映了设计内衣的目的是强调穿着者的臀部和生殖器的。生殖器不再只是被内裤盖住的且无精打采地耷拉着，或假装是这样，以免成为人们注意的焦点或者像之前的例子那样会引发混乱。它们现在是清晰可见的，并且暗示是有某种性生活能力的。沃尔夫冈·弗里茨·豪格（Wolfgang Fritz Haug）进一步发展了这个观念，他主张阴茎现在"是作为图像的一部分展示在公众面前的"，而且"购买内衣的欲望是被想要强调阴茎的念头所激发的"[558]。梅洛迪·戴维斯（Melody Davis）则声称阴茎"如果藏起来或者伪装起来就会更为突出"[559]。

尽管连衫裤具有非常紧身的特点，1880年至1901年间的所有连衫裤广告却没有任何对阴茎生理结构的暗示，裤裆的位置是非常平滑的。用一条中缝来暗示凸起就已经足够说服大多数女性顾客购买内裤了，但无须让图片中的男人过分有性别特征 —— 直到20世纪80年代，这一点大多数男士内衣广告都表现得很明显。甚至到今天，当衣服下面有明显的阴茎勃起时，都会引起争议，或者遭到谴责，被人用喷枪涂色以削弱突起的形状感，但也偶尔会被人用数码技术来放大和增强突起的形状，就像那则安普里奥·阿玛尼拍摄的大卫·贝克汉姆的广告一样。

纵观20世纪四五十年代的很多广告，在描述三角裤囊袋前片的款式时都旁敲侧击地

提到裆部和阴茎，例如1943年赖斯·斯坎达尔斯内衣的广告就有一条通栏大标题"裆部的新舒适"。整个20世纪下半叶，很多广告都有意无意地将人们的注意力引向裤裆部位。一则1948年居可衣短裤的广告展示了一个男人的半身，从大腿中部到腋窝部位，将背心塞进短裤的"Y"字前片中。在他的裤裆线下面有一条标语，写着"五种丰富的'维生素'吸引年轻人"，将人们的注意力吸引到门襟开口的"Y"字部位和裤裆处。尽管这张图片的裤裆部位是平的，却仍然让人觉得里面有生殖器，它通过两腿之间裤裆最底部的阴影造成了这种感觉。整个20世纪五六十年代，其他品牌例如

万星威、Modern Globe、鲜果生活、Hom和爱米朗斯也都类似地在图片中将身体裁成半身像，只表现躯干部分，或者利用广告中身体的姿势去强调这个区域。20世纪60年代，文斯和Meridian的两则英国广告也同样通过定位图片中的要素将观众的注意力吸引到了裤裆部位；Meridian的广告中有一条"航线"正好穿过模特的腰部，延伸到他身后，将他的身体分割成两个部分，并且与图片的底边构成一个框架，将裆部和大腿框进去。1992年，特仕的一系列广告全部都照亮了模特的裆部，而将身体其他部分放进阴影中。最明显地将关注点放在模特阴茎上的广告可能是卡文克莱1993年

第207页

QZ品牌，天鹅绒低腰平脚短裤广告

SHREDDIES
Package Enhancing Boxers

的平面广告和电视广告，在广告中说唱歌手马尔基・马克手抓着自己的档部，并且挑衅般地看着镜头。据报道，他这个将本已紧身的内裤又用力拉起来突出档部的动作，导致这则广告出现在杂志上和整个美国的公交车站上的时候都必须先用喷笔修一下。1996年，英国广告标准管理委员会（ASA）要求Brass Monkeys撤回他们的两则广告，上面有这样的口号"金甲部队"（Full Metal Packet）和"狮子王"（The Loin King）。鉴于模特档部的尺寸（过大），这两则广告被认为不合时宜。ASA的发言人格雷厄姆・福勒（Graham Fowler）说："这则广告聚焦于男性的腹股沟区域，将男性的身体看作了一块肉。"[560] 接着在媒体上引发了一场巨大争论，质疑在广告中对表现男性和女性人体的双重标准，举出例子说：1996年魔术胸罩的广告"你好，男孩"，在其中有超模伊娃・希尔塞戈娃的半裸镜头，却没有人对它提出质疑。Brass

Monkeys出品了一则新广告，在其中拍摄了一条挂在光秃秃的电灯泡上的内裤，在此之前，公司的运营主管凯文・希格斯说："我们卖的是内衣。你们觉得我们应该做什么——将内裤放在模特的头上？！这个广告已经刊登在一本男性杂志上，没有任何人对此有任何怨言。"[561]

到了21世纪初，这个问题似乎已经不再是什么大不了的问题了，因为内衣广告中出现了很大的勃起的阴茎，比如安普里奥・阿玛尼的广告就是对于那些卖点是加强并美化"突起"的内衣，为它们所做的广告正是用了魔术胸罩强调女性胸部同样的方式来强调突起部位的。澳大利亚公司澳洲雄风品牌为它的"魔术内裤"做的广告采用了强化档部突起的图片，上面配有如下文字："当尺寸很重要的时候"。另外的图片中男士抓住自己的档部，也许是模仿马尔基・马克，广告问道："谁抓住了你的蛋？"英国公司Shreddies品牌直接引用魔术胸罩的广

第208页
Shreddies品牌，广告语：包住"突起"的内裤

Hello Boys
PACKAGE ENHANCING UNDERWEAR

告"你好，男孩"，用一个条幅"你好，女孩"为他们的"美化'突起'"内衣做广告，拍摄了坐在树上的模特，镜头从下面拍摄，从而强调男模被美化了的"突起部位"。与此同时，迪赛（Diesel）公司在他们2009年的广告活动中，将人们的注意力引到了男性和女性的档部，借用电视机和笔记本电脑屏幕，放大了他们模特穿着迪赛内衣的区域。他们还将男性或女性档部的图片放在与其性别相反的模特面前，以此为广告活动增加了一些幽默和性别异化的元素。

同性情色

20世纪80年代初，同性恋文化作为一种商机开始浮现，肌肉发达的年轻男性的身体变得非常商品化，特别是通过广告的形式。内衣及其广告尤其强化和肯定了男性身体的性感。可以看到大量这类图片中隐含了同性恋色情，人们认为这有时候会让看见这些图片的异性恋男性观众担心。但是因为商业化的男性身体，（再次）为主流文化所用，因此非同性恋男性担心同性恋男性的身体可能会显得，甚至比早期卡文克莱内衣广告中出现的"直男"更阳刚。美国广告经理乔治·洛伊丝（George Lois）指出："（社会上）有很强大的同性恋支流，但很多人对同性恋的东西视而不见。"[562] 在被问及他们广告中的同性恋倾向时，一个卡文克莱的发言人说："我们没有打算迎合同性恋。我们只是试着迎合时代。如果在那个团体有一种保持健康和注意仪表的意识，那么他们会对这个广告做出回应。"[563] 因此，内衣公司知道同性恋群体是核心的市场，但是也知道它们的广告还应该吸引女性和异性恋男性购买它们的产品。1994年，文化评论家马克·辛普森（Mark Simpson）观察到这种近乎全裸的男性躯体如

第209页
Shreddies品牌，广告语：你好男孩，包住"突起"的内裤

何"被摆放成这样一种姿态，被动地吸引无差别的目光：可以是男性或女性，异性恋或同性恋"[564]。女性主义哲学家苏珊·博尔多将男性主体看作观者目光的被动客体，认为这些"倦怠的斜倚者"（languid leaners），他们斜倚或斜靠着，与愉悦有关——"愉悦，并非来自直勾勾地盯着某人看，而是感觉到自己的身体被另外一个人的目光抚摸，或是刚刚接到期待的电话……他被允许静静地躺着，沉浸于幻想和感觉中"[565]。卡文克莱广告中的汤姆·欣特瑙斯就是一个经典的"倦怠的斜倚者"的例子。博尔多将"倦怠的斜倚者"和电影《夺面双雄》（face off）中的罗克斯（Rocks）并置进行了对比，后者的模特与观众发生了直接、果敢，或许还带有些恐吓的目光接触，而且"他们的男性气概的观念更为传统——甚至可以说有些原始"[566]。

从20世纪90年代到新千年，广告商和市场专家努力界定新的男性市场，试着开发新的

由敏感的、具有消费者意识和身份意识的"新男性"和"都市美男"所构成的男性市场。之前，传统的观念认为对装饰品、美容和购物的爱好都是属于女性（或男同性恋）的。而对于"新男性"以及"都市美男"而言，这些都是可以接受并合情合理的。"都市美男"作为一种媒体建构和目标市场的出现，从某种程度上抵消了男性消费者的焦虑——对于那些广告中的"理想化"的男性躯体，以男人的目光去凝视、认同，甚至对之产生欲望，这种行为对于一名异性恋男士而言，不管怎么说都是奇怪和不能接受的。

瞄准"男同"市场

然而，有一些内衣品牌和制造商很清楚他们的关键客户是同性恋群体，因此他们的广告也直接或间接地针对同性恋。澳大利亚公司澳

洲雄风的广告活动表明他们意识到这些受众，他们拍摄了单个、成对以及成群的男士，制作了一些象征欲望和男性气概的同性恋图片（例如澳大利亚邦代海滩的救生员）。同样，美国品牌C-In 2也运用了同性恋（色情的）图像。2007年C-In 2为他们的"悬带低腰三角裤"拍摄的广告，委托给了摄影师斯蒂芬·克莱因（Stephen Klein）。他拍了一列犯人排队等候狱警的检查，镜头聚焦于他们健壮的身体，并通过他们的"美化'档部'服装"强调了这些人的裤档部位。克莱因为C-In 2进一步制作的两则广告借鉴了"芬兰的汤姆"绘画中对力量和阳刚的想象，拍摄了警察逮捕并粗暴地对待只穿着内衣的罪犯。加拿大公司Ginch Gonch占据了更主动的位置，有意将同性恋作为目标市场。Ginch Gonch公司Duties & Cuties的前主管梅利莎·威尔逊强调同性恋愿意花高昂的价格来购买内衣，"同性恋团体将内衣带到了一个新的高度"[567]。Ginch Gonch公司直

接将目标客户定位为同性恋，一方面通过在整个美国举行同性恋内衣聚会，派出他们的模特代表"Ginch Gonch 男孩"亲自现身同性恋俱乐部和酒吧，另一方面则是通过他们的广告。2007年的一个系列广告，拍摄了三条，将牛仔当作同性恋的符号并暗示了同性恋的性交行为，用来促销他们的Ginch Gonch "西部"系列。"卸货"（Unloading）拍摄了两名似乎正在平板卡车的后车厢性交的男性，而在"打破"（Breaking it in）中，一个主人公看着三个斜倚在卡车上的人，好像在提议"卸货"。这个系列中所有文本都依赖于一种性的双关语，包括那些为女性写的文本，读起来似乎也是针对女同性恋观众的。

"男同"的双关语

同性恋广告和以同性恋为焦点的广告的直

第 211 页
Ginch Gonch品牌，广告语："西部"系列"卸货"广告活动

active
service
underwear

Freedom of movement is essential: Chilprufe's soft, close-knit fabric does not restrict nor chafe. Freedom from colds and chills is even more important: Chilprufe's finest Pure Wool Underwear offers unrivalled all-weather protection. And to set the seal of perfection on this most desirable of underwear, there is lasting comfort, fit, and immaculate appearance.

Ask your Chilprufe Agent or write for ILLUSTRATED CATALOGUE.

PURE
WOOL
MADE
PERFECT

Chilprufe

FOR MEN

CHILPRUFE LIMITED LEICESTER

第212页
希尔普鲁夫品牌广告，1955年
私人收藏，伦敦

第213页
Andrew Christian品牌，9148 Woodstock四角短裤广告
格雷戈里·弗赖伊（Gregory Frye）（摄影师），凯文与马丁
（Kevin and Martin）（模特）

白大胆，与20世纪80年代之前的大多数男士内衣广告的做法是背道而驰的——那时候的广告努力想要推出一种安全的、正常的男性气概的形象，能够在这些广告创作和播放的国家和目标市场受到人们的喜爱。然而，保罗·乔布林和布鲁斯·H.约菲（Bruce H. Joffe）都认为在战前的那段时光的男性内衣广告有种隐藏的同性恋的可能性。乔布林在2005年的《男性诱惑》（Man Appeal）中写道："很多广告在愉悦观众和性别的交错复杂的信息中，同样诉诸Camp的策略以及性的双关语。" [568] 两次世界大战之间的内衣广告造型所蕴含的观看的愉悦以及Camp的双关性影响了英国舞蹈编剧马修·伯恩（Matthew Bourne）。在他的当代舞蹈团的第一个舞蹈作品《电影的冒险·喷火》（Adventures in Motion Pictures. Spitfire，1988年首演）中，伯恩借用了男性内衣模特的姿势，将它们以一种非常巧妙的方式和古典浪漫主义芭蕾相融合。布鲁斯·约菲特别注意到了必唯帝的"广告开头和结尾插入的男孩们的关系，似乎正如其广告中所揭示的一样，他们彼此间的关系越来越密切" [569]。约菲还提请读者注意1920年的一则广告，那是在广告中首次出现色彩——必唯帝商标的红色。这种红色用在广告中这些男孩的脸颊和嘴唇上，似乎暗示了在同性恋群体中有点女性化气息的行为——化妆。鉴于D. B.博伊斯（D. B. Boyce）所观察到的事实："很多20世纪初的艺术家和广告人都是同性恋，因此他们的情感欲望影响到他们做的广告，这是情理之中的。" [570] 上述这些观点可能已经不仅仅是乔布林和约菲两人的主观推测。很多广告中的语言也构成双关语的暗示，并且表明它们熟悉这种圈内话，特别是用到"camp"和"gay"这样的词汇，后者是两次世界大战之间美国男同性恋用以自称的。1915年，必唯帝的广告将背景设定在Camp BVD："这些精力充沛、生活健康的男

人在他们渴望的运动中——从tramping（步行/妓女）到camping（露营/同性恋行为）——找到了纯洁的乐趣。他们的内衣乐于说明这一点。这则广告的第二个版本省略了最后对运动类型做出的解释，回避了"是否有人能够辨别其中的双关语"这个问题。1929年埃尔特克斯的广告宣称"彩色的埃尔特克斯为民族增加了欢乐气氛（gaiety）"，而1933年箭牌的广告中，有这样一行文字："现在这种'无缝裆'短裤走向'Gay'（快乐/男同性恋），但不会太'GAY'。"

约菲和乔布林都注意到战前在英国和美国的广告中频繁地拍摄一名穿戴整齐的男士正在看着另一名仅穿着内衣的男士（威尔逊兄弟公司，1915年），还有两个男人都只穿着内衣（希尔普鲁夫，1927年；Irmo，1930年；Meridian，1931年；考陶尔德，1937年），这让我们再次揣测这两个人物角色的想法以及创作者的意图。当然，在当今的社会和文化氛围下，很容易坚持说这两个主角之间有一种性欲的潜台词，但这个场景可以，甚至更容易被理解为纯粹"清白"的与性无关的同性社交。1925年，Topkis的一则广告中，着装和裸体的两个男士同样年龄、同样类型——几乎是彼此的镜像。或许，这暗示一个男士的着装方式中有两个不同时刻。托普基斯两年前的一则广告中，着装的这个角色被描绘为管家或者仆人，正在帮助另外一个人按照他的着装要求穿衣服。这里模糊的性暗示就少得多了，因为管家更年长，他俯视并远离那个穿着内衣的男士。第二次世界大战之后很多公司并没有停止这种表现方式，例如卡特、多富得、居可衣、信诚（Reliance）和赖斯等公司仍然继续在广告中沿用两个男人的组合。另外一些公司的广告（例如万星威的"弹力裆"内衣广告）也用了两个人物形象，一个衣着整齐，另外一个只穿着内衣，但是明确地将他们放在没有交集的环境中，清楚表明这

EVERY SMART MAN KNOWS

dressing up *begins*

with

MERIDIAN

事实上是同一个人的两张图片，目的是展示内衣的一些特征，或者展示特定品牌所能提供的运动上的舒适感。

私密空间 —— 卧室和更衣室

正如约菲和乔布林两人都注意到的，人们会质疑为什么两个或者更多的人会穿着内衣待在一起。通常这些人会被放在黑色的背景前，这样可以不用指明他们在哪里，或者他们为什么在一起。然而，有一些广告商（必唯帝，1924年和1926年；万星威，1937年、1940年和1941年）确实明确指出了这些穿着他们品牌内衣的男士们所在的地点，从而解释了为什么他们只穿着内衣。卧室或更衣室就属于这样的地点，尽管仍然有可能会带来一个问题：为什么两个半裸的男性会待在同一个房间中？但这至少能解释他们为什么穿着内衣——这是在日常生活中抓拍到的瞬间。1924年，一则必唯帝公司的广告中有两个男士穿着内衣待在卧室里，其中有一个看上去似乎正要脱掉睡袍。这与其他必唯帝广告很不相同，那些广告常常会去掉具体地点，或者仅仅通过家具的一角进行暗示。1930年，万星威公司的广告"男士内衣制作大师"中同样也有一个正在脱掉睡袍的男士，而另外一个男士则在床上斜倚着。1929年，在威尔逊兄弟公司的广告中，一个男士跪着，另一个男士的脚跷在椅子上，正在穿衣服。同年的蒙哥马利-沃德（Montgomery-Ward）百货公司的商品目录中有一页，在其中一组插图中两个男人摆出不同姿势，在一间卧室中彼此互动。

然而，在这种家居场景中更常见的是穿着内衣的单个人物。在这里，地点表明这个场景是这个人生活中的瞬间，例如1917年皇家公司内衣的活裆运动连衫裤广告中，一个男士正

在开窗，他的腿还跷在窗户上，清晰地展示了他的内裤的后裆部位；在1955年Meridian品牌的广告"穿衣从Meridian开始"中，模特坐在床边，衣服放在一旁，一只小狗为他叼来了一只鞋子。一则1920年万星威的广告中有一个穿着连衫裤的男士，正在系衬衫领子，清楚地暗示了他正在穿衣服。有些情况下，广告中并没有展示整个房间，仅仅拍摄了单个家具，用诸如扶手椅、台灯、装饰画或衣柜这样的家具和用品来表明背景是家居环境。

在这类广告中，镜子起到了双重的作用，一方面表明卧室或更衣室的环境，另一方面使得广告商可以从不止一个角度展示服装——哪怕图片中只包含一名男性也能做到这一点。例如1920年富尔德和哈奇针织公司的"哈奇一粒扣连衫裤"的广告和Cooper的"辛格尔顿整体内衣"的广告。1956年，一则居可衣的广告很特别，其中的镜子不是用来照出人物的，而是文字的椭圆形框架，当中写了居可衣内衣的好处，还配了5幅线描来展示居可衣内衣的各种款式。继卡文克莱1982年那个石破天惊的广告之后，家居环境作为背景在内衣广告中变得十分罕见了。但在2002年特仕的广告活动中，马特·琼斯（Matt Jones）拍摄了一系列8张图片，表现模特各种不穿衣服的场景：坐在床上，在浴室里剪头发，斜靠在玄关处或站在窗台上。这些内衣模特身上有某种被动性，之前这一特质更多的是与女士内裤广告相关的。到21世纪初这种被动性也出现在特仕、卡文克莱以及阿玛尼的男士内衣广告中。后者可能是其中最具争议的。在阿玛尼的一则广告中，足球明星大卫·贝克汉姆斜倚在床上，他的裤裆部位是注意力的主要焦点。

1914年，第一个出现在美国国家媒体《星期六晚邮报》上的内衣广告，是一幅由J.C.莱恩德克创作的油画，叫作《包上的男人》。这幅图是S.T.库珀父子服装公司为"基诺沙封

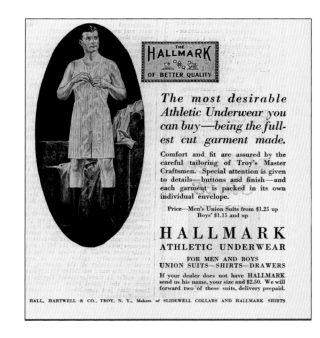

THE **HALLMARK** OF BETTER QUALITY

The most desirable Athletic Underwear you can buy—being the fullest cut garment made.

Comfort and fit are assured by the careful tailoring of Troy's Master Craftsmen. Special attention is given to details—buttons and finish—and each garment is packed in its own individual envelope.

Price—Men's Union Suits from $1.25 up Boys' $1.15 up

HALLMARK
ATHLETIC UNDERWEAR
FOR MEN AND BOYS
UNION SUITS—SHIRTS—DRAWERS

If your dealer does not have HALLMARK send his name, your size and $2.50. We will forward two of these suits, delivery prepaid.

HALL, HARTWELL & CO., TROY, N. Y., Makers of SLIDEWELL COLLARS and HALLMARK SHIRTS

第214页
Meridian品牌，广告语：穿衣从Meridian开始
1947年
私人收藏，伦敦

第215页
霍尔马克品牌内衣广告，1921年
私人收藏，伦敦

215

档"连衫裤做的广告，因此不得不描绘了这件衣服史无前例的后开口和拉链，与此同时还必须考虑到围绕着后背的一些文化禁忌。为了避免这些潜在的争议，《包上的男人》用一个很自然的姿势描绘了这个男人的背影 —— 跪在那里扣紧一只很大的皮质工具包。人物形象的动作姿态避免了理查德·马丁所认定的会引起男性观众关注的"肛门焦虑"[571]。1909年，莱恩德克还为交织袜业公司创作了一幅图画，描绘了一个穿着运动连衫裤的男性背影。在画中，这个男士把腿跪到长凳上，将腿上的袜子抚平。莱恩德克的《包上的男人》不仅仅是库珀专门为"基诺沙封档"连衫裤做的广告，而且还是整个20世纪20年代的广告的一种象征。《包上的男人》和各种示意图并置在一起，既有连衫裤的正面，也有穿着各种各样库珀内衣、长袜和睡衣的男性的摄影图片。早在1900年，诺福克和新不伦瑞克针织袜业公司的广告就用到了在卧室里打包或者打开手提箱的场景，后来这一场景在整个20世纪20年代很多其他内衣制造商的广告中都有表现。这种方式常常为广告所用，它不仅仅可以展示一个男士穿着一套内衣，而且还可以有一些变化，比如正在从手提箱或者手提包中往外拿内衣。然而和莱恩德克的图片不同，在这些广告中经常表现这个人的正面而不是背面，例如1914年威尔逊兄弟公司运动连衫裤的广告"封档裤：专利许可"。

男性空间 ——（运动场所的）更衣室

1910年，Porosknit夏季内衣的广告说道："沐浴之后，'Porosknit'尤其让人神清气爽。"并拍摄了一个穿着运动连衫裤的男士拿着一条毛巾站在淋浴喷头前。这明显是一个家用淋浴器，就1910年而言，家里有淋浴器

相对来说是非常时髦的。这则广告是开先河之举，提供了另外一类场景 —— 衣帽间或运动场所的更衣室，在这里，既可以表现穿着内衣的男士，又不会被问及难以启齿的问题，诸如：他们之间是什么关系？以及为什么他们会集体半裸？1915年必唯帝的广告将更衣室和两个穿着内衣的人物形象放在背景之中，前景中是两个穿着"必唯帝男孩"款式服装的时尚男子正在与棒球教练谈话。图片配的文字暗示了运动场景，说如果你"穿着必唯帝玩'打败热队'（Beat-The-Heat）游戏，你会赢！"吉尔在1972年的广告中也将更衣室当作展现"时尚内衣"的场所，在广告中问道："如果你的内衣落伍了，到底是谁的错？"这幅黑白摄影图片中有3个人，其中有一个穿着很落伍的背心和短裤，又旧又肥，他尴尬地企图藏在更衣室的门后。他的同伴们（两个人穿着运动裤，其中一个包着毛巾）正嘲笑地看着他。在广告主图片的下方是一幅彩色摄影，拍摄了6位男士穿着时尚的吉尔内衣，旁边配有一些文字。

1939年至1949年间，万星威公司在《生活》杂志上刊登了一系列广告，采用了两三张摄影照片构成一个故事的连环画形式。其中很多张照片都是卧室或者更衣室中的场景。广告中没有确切说明更衣室究竟位于哪里的时候，也会用到运动装备（例如高尔夫球杆）和体育运动（例如摔跤）来暗示。和很多其他广告不同，通常这组广告中的男性（一般是两个）之间有一些对话。这些广告使用类似于"什么！拒绝裤子往下掉"（1939年）、"穿着你的衬衫"（1940年）和"因此你一丝不挂了"（1940年）这样的标题，而这些处于穿衣或者脱衣的不同阶段的男性将会宣扬万星威品牌内衣各种款式的优点。无论是更衣室的环境还是文本中的对话，都让这些男人间的亲密互动以及直接注视对方半裸身体的行为变得合情合理。这个系列中有两则拍摄于1939年的广告，广告语是：

第217页
吉尔品牌
广告语：今天每个女士都能让自己丈夫穿上吉尔内衣

SI VOS SOUS-VÊTEMENTS SONT DÉMODÉS, A QUI LA FAUTE ?

Quand vous n'êtes pas fier du tout de vous déshabiller en public, n'accablez pas votre femme.

Au contraire. Parlez-lui gentiment du problème des sous-vêtements.

Là aussi la mode a changé. Regardez la nouvelle collection Jil. Jil, c'est des slips et des tee-shirts assortis. Des slips taille-basse, des slips classiques, des bermudas. Sans oublier le nouveau slip ouvert de Jil. Ils sont rouges, marine, safran ou mandarine, ciel et blancs.

Ils sont taillés dans des tissus doux et légers : coton, jersey fin pour la gamme Everyday, et dans de nouvelles matières chatoyantes et confortables pour la gamme prestigieuse des SuperJil de Jil : Obtel-Dropnyl-Helanca*. En plus, les sous-vêtements Jil sont si bien coupés, qu'ils amincissent et qu'ils rajeunissent. Demandez à votre femme ce qu'elle en pense. C'est beau un homme en Jil.

MAINTENANT, TOUTES LES FEMMES PEUVENT S'OFFRIR UN MARI EN JIL.

217

DIM. ÇA VA FAIRE MÂLE.

第218页

Dim品牌，广告语：Dim，男人不容易

"哇！看大力神！"和"所以你拉不到底！"。它们在表现全裸的男性人体的时候更为大胆，画面中包含一个裸体男性，但他将一条毛巾举在身前，挡住了身体的私密部位——而它们的创作时间要比吉尔的广告早了30多年。2002年，恒适品牌的电视广告也表现了更衣室。当篮球明星迈克尔·乔丹从包里拿出一套红色的运动内裤时，被4名穿着白色三角内裤的男士看见了。"一周之后"这些人都穿上了同样的红色运动内裤，而这个时候，乔丹露出了斑点纹四角短裤，让这些仰慕者非常失望。而在那些将背景设定为更衣室的电视广告中，之前的"冻结"的着衣（裸体）男性开始表演脱衣舞（穿衣舞），展示内衣和身体，暴露程度可以分成很

多不同的等级。

另外两个这一系列的万星威广告（1940年和1941年）则涉及了幽默的"恶作剧"，它们把背景放在了卧室中，而没有放在更容易联想到，或者说实施这种行为的更衣室中。1940年，居可衣公司也用类似的主题来将他们的内衣推销给那些可能很想"搬一个完整的居可衣内衣柜去学校"的大学生们。这幅广告插图有一个被蒙上眼睛的穿着内衣的"新人"正弯下腰来，准备接受木桨鞭笞的"启蒙"。迈克尔·莫法特（Michael Moffatt）在他1989年出版的《新泽西的成年礼：大学和美国文化》（*Coming of Age in New Jersey: College and American Culture*）一书中，描述了在对大学新生的"戏

弄"活动中内衣所扮演的角色——他们"被从自己往常睡的床上拖下来，只穿着内衣，并且被人从他们'那物'的上部'吊'起来，直到内衣被撕成碎片，留下他们赤裸着身体，一脸迷茫"。那些被选出来的这项活动的牺牲品的门上系着好几套内衣，这是一个暗号，用来通知那些"戏弄活动巡查"究竟谁是被戏弄的目标。[572] 1946年，赖斯的"校园最爱"的广告提及了更衣室和体育活动，与此同时还展示了一名穿着整齐的学生走在校园中。1937年，居可衣公司的"扭动不安者"系列广告之一"现在他是一个大男孩了"也让人联想到大学，但没有提到任何体育运动，只是暗示内衣有助于和大学女生建立新的关系。

运动造型与装备

内衣广告中表现体育运动，不仅通过将地点放在更衣室里，而且还通过借用运动者从事体育活动的不同姿势、各项体育运动和体育器材。20世纪上半叶，男士内衣广告经常会将注意力放在体育能力和体育活动方面的"健康"和"舒适"上，并且开始表现男人摆出体育运动的姿势（例如举着一个哑铃）。查尔莫斯针织公司（1910—1920年）整个系列的广告都是男人或者男孩穿着网眼的Porosknit内衣从事各种体育活动，比如拳击、掷铅球、撑杆跳、力量训练和潜水。理查德·马丁注意到人物自然和主动的姿势，认为它"预示着20世纪打着体育运动的名头推销内衣的做法将会长盛不衰[573]，甚至一直持续到今天。20世纪二三十年代运动员风格的内衣在年轻人中非常流行。这一现象导致越来越多的广告文本中出现了"运动员"和"体育运动"这样的字眼，尤其喜欢宣称穿着这些衣服就能够更舒适更自如地运动，例如多富得"椅中摇滚"运动内衣广

告中说：它"对每一个运动型的男人或男孩都有好处"，而1938年埃尔特克斯的广告则宣称"健康胜出！"。1937年，万星威品牌的一件套"跳跃"运动内衣广告将"匀称的网球拍"与这件"裁剪精良"的内衣相类比。这种类比必然会使得广告将人物形象放在更衣室而不是书房中，除非设法将书房空间界定为运动的男性空间，比如在书房背景的书架上放上一只体育奖杯、书桌上放上一只烟斗和羽毛球，并且羽毛球拍握在穿着运动内衣的主人公手中。

广告中借用体育活动的做法一直持续到第二次世界大战之后，例如1953年箭牌的系列广告，每一则都有一个穿着内衣的男士摆出代表高尔夫、足球、棒球、冰球和皮划艇运动的不同姿势，旁边配着一些与运动相关的文字，以及包含同样运动的日常活动，比如"射门或擦皮鞋"。同年，在英国金狐狸公司的一则"X"前片内裤的广告中使用了一幅足球运动员的插图，反映了上面的广告语"感觉很合适"。虚线从图片中"X"前片三角裤延伸到足球运动员的臀部，强调是这个人穿着这些内裤；它很舒适而且能够为穿着它踢球的男性提供足够的支持。法国Rasurel内衣公司以前总是通过所谓的"拉修埃尔医生"来强调公司与医疗健康之间的关系。1948年，他们制作了一则广告，推广他们使用了罗维尔（Rhovyl）公司的新PVC面料，其中拍摄了一个穿着背心短裤的体操运动员，将两根电线当成双杠在上面做运动，从而来发电。这则广告将能产生静电的内衣面料的现代尖端性和高强度与体操运动员的体力做了一个类比。

在1996年安普里奥·阿玛尼的内衣广告中，利物浦的足球运动员大卫·詹姆斯（David James）摆出一个仿佛站在起跑线上的姿势。图像的主要焦点是詹姆斯肌肉发达的体格，而不是他身上穿的那件做广告的黑白两色三角内裤。法国品牌仙乐娇成立于1978年，起初是

第219页
库珀品牌，广告语：库珀的单身汉

女士内衣品牌，到1986年推出了"仙乐娇男款"。2001年为他们生产的莱卡运动短裤做广告的时候，模特也摆了一个类似的姿势。2007年，特仕的广告活动由罗格·门克斯（Roger Moenks）拍摄，通过提及体育运动来推销他们的运动风格内衣。但模特并没有从事体育活动，只是被放在了跑道的背景中。1998年，Hom为他们新"运动"系列内衣做的广告也借用了体育场地，而且广告推出的时间正好赶上了那一年在法国举办的足球世界杯。广告拍摄了模特下半身的背影，3个"足球运动员"分别穿着蓝色、白色和红色的袜子站在足球场上，展示了这个系列内衣的三种款式。1965年，两则梅奥云杉的内衣广告也用语言代替了对体育运动的直接表现，广告文本"更好的体格"和"肌肉更发达"暗示了与运动员相关的力量和耐力，而这些文字同样也反映了他们内衣的品质。广告中所表现的体育运动类型通常反映了内衣舒适的特质，比如凉爽——用高尔夫、板球和网球来表现；或者保暖——用滑雪运动来表现。正如1961年法国袋鼠公司的广告所说的："在所有环境中……都让你感到无可挑剔的舒适。"有时候，广告并不直接表现穿着内衣的（或者穿着衣服的）人在参加体育运动，而只是将它定位在一个体育赛事中，例如棒球比赛（必唯帝，1915年）或者网球公开赛（椅中摇滚，1920年）。

体育代言

1917年，必唯帝将自己比作"美国著名运动"——棒球，但正如特德·哈撒韦（Ted Hathaway）指出的，20世纪20年代棒球代言在所有的广告领域都是最引人注目的，并且"巴贝·鲁思（Babe Ruth）无处不在，席卷了从运动商品到内衣的所有一切"[574]。从

1923年起，纽约洋基队（Yankees）的投球手巴贝·鲁思代言了他自己的内衣，衣服背后缝着一个机织的标签，上面有巴贝·鲁思的"签名"。然而具有讽刺意味的是，巴贝·鲁思曾被批评参加比赛后从不换掉他"汗淋淋"的内衣，在此之后，他在大部分职业生涯中打球的时候都不穿内衣。[575]

到20世纪30年代，用著名运动员为内衣打广告的做法在美国非常普遍，每一个制造商和品牌都有一个来自各种运动比赛的明星（不仅仅是棒球）为他们的服装代言。而这些明星的名字和图像会被用在他们代言的广告中。1937年，斯科维尔为"格里佩斯拉链"拍摄的广告中有"高尔夫两金童"拉尔夫·古德赫（Ralph Guldahl）和萨姆·斯尼德（Sam Snead），以及棒球"明星大联盟"（Big League Stars）的杰那勒尔·比尔·李（General Bill Lee）和保罗·沃纳（Paul Warner）——这两人都来自匹兹堡海盗队（Pittsburgh Pirates）。类似的，在1945年至1946年，居可衣的广告拍摄了高尔夫球手拜伦·纳尔逊（Byron Nelson）、足球运动员唐赫特森（Don Hutson）、保龄球明星内德·戴（Ned Day），以及已经退役了的巴贝·鲁思，而广告标题文字"只有唯一"既适用于这些体育明星也适用于居可衣内衣。与此同时，万星威公司开展了一个广告活动，也邀请了运动员，包括网球选手弗兰克·瑞里沙（Frank Rericha）、高尔夫球手弗兰克·斯特拉扎（Frank Strazza）和萨姆·斯尼德；并宣称如果想要像职业运动员一样参加体育活动，需要"穿成这样"——因为万星威内衣给穿着者提供了必需的舒适和支持，让他能像职业选手一样运动。所有广告都表现这些体育明星运动中的瞬间，而不是表现他们穿着自己代言的服装。1956年，必唯帝公司的一则广告用了更加微妙的运动代言方式：广告的右下角有一个奥运会标志，旁边有一个声明说美国运动员

Justus Boyz is a registered trademark of The Justus Clothing Co.　Photo: Bruce Giffin.　　　**FITTED TRUNK** www.justusboyz.com

将穿着必唯帝的服装去墨尔本参加比赛。体育明星代言内衣的做法并非仅在美国才有。1961年的《足球月刊》（Football Monthly）中刊登了一则广告，其中苏格兰国际比赛守门员比尔·布朗（Bill Brown，照片中穿着一件背心）和托特纳姆热刺足球队（Tottenham Hotspur Football team）一起推销特威利（Twilley）公司的健康背心。值得注意的是，这则广告中的背心是医学专业人士推荐给去攀登珠穆朗玛峰或南极探险的人以及那些朝鲜战争中的战士穿的。到20世纪70年代，广告中拍摄的运动员确实开始展示他们穿着内衣的样子。美国职业棒球大联盟（Major League Baseball）的前球员兼经理人约吉·贝拉（Yogi Berra）和他的儿

子一起出现在一则恒适公司的内衣广告中。在照片中强调了代沟，约吉·贝拉和他的儿子分别穿着不同款式的内衣：约吉·贝拉穿着白色内衣，而他的长发飘飘的儿子则穿着印有狂野图案的短裤。与此同时，这则广告还强调了他们两者之间的共性——他们都选择了恒适牌的内衣。这沿袭了内衣广告中通过内衣的选择将父子两代人联系起来的传统。

罗伯塔·纽曼（Roberta Newman）将贝拉为恒适品牌内衣代言的决定与年轻棒球运动员小卡尔·瑞普肯（Carl Ripkin Jr.）拒绝为居可衣内衣代言的决定进行了比较，说：相对于在退役前已经成名并转型为经理人的贝拉而言，对年轻的、相对不那么知名的瑞普肯来

第221页

Justus Boyz品牌，"牲口栏"修身运动短裤广告

第222页
Andrew Christian 品牌，7148 Flashback 运动裤广告
格雷戈里·弗赖伊（摄影师），凯文与马丁（模特）

说，代言行为将会给个人以及职业声誉带来更大的风险。[576] 巴尔的摩金莺队（Baltimore Oriole）的投球手吉姆·帕尔默（Jim Palmer）就没有考虑这些，1977年起，他穿着居可衣内衣出现在一系列广告中，并且参加了一场名为"脱掉他们的制服，他们是谁"的广告活动。在这场活动中，有8位运动员只穿着内衣，但手里拿着属于他们那项运动的专业装备。次年，帕尔默再次被邀请参加一个名为"赢家的样子从居可衣开始"的广告活动。1980年，帕尔默成为居可衣的独家代言人，并且在1984年退役后仍然继续出现在内衣广告中。为了让帕尔默穿着内衣出现在广告中显得合情合理，最早的一些图片将他放在更衣室环境中拍摄。在一则向20世纪早期运动代言致敬的1988年的广告中，穿着内衣的帕尔默站在他自己早年拍摄的广告图片前，而那幅图片中的他穿着整齐的棒球队队服。帕尔默作为一名生活严谨的、英俊的、异性恋运动员的美誉能够吸引女性为她们的丈夫和儿子购买内衣。她们可能将帕尔默看作性感的象征，并且将他那种阳刚气概的形象投射到她们生命中的男性身上。帕尔

默代言的居可衣内衣有时候会有些暴露、有点紧身或色彩鲜艳。但帕尔默那富有男子汉气概的运动员形象说服了那些男性穿着它们，正如居可衣的副总裁1982年说的："当吉姆·帕尔默这位全美英雄穿着我们的三角内裤出现的时候，他在告诉消费者这么穿没有问题。"[577] 莉萨·马什（Lisa Marsh）深信帕尔默在居可衣广告中的出现改变了男人的观念，之前他们只是在绝对必要时才买内衣，而且他们的内衣通常是由他们生活中的女性去购买，而"这个广告不仅仅吸引那些购买内衣的女性，让居可衣的销售额激增了10%，而且它还开创了与（审美）标准相关的新局面"[578]。

和之前广告拍摄运动员的方式不一样，1982年卡文克莱的广告并没有提到汤姆·欣特瑞斯是图片中的模特。这成了运动员以及其他名人在内衣广告中出现的标准方式，例如2007年演员杰曼·翰苏（Djimon Hounsou）作为卡文克莱公司的模特，2006年罗布·布朗（Rob Brown）作为特仕公司的模特，以及2008年街舞明星内莉（Nelly）作为肖恩-约翰公司（Sean-John）的模特。这并不意味着广告媒体发布会不再为运动员的亮相举行公开的庆祝。大众媒体在报道广告活动的时候，也对此给予了更多的关注。2004年5月，多米尼克·勒顿（Dominic Lutton）在英国报纸《星期日邮报》（*The Mail on Sunday*）中撰文说，卡文克莱公司委任瑞典足球运动员弗雷迪·永贝里（Freddie Ljungberg）做他们的模特，当媒体对此进行报道的时候，"这个足球模特选择了穿着'超弹紧身裤：一款从演出中获得灵感的新品男士内衣，它融合了设计师的风格和运动员的灵活性——对这一点，你可以解读为紧身'，这一选择强化了他是一个真正的'同性恋潮男'的地位"[579]。勒顿注意到大卫·贝克汉姆"足球界最热门的时尚小子"的地位被永贝里所替代。3年之后，这位"都市型男"足球明星出现在一则安普里奥·阿玛尼内衣的广告中，摆出了一个斜倚的姿势。马克·辛普森指出这个姿势是永贝里在卡文克莱摄影中的姿势的镜像翻版。在这两则广告中，两个足球运动员有同样肌肉发达的身体，同样修剪过的密密的头发和胡子，同样被白色面料包裹的突起部位，吸引着同样的同性恋的目光，唯一的差别就是裤腰上的品牌名称以及广告活动所获得的关注度。[580] 尽管永贝里的广告活动也得到了媒体的报道（就像所有卡文克莱的内衣活动以及新模特签约活动一样），但贝克汉姆的广告活动（它出现在全世界的宣传海报和广告牌上）却受到了成千上万媒体和公众的关注。阿玛尼公司对贝克汉姆广告活动寄予了极大期望，期待"贝克汉姆效应"能让2008年全部内衣的销售额增加50%，这是因为，正如阿玛尼公司的副总裁约翰·胡克斯（John Hooks）所说："贝克汉姆为品牌增加了性感的成分。"[581] 这些数字还表现在伦敦塞尔福里奇百货公司的销售上，广告推出后5天内，白色阿玛尼三角裤的销售额向上攀升了50%。[582] 利奥·伯内特工作室（Leo Burnett's Atelier）的创意总监罗宾·哈维（Robin Harvey）——他曾经在其第一次香水广告活动中就与贝克汉姆合作过，他说："小贝有一个完美的'突起部位'……让人联想到性欲。他是一个被全球上百万女性喜欢的男人。你为什么不买和他一样的裤子呢？"[583] 贝克汉姆已经进入到大量利润可观的品牌赞助和广告中，诸如吉利（Gilette）和警察（Police）太阳镜，从而变得很知名，既因为他的图片带来的利润，也因为他在足球上的超凡技艺。他也曾被拍到过露出内衣的照片，在诸如《阿瑞娜男士特刊》（*Arena Hommes Plus*）（2000年）和*GQ*（2002年）这样的杂志中广泛传播。

贝克汉姆并不是出现在阿玛尼内衣广告中的第一个足球明星，早在1996年，利物浦球

第223页
澳洲雄风品牌，"冲浪船员"系列广告

星大卫·詹姆斯就曾出现在安普里奥·阿玛尼内衣和牛仔裤的系列广告中。第二个贝克汉姆的阿玛尼广告活动再度强调他作为运动员的身份，拍摄了他在洛杉矶海滩的双杠上做仰卧起坐的样子，将焦点放在他经过锻炼晒成古铜色的身体上，而不是被面料包裹的裆部。另外一个展示男性身体的场所——沙滩，在内衣广告中出现得不怎么频繁。除非像查尔莫斯1907年的Porosknit广告中那样，将它作为（脱）穿衣的借口；或者像在埃尔比1949年的袋鼠三角内裤广告中那样，为了展示一个男性肌肉发达的体格，与沐浴的美女和穿着内衣的袋鼠构成均衡。

时尚史家瓦莱丽·斯蒂尔在1989年提出了一个问题"男性是勉强的性对象吗"？她自己给出了这个问题的答案，指出直到20世纪80年代，只有"那些被认为具有超级男人气概的男人（例如吉姆·帕尔默）"才会愿意穿着内衣摆姿势拍照。[584] 内衣广告中不断地出现运动员，这一现象暗示情况确实如此。事实上在21世纪初，不仅仅是卡文克莱品牌和阿玛尼品牌会在内衣广告活动中用体育明星，很多品牌都用到体育明星模特。例如仙乐娇用了英国橄榄球运动员本·科恩（Ben Cohen）和法国退役网球手扬尼克·诺厄（Yannick Noah）；居可衣用了新西兰橄榄球运动员丹·卡特（Dan Carter）；特仕用了美国中量级拳击冠军拉纳尔德·"温基"·赖特（Ronald "Winky" Wright）。男士内衣广告中不但用到单个的运动员，而且会用到整个运动队。2006年，马里亚诺·维万科担纲拍摄的一组杜嘉班纳的广告图片表现了意大利国家队的5名足球队员在更衣室中的场景；2008年，他们乘胜追击推出了类似的系列广告，由美国摄影师兰德尔·梅斯顿（Randall Mesdon）拍摄意大利橄榄球队；2009年则是意大利国家游泳队。在这两组图片中，这些运动健将的姿势与法国橄榄球队在

他们著名的《体坛天神》（Dieux de Stade）日历中摆的裸体姿势不无相似。他们正在中场休息，大汗淋漓地或站或坐。他们的姿态既是一种挑战，同时也是一种挑逗，迫使观众去看他们的身体以及非常合身的杜嘉班纳内衣。

2008年也出现过类似的情况，尤斯特-卡瓦利（Just Cavalli）公司以一场广告活动推出了他们的男士内衣，由詹保罗·斯古拉（Gianpaolo Sgura）创作的影像拼贴组成，拍摄了意大利橄榄球队蒙特帕斯基-维亚达纳（Montepaschi-Viadana）在更衣室中的场景。马克·辛普森注意到在内衣广告中拍摄运动队的趋势，杜撰了一个词"体育色情"（Sporno）来描述这种在他看来公然的有同性恋色情倾向的新潮流——在广告中将运动员的超凡技术和同性恋软色情图像结合在一起。在这种"都市美男美学"中，男性的身体不仅是"让人有欲望的，或渴望勾起他人欲望的"。而且辛普森宣称，它真正让人"难以抗拒"的原因，是一种"商品拜物教"，在其中"广告和时尚更感兴趣的是将男性的身体变成偶像，而不是内衣"[585]。尽管这种意象来自同性恋色情文学，暗示"淋浴喷头下精心修饰过的、经过蜜蜡脱毛的、肌肉发达的一群人的集会"[586]，但它们是用来吸引顾客（包括男性和女性、同性恋和异性恋），并将产品销售给他们的。

男士内衣广告中的女性

2008年，丹麦公司JBS男士内衣广告活动打出这样的标语："男人不想看裸男"。为了体现这一点，他们在广告中特别用穿着男士内衣的裸体女性，将她们放置在典型的男性场所中，或者让她们从事一些典型的男性活动，例如在更衣室里，在浴室里刮胡子，或者修理摩托车。与之配套的电视广告也采用了这样的做

第225页

金狐狸品牌

广告语：金狐狸X三角内裤，世界杯决赛选手的选择

Selected for the Cup Finalists

EVERY MEMBER OF THE TWO CUP FINAL TEAMS HAS BEEN SUPPLIED WITH WOLSEY X BRIEFS AND VESTS

The garments selected by the Cup Finalists are as illustrated, and are exactly the same as those on sale at Wolsey Stockists throughout the country. Wolsey X Briefs and Vests are made from a finely knit cotton fabric—full of natural elasticity—which tailors into garments that fit like a second skin.

BRIEFS AND ATHLETIC VESTS

Cotton Rib 6/6 each
Cotton Mesh 7/6 each

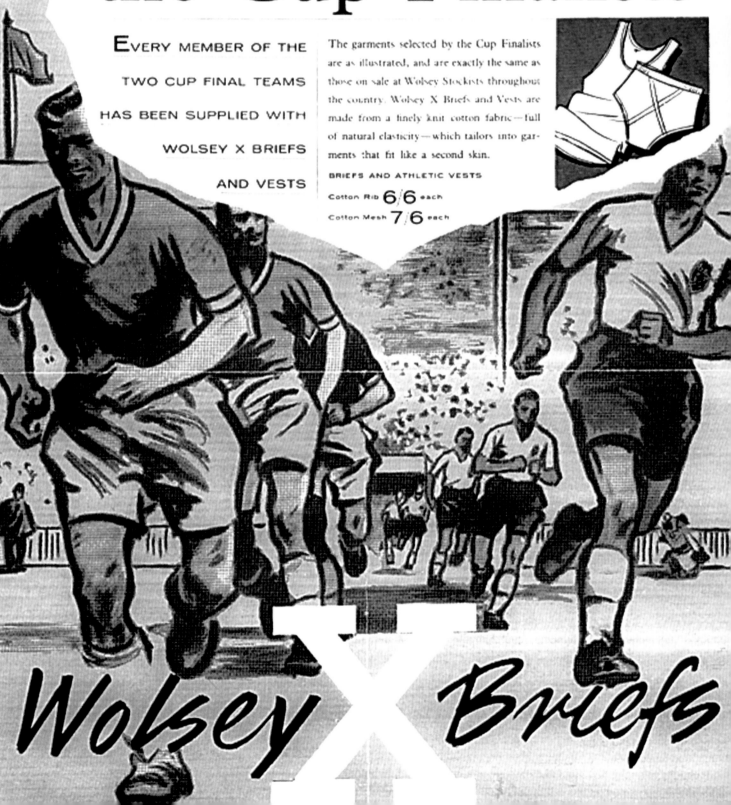

Wolsey X Briefs

法，由女性来表演典型的男性行为。第二套平面广告中的女性穿着令男人着迷的套装，扮演成顽皮的修女、秘书、女仆和护士，她们由于闻到了男性手中举起的内裤的味道而兴奋起来，这些意象来自诸如《上膛》（Loaded）或《格言》（Maxim）这样的男性杂志。这两套广告故意抛弃了男士内衣广告中典型的肌肉发达的男性身体的图像，以及与之相伴而生的同性恋色情。女性出现在男士内衣广告中当然不是什么新鲜事。最早的内衣广告不分男女，因此经常在图像中同时拍摄男性和女性。21世纪初，同一家公司将男士和女士内衣放在一起做广告的做法复苏，例如比约恩博格2008年的

广告活动"牵线搭桥"，特色就是男人和女人同时出现在同一张图片或者横幅系列场景的同一套图片中。而迪赛的贴身衣物广告活动，受到交友网站（MySpace）的档案照片的启发，将年轻男性和年轻女性的图片配成对。阿玛尼公司借鉴了2007年和2008年大卫·贝克汉姆广告活动的成功经验，签约小贝的妻子维多利亚（Victoria）作为安普里奥·阿玛尼女士内衣的代言人，并且出品了大量广告，拍摄了这对夫妇在卧室中的亲密场景。这凸显了贝克汉姆夫妇凭借他们本身的实力作为品牌的影响力。

很多广告引入女性的目的都是销售男士

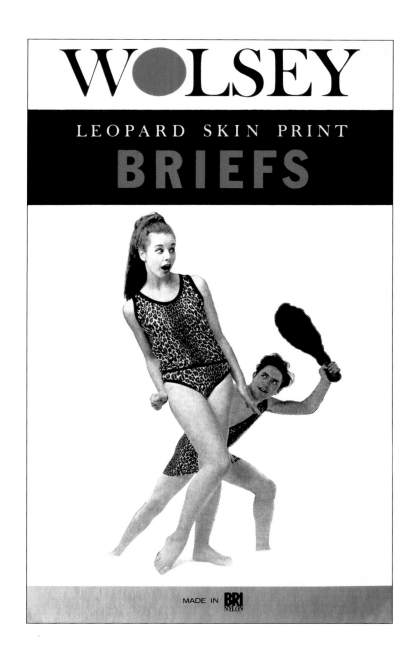

内衣而非女士内衣。将女性包含在其中，目的是减弱那些有成群结队男士的广告对仅限于男性的亲昵行为的暗示，并稀释单个肌肉发达男性的图片对同性恋色情的暗示。女性出现在图片中，可以从各种不同的角度将男士内衣卖给男性和女性。有些广告——例如1949年尤蒂卡保镖公司三角内裤的广告，以及1975年至1976年的吉尔系列广告——暗示穿特定品牌的内衣会让男人觉得自信，因而对女性更有吸引力。在这些广告的图片中，穿着内衣的男士由衣着整齐迷人可爱的女性陪伴出现在公共场合中。吉尔1971年的广告活动"若你为你的丈夫穿吉尔内衣而骄傲，秀出你的自豪"强调了女

性会为穿着时尚的吉尔内衣的丈夫感到多么的自豪。2000年，由阳狮（Publicis Etoile）广告公司为吉尔拍摄的一系列三则广告，直接将男性的身体变成了女性的性对象。每一则广告中，都有一个女人观看或抚摸海报中那个穿着吉尔内衣的、肌肉发达的男性的身体。它反映了如何随着新世纪的到来，男人的身体变得性感，并被呈现在广告中让女性消费。

另外一些针对男性客户的广告提到了女性在男士挑选内衣中所扮演的角色，特别是她们将负责（或者监督）内衣洗涤这一点。1919年，一则必唯帝的广告建议男士问一下他的妻子"必唯帝可以穿多长时间"，因为"她负责

洗涤"。一则1920年的托普基斯广告有类似的情况，它提到了女人的意见，并使用了一张男士向一个女士（也许是他的妻子或妹妹）展示他的新内衣的图片。印度的阿穆尔·马乔内衣（Amul Macho）公司的一则电视广告的目标是针对男性消费者，将女性负责洗涤男士衣物的主题与性的元素结合在一起。在这个广告中，洗衣服的行为成为一种性幻想——在洗衣服的时候，女性似乎会兴奋起来。创作这个作品的广告商的发言人解释说："这个想法非常简单——内衣是男性阳具的替代品……如果我们可以展示一个女人被一个男人迷住了，这对于男性阳具是多么大的赞美。"[587]

将男士内衣卖给女人

女性在广告图片和文本中的出现常常是为了将目标客户群锁定为那些帮助她们的男人们购买和打理内衣的女士。很多这类男士内衣的广告都刊登在女性杂志上，让这一点显得尤为突出。一则1940年居可衣的广告"小心打理，让内衣更加耐穿"中，有一幅图片描绘了一位女士正将一条"Y-front"款的运动内裤从洗衣机里取出来。而在1959年恒适品牌的内衣广告中，有两名女性举着男士内衣，图片上方是一条标语——"两种丈夫……一种内衣"。一则1949年万星威公司的广告问男性穿着者："先生，可以看看您的运动内裤吗？"这则广告还有一小段文字，写的是"写给妻子的话"，其中谈到了万星威品牌服装很好打理，旁边还配了一个卡通的女性人物形象。在有些广告中，文字更是明显地针对女性消费者的。1937年，一则考陶尔德的英国广告写道："致妻子们和母亲们"，而1948年恒适公司的广告中有一个妻子和母亲正在谈论内衣："是为我的两个儿子买的……一个3岁，一个13岁。"1960年恒

适公司宣称"需要有一个妻子，才能知道恒适和其他内衣的区别"。广告中配的图片是一些举着恒适品牌短裤的女人。这些广告和很多其他广告一样，强调了特定品牌服装的价格，因为它们知道恰恰是女性需要精打细算。在20世纪50年代的美国广告中，家庭的概念特别重要。诸如卡特的Trigs、鲜果生活、梅奥云杉和E-Z这些品牌都在同一个广告中同时推销男士内衣和男孩内衣，通过对父亲和儿子的描绘，再次吸引了妻子和母亲。20世纪60年代末，各内衣公司的广告对女性顾客的针对性变得更为含蓄。1968年，居可衣公司的广告将关注点放在健康上，宣扬居可衣内衣能给男性提供支持，引申开来，为男人购买这种衣服的女性也能够帮助男性更好地保持健康。这则广告有些不同寻常，因为它没有展示任何人物的形象或内衣的图片，而是用一个男性的性别象征符号作为主打图片。这一做法参考了当时蓬勃发展的女性解放运动中用得越来越多的女性象征符号。2004年，吉尔公司再次推出他们的男士内衣的时候，使用了一条标语"吉尔为我们女性着想"，将目标客户再次定位为女性。与之配套的图片是一个男士穿着四角紧身内裤趴在沙发上，将他的手伸向观众，引诱他对面那个"她"。这则广告反映出对以下两个理念的内在认同：一是性别的位置已经逆转了，男士可以为了女士而看起来或是穿得很性感；二是尽管自己购买内衣的男性人数增加了，但大多数男士的内衣都是女性买给他们的。

尽管很多公司在制作广告的时候，都遵循了当时男士内衣广告中表现男士/女士的标准模式，但仍然会有一些特立独行的公司不按照规矩来，为的是能够脱颖而出。1982年卡文克莱的广告打破了边界，而通过这么做，又建立了表现男性人体的新标准——肯定男性气概，并且强化男性人体作为消费品的角色。内衣的销售开始使用这样的字眼：性、名望和奢

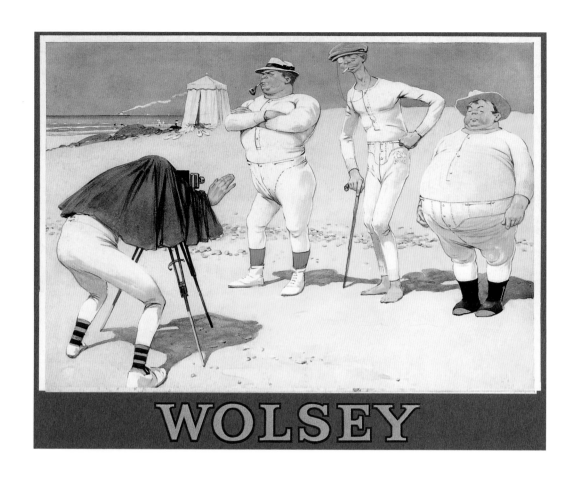

华。它们取代了那些更早的、在20世纪占主导地位的关键词：舒适、健康、实用和价格合理。从20世纪80年代起，单个肌肉发达的男性人体的摄影（通常是黑白的）就在男士内衣广告中占了主导地位。一些公司努力突破这一局面，尝试着在广告中引入其他元素，来吸引购买者的注意力，并引诱他们购买。2006年，瑞典服装和内衣品牌比约恩博格在他们的科幻小说《后启示录部落·格列佛游记》（post-apocalyptic tribal Gulliver's Travels）主题的男士及女士内衣推广活动中打造了精致复杂、色彩鲜艳的梦幻场景。2007年，同一公司运用了类似的精心制作的图片，借"维京人侵略"的典故，来宣告比约恩博格公司在瑞典之外的促销活动的新一轮努力。在这两个系列广告中，对于北欧的过去以及维京人侵略的影响，有一种心照不宣的自嘲和幽默。

幽默短裤

当然，幽默元素在内衣广告中并不是什么新鲜事，它在整个20世纪和21世纪初都曾有过重大的影响。打趣身形肥硕的人，将他们作为幽默元素的做法是1934年英国金狐狸公司率先开始的，当时他们的广告中引入了长着海象胡子的、戴眼镜的、肥胖的、气囊般的、穷兵黩武的陆军上校布林普（Blimp）。到了1950年，他们将这个人物形象描述为"热切真诚、爱流汗的人"，他穿着"手工粗糙的内衣，这使得他的眉毛往下直滴汗"。早在1940年，金狐狸公司用了一幅沙滩上的照片，向各种体形的人推销他们的内衣。在这两个例子中，尽管看起来伤害了身材肥胖的人，但这种幽默却被当作一种营销手段，以便运动员式的内衣也能够吸引更多肥胖的人去购买。

很多公司都通过使用卡通插图或者卡通人物来引入一些幽默元素，比如澳大利亚品牌邦

兹就借用了肌肉发达的方下巴卡通人物"查士迪·邦德"，由沃尔特·汤普森广告公司的锡德·米勒（Sid Miller）和特德·马洛尼（Ted Maloney）创作于1938年，用来推销邦兹公司的汗背心。"查士迪"出现在《太阳报》（The Sun）和其他报纸的连环画中，风靡整个澳大利亚，在1998年之前改版过4次。1952年，恒适公司用了美国喜剧演员锡德·西泽和伊莫金·科卡。在这两个笑星的照片下有一行文字"得到的比你指望的更多"，以及一幅西泽和科卡跳舞的卡通插图。科卡举着一套恒适品牌的精品，暗示如果西泽穿着这些衣服就能够足够舒服并得到足够的支撑来从事这样的活动——这是对内衣广告中千篇一律的陈词滥调的调侃。

比约恩博格1997年的广告活动命名为"瑞典神话"，也是想拿这些陈词滥调和老生常谈开个玩笑。广告中戏谑地调侃了老掉牙的对于瑞典人行为举止的成见。这项活动的创意总监、Paradiset DDB广告公司的约阿金·约纳

松指出，这个广告活动想要"将产品的质量广而告之"并且"以幽默的方式突出瑞典人诚实、倔强的品质"[588]。澳大利亚品牌Holeproof的一则男士内裤电视广告，调侃了对同性恋关系的认识。在一场婚礼之前，伴郎为了找到婚戒脱下了他的内衣。在内裤口袋里找到戒指后（这则广告想要推出产品的新特点）高兴地跳到新郎身上，正在这时，门开了，将他们暴露到整个教堂集会的人群面前，包括新娘在内的所有人都看到了他们俩看起来似乎像是在性交的古怪姿势。一家新的德国内衣公司Eggo想要用新颖的方式促销他们的内衣，委托贵族平面创意工作室提供方案。诺博没有使用标准印刷海报，而是创作了一种真人等身大小的硬板剪纸，造型是一个年轻男士在炫耀他的内衣。这个人物形象被放置在各种公共场所，故意要在那些偶然发现这个"变态家伙"[589]的人中间制造一些混乱。

幽默元素在男士内衣广告中的应用，最初

第231页
Ginch Gonch品牌，"西部"系列，广告活动

Wolsey New Fine Rib underwear

是利用舒适（或者不舒适）这个概念，以及能够被人感觉到的男士穿着内衣的可笑样子。而到了20世纪下半叶和21世纪初，这种幽默变得更加复杂了，在为系列产品促销的广告中，经常用皮包骨头或肥胖臃肿的男士穿着不合适的内衣图像来制造喜剧效果。内衣还曾出现在那些不依赖于幽默的广告中，例如1987年占边波本（Jim Beam bourbon）公司的广告"你总是回到最基本的那些"，暗示了四角短裤比紧身三角内裤更好，而且更耐穿。因为穿着内衣的男士通常被放在堕落的环境中，而且人们认为内衣天生是低人一等的物品，这导致"裤子"这个词常常被用来暗示某种事物毫无价值。从诸如lycos.co.uk这类互联网搜索公司，到像Pot Noodle这样的快餐公司，再到2008年英国本土公司的广告都用这一诙谐的说法成功销售了很多产品。在后者的广告中，喜剧演员多姆·若利（Dom Joly）穿着一条内裤和一件T恤衫，T恤衫上印有这样的口号："英国本土再也不做任何东西了吗？还是它只做'裤子'？"

新的生意经

整个20世纪和21世纪初各种技术都被用来强调某个品牌内衣独特的产品特色，吸引那些购买男士内衣的男性和女性消费者。内衣幽默的一面早在内衣广告出现之前就已经存在，现在被用于广告中，而且越来越多地被当作一种平衡要素，用来缓和广告中有时会引起争议的对男性身体的表现。20世纪早期，广告主要的侧重点放在内衣的结构、舒适和有益健康上，到20世纪晚期，这些被替换为男性身体的公然的商品化。尽管奢侈品牌内衣仍然使用传统的宣传海报，然而男士内衣在线销售的增长，促使制造商开始运用新技术并通过在社交网站的

交流挖掘当前的流行趋势。例如Ginch Gonch公司就创建了一个Facebook页面，消费者可以从中获得信息并加入一些想法相似的讨论小组；而仙乐娇则使用它自己的门户网站在2007年和2008年发起了一个全球竞赛，邀请消费者"向我展示你的仙乐娇"。抛弃传统的宣传海报和时装秀，或者对它们进行改进也能使设计师品牌脱颖而出。2007年6月，比利时设计师兼F.C.福松布罗内足球队（F. C. Fossombrone Football）的老板德克·毕肯伯格斯（Dirk Bikkembergs）推出了他自己的男装系列，以一场大规模的走秀活动在佛罗伦萨男装展中亮相。秀场中有100名足球运动员（他们每一个背后都印着一个数字）站在领奖台上，而观众可以环绕在领奖台的四周。每隔15分钟会有10秒钟熄灯时间，在此期间，这些足球运动员会将他们的内衣从白色换成黑色。

1906年9月，英国服装业行业杂志《装备店》指出："品牌针织袜龙头制造商每年总计花费数千英镑将他们的特色产品向公众宣传，并为零售商提供了引人入胜的广告传单，以便分发给他们的顾客。"[590]这是一个有利的条件。2008年，英敏特研究咨询公司对此做了一份报告，报告强调了内衣制造商和内衣品牌的广告投入一直以来对其产品销售的重要性。这个报告指出，在英国，男士内衣广告的投入相对于女士内衣广告和其他部门而言还是比较低的，但是高调的广告确实拉动了男士内衣的消费，因此特别地指出"更多的品牌和零售商需要增加他们的投入，从而提高其能见度和知名度"[591]，以此来应对在2008年经济低迷时对消费的影响。

第232页
金狐狸品牌，金狐狸新式细螺纹内衣广告
20世纪70年代

第233页
Andrew Christian品牌，9143 "秀"系列弹力护身和9132 "秀"系列三角内裤广告
格雷戈里·弗赖伊（摄影师），凯文与马丁（模特）

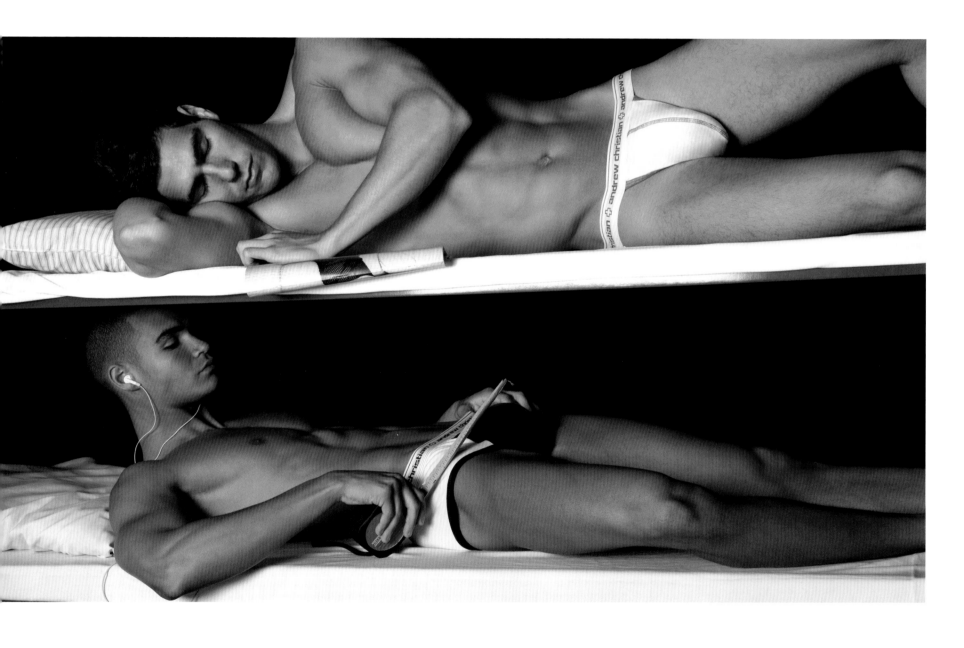

Le nouveau slip ouvert Jil. Pour l'homme que vous êtes devenu aujourd'hui.

Enfin, l'enfant paraît. Nu.

A 2 mois, il porte des couches qu'il faut changer 6 fois par jour.

Un an plus tard, il se promène toujours dans son parc en couches-culotte.

A 5 ans, il est promu au rang des culottés.

A l'âge de raison, sa mère lui achète son slip en coton blanc.

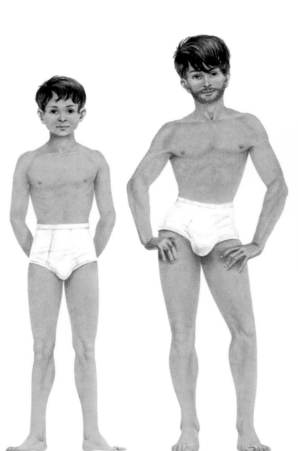

Lycéen. Il garde le même slip qui lui monte jusqu'au nombril.

Etudiant. Trop d'examens pour penser à changer de slip.

Au service militaire. Les cheveux courts. Mais toujours les mêmes slips.

Libéré. Il entre dans la vie active. Il porte toujours les mêmes slips. Fonctionnels mais sans élégance.

Aujourd'hui. Vous voyez la publicité pour le nouveau slip ouvert Jil. Bien coupé. La taille plus basse. En blanc et en couleurs. Confortable. Et vous devenez un homme élégant.

Le nouveau slip ouvert Jil.

结束语

尽管早先男士内衣被看作是无趣、隐秘、朴实的功能性的服装，在过去1000年间，男士内衣和男士针织袜业均有极大的发展，特别是最近的100年的发展已经证明了男士内衣确实有情趣、有风格。2010年以后，男士内衣不再是简单朴实并且不让人看见的衣物。较之以前，内衣有更多的品种、风格以及个性化的选择。现在内衣的涵盖面很广，从具有实用价值的衣物到昂贵的奢侈品设计师的作品。男士内衣和男士针织袜业目前孕育着巨大的商机，英敏特研究咨询公司男士内衣研究报告证实了它们在国民经济和全球经济中所占据的地位，统计数据支持这个定位。2007年男士内衣的销售额总计为2.84亿英镑。如加上男士袜子的销售额，将高达6.79亿英镑。美国的内衣产业也显示了类似的强劲势头，2008年的零售额累计为48.7亿美金。由于2008年9月开始的经济低迷，男人们更愿意"凑合着用"，或是"转而消费更为廉价的产品"，或是穿着现有的内衣直到它们"彻底散架"。当时预测，2009年和2010年内衣销售量会有所减少。尽管如此，前景毫无疑问仍然是光明的。内衣从"衣柜抽屉的后面"跳到了公共领域。现在它们不再是难以启齿的，而是几乎不断地被人拿出来讨论。面料和服装结构的技术上的不断变化、永恒的时尚周期和日益加剧的全球化（以及地方特色的全球化）将保证内衣及其推广活动饶有趣味并充满挑战。

第234页

吉尔品牌，新式开裆裤

广告语：献给今天那个你——已经长大的男人

术语表

A

Acetate 醋酸纤维

纤维素和醋酸合成的人造纤维。（另见 "Cellulose acetate"。）

Argyles 多色菱形图案的袜子

带有苏格兰式格子花纹的短袜或长袜，据称问世于19世纪90年代。

Athletic Underwear 运动内衣

内衣的一种，一般是为实现某种运动目的而衍生出的内衣种类，比如用于健身房里器械类运动、一般体育运动，以及跑步、骑单车等运动的内衣。运动内衣的特点包括吸汗（吸走身上多余的水分）、紧身（以利于保持能量和支撑肌肉）、多用网眼（利于透气）、外形独特（如无袖背心），还有伸缩性好（运动中贴身防护安全性好，也能凸显人的身材）。

B

Body Suit 贴身连衣裤

20世纪晚期该词用于指男士"连衫裤"（combinations）。

Boot Hose 靴用袜

一种长袜，穿在靴子和丝质长袜之间。

Boxer Brief 四角紧身内裤

一种针织内衣，既结合了三角裤的紧身特点，又像四角短裤一样裤腿较长，和大腿齐平。

Boxer Short 四角短裤

一种内衣，裤腰弹性好，裤腿宽松肥大。

Braguette 兜裆裤

"codpiece"（遮阴布）的法语词。

Braies 马裤

来自撒克逊语，指遮住人下半身的衣物，后来发展成"马裤"（breeches）的意思，指代那种当作内衣穿的宽松的裤子。

Breeches 马裤

一种裤腿长及膝盖的裤子，这种裤子最早是穿在外面的衣服，后来发展成为一种内衣，最后又变成穿在外面的衣服。中世纪时，该词和"Braies"是同义词。

Brief 三角裤

一种紧身的针织内衣，没有裤腿。

Broadcloth 阔幅布

纺织精良的棉制品、羊绒制品或丝制品。因织这种布料的织机比较宽，故得名"阔幅布"。

C

Calico 白棉布

白棉布或原色棉布。

Cambric 麻布

细白麻纱或细薄棉布。

Canions 短马裤饰圈

16世纪末，在短马裤裤腿上接上的一种装饰圈，接上装饰圈后的裤腿可以长及膝盖。

Cashmere 羊绒

克什米尔山羊表层羊毛覆盖下的柔软绒毛，可以纺入柔软的织物里。在19世纪和20世纪，该词在纺织品里就指羊毛。

Casimir 仿开士米薄呢

又叫"开士米斜纹呢"，一种柔软的斜纹毛质布料。1766年，美国布拉德福德县（Bradford）的弗朗西斯·耶伯里（Francis Yerbury）发明了这种布料。

Cellulose 纤维素

植物和藻类细胞壁的主要组成部分。制造塑料、漆、爆炸品和合成纤维的主要材料。

Cellulose acetate 醋酸纤维素

最早的人造纤维之一，主要用棉花纤维素或树浆纤维素合成（"生物聚合物"）。

Clock 袜钟

袜子脚踝部位竖着绣上或织上的装饰图案，据说取这个名字是因为最早的这种装饰图案看起来很像钟摆。

Codpiece 遮阴布

15至16世纪男士穿的一种装饰性的囊袋，系在马裤或紧身裤的裆部。

Combed cotton 精梳棉

一种非常软的棉。如果棉花或其他的纤维被"精梳"过后，多余的短小纤维就会被梳掉，最后产生高质量的纱线，这种纱线韧性好，柔软度高。

Combinations 连衫裤

"union suit"的另一种说法。

Cotton 棉布

用棉花心皮纤维纺织成的布料。

Crepe 绉纱

一种表面起皱的优质轻薄纱线。拧的方向相反的两条线，通过线的弹性缠到一起，形成一个糙面，这就是起皱的绉纱。

D

Dicky 可替换的衬衫胸襟

19世纪的俚语，指一种假的衬衫前大襟，这种前大襟可以换下来，通过替换这种前大襟，不用换整个衬衫，就好像穿了一件干净的新衬衫一样。

Doublet 紧身短上衣

男士紧身上衣，可以有袖也可以没有袖，在15世纪和17世纪的欧洲非常流行。

Drawers 长内裤

一种裤腿及膝长的内裤。

Drill 粗斜纹布

斜纹的棉质或麻质布料。

Drop Seat 后镶片，屁帘

内衣后面挂着的一块布，布的上端一般用扣子系住，出于卫生原因也可以解开纽扣把布扔掉。

F

Fashioned or Fully fashioned 成形或全成形

纺织机通过加减针而使衣服成形。

Flannel 法兰绒

用精纺或粗纺羊毛织成的质地松散的柔软布料。

Flannelette 棉织法兰绒

一种类似于法兰绒的布料，表面起绒。

Fly 前开口

内衣裤前面的开口。

G

G-string G带裤

一种较暴露的内裤，内裤后部是一条类似绳子的又薄又窄的带子。

Gore 三角布

三角形的布。

Gore clock 三角袜钟

一块嵌在长袜脚踝部位的三角形的布，通常这块布还充当长袜的脚跟。

Gusset 内裤裆衬里

内裤裆部的一条三角形或者长方形的衬里。

H

Holland 荷兰布

一种质地光滑密实的麻布或棉布，被称为"荷兰布"是因为在中世纪时期最优质的布料都产自荷兰。

I

Interlock 双螺纹针织布

相互咬合的针脚织成的弹性很好的布料。

J

Jabot 衬衫胸部褶裥

缝在男士衬衫前开襟两侧边上的麻纱或蕾丝花边。

Jean 斜纹棉布

一种非常结实厚重的斜纹棉布。

Jersey 平纹针织布

一种针织布料，由多种纤维制成，通常采用平针。

Jockstrap/Jock Strap 下体护身或护身绷带

为男性生殖器提供弹性支撑，尤其在运动或其他较费体力的活动中使用，也叫"运动支撑"（Athletic support）。

K

Knitted fabric 针织布

用一种或多种线或纱通过相互咬合的针脚织成的布料。

Kodel 科代尔（聚酯纤维）

1958年由美国Eastman化工产品公司开发的聚酯纤维面料。

L

Laceband 蕾丝领

带有蕾丝花边的衣领。

Lactron 生胶线

一种用玉米淀粉合成的生物可降解人造纤维。

Lastex 橡胶松紧线

1933年4月出现的一种毛料和弹性纤维合成的人造纤维。

Lawn 细棉布

一种质地轻盈的优质面料，一般用棉线纺织，有时会掺一些涤纶。

Linen 亚麻布

由亚麻的茎纤维制成的面料。

Loincloth 缠腰布（也作缠腰带）

一块盖住臀部和生殖器部位的布，也叫"腰布"（breech cloth）。

Long Johns 约翰长裤（类似于中国的"秋裤"）

一种针脚密实的下身内衣，裤腿长及脚踝，可以是棉质面料、毛质面料，还可以是混合纤维面料制成。据称最开始穿这种长裤的人是一个叫约翰·L. 沙利文（John L. Sullivan）的拳击手，这种裤子也因此得名"约翰长裤"。

Long Underwear 长内衣

一种长款（裤腿到脚踝处）紧身内裤，一般质地细密，由棉质面料或混合棉料制成，也称"约翰长裤"（long johns）。

Lycra 莱卡

杜邦（Du Pont）公司生产的斯潘德克斯弹性纤维（Spandex）的商品名称。

Lyocell 莱赛尔纤维

一种利用木浆纤维素合成的纤维，1987年由英国考陶尔德纤维（Courtaulds Fibres）公司首次生产出来。

M

Marl 夹花纱线

一种用两条或多条不同颜色的线捻到一起组成的线，呈现斑斑点点的样子。

Merino 美利奴线

原产于西班牙的美利奴羊（merino sheep）的羊毛，混合棉线织成的一种质地优良的线或纱。

Meryl 冰丝

用尼龙线制成的一种合成纤维的品牌名称。

Mesh 网眼，网状织物

一种网状的带孔的机织面料。

Microfibre 微纤维

一种品质精良的合成纤维，这种纤维织进衣物里能有天然纤维布料的质感和纹理，而且伸缩性、可洗性、透气性和防水性都大大提升。

N

Nainsook 奈恩苏克布

一种轻软棉布。

Natural Fibre 天然纤维

指从植物、动物和矿物中提取的纤维。

Nylon 尼龙

一种学名为聚酰胺的合成聚合物的民间叫法，1935年2月28日，杜邦公司的华莱士·卡罗瑟斯（Wallace Carothers）首次做出了这种材料。

P

Piqué 棱纹布

一种天然纤维制成的有棱纹的布料，这种布料质地细密，纺织特点是针脚呈鱼骨一样并行排列。

Plating 镀织法

一种纺织方法，在纺织过程中一条线放在另一条线之上，最后织成的布料能让一种线呈现在布的正面，另一种线出现在布的背面。

Points 系带

一种绳子或带子，用来将长袜或兜裆裤等下身内衣系到上身衣服上。

Polyamide 聚酰胺（尼龙）

有循环酰胺群的人造聚合物。由不同的化工结构、化工种类和化学属性组成的人造纤维群。

Polyester 聚酯纤维（涤纶）

合成纤维的一大类，主要的特点就是防皱。

Polymer 聚合物

由大分子组成的天然或人工化合物，这些大分子又是由许多完全相同的小分子在化学结构上相互咬合而形成的。淀粉和尼龙都是典型的聚合物。

Pongee 茧绸

由蚕丝织成的轻质面料。

Pouch 囊袋

一块近三角形的布，在男士三角裤、丁字裤或G带裤正前方缝制成杯状的区域。

PVC（polyvinyl chloride）聚氯乙烯

通过氯乙烯的聚合作用而产生的热塑性树脂。

Q

Quirk（e）袜钟

16世纪对长袜上脚踝部位花边设计的称呼，跟"clock"（袜钟）近似。

R

Rayon 人造丝

这是1905年发明的一种人造纤维，通过将纤维素溶液压入喷丝板后，吐出来的纤维丝经过固化形成的纤维。

Rhovyl 罗维尔聚氯乙烯长丝

一种用合成聚氯乙烯做成的人造纤维（氯纶）。

Ruff 飞边，环状皱领

打了褶上了浆的亚麻布或蕾丝花边做成的分领，从16世纪中叶到17世纪早期，男女衣物上流行的一种领子样式。

S

Seamless/seam free 无缝袜

在圆形纺织机上织成的袜子，没有后面缝合的接缝。

Silk 蚕丝或丝绸

桑蚕分泌的用来作茧的丝形成的线叫蚕丝，用这种线织成的布料叫丝绸。

Skivvies 男士内衣

美语词，用来指任何类型的男士内衣。

Sock 短袜

袜子的一种，袜子的长度在脚踝和膝盖之间。

Spandex 斯潘德克斯弹性布料（氨纶）

用聚氨酯纤维制成的人造弹性布料。这个名字并非来自纤维的化学名称，而是单词"expands"（延长）的变位词（变换字母顺序而形成的新词）。

Sports Sock 运动袜

因运动需要而带有额外垫衬的袜子，垫衬会根据厚度不同、材料不同和放的位置不同而形态各异，垫衬可以放在脚跟、脚趾、脚背、足弓处或胫骨上。

Stays 束腹衣或紧身胸衣

17、18世纪用来指女士束腹衣或紧身胸衣，这一词后来一直沿用到19世纪和20世纪初。

Stock 白色领巾

白色领巾，18世纪早期从军队上流行起来，后来还成为了男士将军服的一部分，是现在领带的前身。

Stockinette（Stockinet）弹力织物

机织布料。

Stockings 长袜

袜子的一种，袜子长度到膝盖之上甚至大腿中部。

Synthetic Fibre 合成纤维

由石化技术和工艺制成的纤维，包括尼龙、人造丝、涤纶、的确良、奥纶和莱卡等。

T

Tank Top 背心

美语词，指没有袖子的衬衣，也叫汗衫（singlet）或背心（vest）。

Tencell 天丝

莱赛尔纤维的商标品牌名称。

Thermal underwear 保暖内衣

用粗棉线或混合棉线制成的衣服，冬天用于保暖。

Thong 丁字裤

一种内裤，特点是臀部中间是一条窄布条。

Tie Side 内衣扣带

内衣腰部左右两侧的布带，用来调整腰部的松紧程度。

Trunk 运动内裤

一种男士内衣，类似经典的四角泳衣。这种内衣的裤腿比紧身四角裤的裤腿略短。

Thunkhose 短马裤

一种裤腿长及大腿中部的短马裤，主要流行于16世纪晚期。

U

Union suit 连衫裤

一种上下身连起来的整件内衣，通常有长及脚踝的裤腿和长及手腕的袖子。

V

Vent 开口

预设的裂口，尤其常见于内裤裤腿两侧，以方便运动。

V-neck V形领

一种衣领样式，领子在前面形成字母"V"的形状。

Viscose 粘胶纤维

用天然聚合物（植物纤维）连续纺成的纱线。

W

Welt 贴边，沿条

袜子顶端或者袜口边缘双层机织的部分。

Wicking 毛细作用

布料有能吸走水分的特性，在内衣设计上通常是利用毛细作用从皮肤吸走汗液。

Winkers 温克领

一种19世纪早期很流行的领子，这种领子的系带立起来会碰到脸颊，甚至能够到眼睛。

Wool 羊毛或毛料

用羊毛制成的布料。

Worsted 精纺

用紧实的纱线制成的光滑细密的毛质布料，没有任何工艺瑕疵。

Woven fabric 机织布

一种由两组相互交错的线，即经线和纬线织成的布。经线沿着布的方向纵向排列，而纬线和经线垂直，横向排列。

Y

Yoke（衣衫的）覆肩；（裤或裙的）衬垫

衣服上一块很贴身的部位，比如脖子周围和肩膀处，或者在臀部，防止这些部位宽松下垂。

注释

1 June Field, "Tailor Brioni Says men's Underwear Needs More style," *Men's Wear,* Jan. 28, 1961: 24-5.

2 *Men's Wear,* Apr. 10, 1933: 14.

3 Farid Chenoune, *A History of Men's Fashion* (Paris: Flammarion, 1993) 5.

4 Jennifer Craik, *Face of Fashion: cultural studies in fashion* (London: Routledge, 1993) 170.

5 Otto Steinmayer, "The Loincloth of Borneo Sarawak" (*Museum Journal* Vol. XLII(63) (New Series) Dec 1991: 43-61.

6 Valerie Steele, "Appearance and Identity," *Men and Women: dressing the part* Claudia B. Kidwell and Valerie Steele, eds. (Washington, D.C.: Smithsonian Institution Press, 1989) 11.

7 Steele, "Clothing and Sexuality," *ibid*, 56.

8 Jennifer Craik, *Face of Fashion: cultural studies in fashion* (London: Routledge, 1993) 128.

9 Rodney Bennet-England, *Dress Optional: The Revolution in Menswear* (London: Peter Owen, 1967) 45.

10 Steele, "Clothing and Sexuality," 44.

11 Richard Martin, "Fundamental Icon: J.C. Leyendecker's male underwear Imagery", *Textile and Text*, Vol. 15(1) 1992: 31.

12 Brenda Fowler, "Forgotten Riches of King Tut: His Wardrobe" *The New York Times* July 25, 1995. <http://www.nytimes.com/1995/07/25/science/forgotten-riches-of-king-tut-his-wardrobe.html?pagewanted=1>.

13 Fowler, *Iceman: uncovering the life and times of a prehistoric man found in an Alpine Glacier* (London: Macmillan; 2000) 197-198.

14 Harry Mount, "They came, they saw... they asked for new underpants" *Daily Mail* Jan. 13, 2008.

15 Virginia Smith, *Clean: a history of personal hygiene and purity,* (Oxford: Oxford University Press, 2007)158.

16 C. Willet and Phillis Cunnington, eds., "The Rime of Sire Tophas," *The History of Underclothes* (London: Michael Joseph, 1951) 26.

17 Jean Froissart *Chronicles,* Trans. Geoffrey Breeton (London: Penguin, 1978) 414.

18 Nikky-Gurinder Kaur Singh, "Sacred Fabric and Sacred Stitches: The Underwear of the Khalsa" *History of Religions* Vol. 34(4) May 2004: 286].

19 <http://newadvent.org/fathers/34011.html>

20 Willet and Phillis, "Memoirs of the Crusade (1951) 22.

21 C.C.M. Griffin, "The Religion and Social Organisation of Irish Travellers (Part II): Cleanliness and Dirt, Bodies and Borders," *Nomadic Peoples*, Vol. 6(2) 2002. http://www.questia.com.

22 *The Bible,* Numbers 15:38-39.

23 K. Staniland, "Clothing and Textiles at the Court of Edward III, 1342-52" *Collectanea Londiniensia,* J. Bird, H. Chapman and J. Clark, eds., (London and Middlesex Archaeological Society,1978) 223-34.

24 Virginia Smith, *Clean: a history of personal hygiene and purity* (Oxford: Oxford University Press, 2007) 144.

25 Georges Vigarello, *Concepts of Cleanliness: Changing attitudes in France since the Middle Ages,* trans. Jean Birrell (Cambridge: Cambridge University Press/Editions de la Maison des Sciences de l'Homme, 1988) 62.

26 Elizabeth Shove, *Comfort, Cleanliness and Convenience: The Social Organization of Normality,* (Oxford: Berg, 2003) 124.

27 Smith; 158.

28 Willet and Cunnington, 37.

29 *Ibid*; 39.

30 Vigarello; 62.

31 François Rabelais, *Gargantua and Pantagruel,* trans. Burton Raffel (New York & London: W.W. Norton & Company, 1990) 183.

32 Quoted in Rodney Bennett-England, *Dress Optional: The Revolution in Menswear,* (London: Peter Owen,1967) 39.

33 Philip Stubbes, *Anatomie of Abuses,* (1583). Quoted in Colin McDowell, *The Man of Fashion* (London: Thames and Hudson, 1997) 36.

34 Nicholas Breton,"Bower of Delights*"* in Willet and Cunnington; 41.

35 Samuel *Diary, III,* entries 8 and 19 (Oct. 1662) 216 and 228, and Susan Vincent, *Dressing the Elite: Clothes in Early Modern England* (New York: Berg 2003) 52-4.

36 Quoted in Willet and Cunnington; 60.

37 *Ibid*, 60.

38 Kaur Singh; 287.

39 *Ibid.*

40 *Japan: An Illustrated Encyclopedia,* (Tokyo: Kodansha 1993) 431.

41 Valery M. Garrett, *Chinese Clothing. An illustrated Guide (*Oxford: Oxford University Press, 1994) 12.

42 Daniel Roche, *The Culture of Clothing: Dress and Fashion in the Ancien Régime* (Cambridge: Cambridge University Press, 1994) 178.

43 Mark Antony Lower, ed. *The Lives of William Cavendishe, Duke of Newcastle, and of his Wife, Margaret Duchess of Newcastle* (London: J.R. Smith, 1872) 193.

44 Francis Bamford, ed. *A Royalist's Notebook: The Commonplace Book of Sir John Oglander of Nunwell* (London: Constable and Co, 1936) 69.

45 Vigarello, 62.

46 Quoted in Willet and Cunnington, 54.

47 *Ibid*, 55.

48 Roche, 174.

49 Rev. J. Woodeforde, *Diary of a Country Parson, 1758-1781*, ed. J. Beresford (Oxford University Press, 1924). Entry for Oct. 9, 1762.

50 Roche, 198-9.

51 Henry Fielding, *Tom Jones,* eds. John Bender and Simon Stern (Oxford University Press; 1996) 34.

52 Chenoune; 14.

53 Willet and Cunnington; 72.

54 Roche, 198-9.

55 Quoted in Shelley Toibin, *Inside Out: A brief history of Underwear* (London: National Trust, 2000) 4.

56 *Men's Wear*, March 7, 1903.

57 Daniel Roche "La culture des apparences: Une histoire du vêtement XVIIe XVIIIe siècle. Paris;" 482. Quoted in Nancy L. Green *Ready-To-Wear and Ready-To-Work: A Century of Industry and Immigrants in Paris and New York* (Durham, NC: Duke University Press, 1997) 76.

58 Willet and Cunnington, 97.

59 J.C. Flugel, *The Psychology of Fashion* (London: Hogarth Press and the Institute of Psycho-Analysis, 1930) 111.

60 James Laver, *Dandies* (London: Weidenfield and Nicolson, 1968) 21.

61 *Ibid*; 70.

62 Ian Kelly *Beau Brummell: The Ultimate Dandy* (London Hodder & Stoughton 2005) 163.

63 *Ibid.*

64 *Ibid*, 165.

65 Chenoune, 22.

66 Kelly, 165.

67 Arnold Bennett, *The Old Wives' Tale* (London: Penguin, 1990) 360.

68 *Journal des dames et des modes*, Nov. 5, 1819.

69 Arthur Bryant, *The Age of Elegance, 1812-1822* (London: Collins, 1950) 317.

70 Willet and Cunnington, 102.

71 L.E. Tanner and J.L. Nevinson, *Archeologia*, Vol. 85, 1936. Quoted in Willet and Cunnington, 101.

72 *Cassell's Household Guide* Vol. 3 (London: Cassell, Petter, and Galpin, 1869) 330.

73 Felix MacDonogh, *The Hermit in London or Sketches of English Manners,* (London: H. Colburn and Co., 1822) 46.

74 Quoted in Chenoune, 50.

75 *The Workwoman's Guide* (London: Simpkin, Marshall, 1840) 142 and 137.

76 Quoted in Chenoune, 68.

77 Chenoune, 50.

78 R. S. Surtees, *Hillingdon Hall* (Stroud: Nonsuch Classics, 2006) 297.

79 *Gazette of Fashion,* Aug. 1,1861: 23.

80 Quoted in R.L. Shep and Gail Cariou, *Shirts and Men's Haberdashery 1840s to 1920s* (Mendocino: R.L.Shep) 1999, 15.

81 See Shep and Cariou for a selection of patterns.

82 Quoted in Sarah Levitt, *Victorians Unbuttoned,* (London: George Allen and Unwin, 1986) 55.

83 *Cassell's Household Guide,* 328.

84 Levitt, 53.

85 *Ibid*; 54.

86 *Ibid*, 57.

87 Willet and Cunnington, 187.

88 *The Tailor and Cutter, ibid*, 188.

89 *Ibid*, 172.

90 *The Whole Art of Dress* (London: Effingham Wilson, 1830) 35.

91 *Ibid*; 33-4.

92 *Ibid*; 29.

93 *Cassell's Household Guide, Vol III*, 329.

94 Quoted in Chenoune, 95.

95 Don Rittner, "The Collar City," *The Record.* <http://www.rootsweb. ancestry.com/~nyrensse/article11.htm. >

96 H. Le Blanc, *The Art of Tying the Cravat* (London: Effingham Wilson, 1828) 64.

97 Chenoune, 92.

98 *The Workwoman's Guide*, 142.

99 Quoted in Chenoune 92.

100 Levitt, 57-8.

101 *Ibid*, 59-60.

102 Surtees, *Mr. Sponge's Sporting Tour* (London: Bradbury & Evans, 1853) 400.

103 Quoted in Chenoune, 92.

104 Abel Léger, *L'Elégance masculine,* (Paris, 1912) 35-36. Quoted in Chenoune, 92.

105 G.B. de Savigny, *Le Ligne, Les vêtements, les chapeaux et les chaussures, entretien, nettoyage et réparation,* (Paris, 1909) 124. Quoted in Chenoune, 95.

106 Levitt, 19.

107 *The Tailor and Cutter.* Quoted in Willet and Cunnington, 202.

108 *The Whole Art of Dress*, 35.

109 Charles Dickens, *The Pickwick* (Papers London: Penguin, 2004) 68.

110 Surtees, *Ask Mama* (1858), (London: Methuen, 1949) 405.

111 Surtees, *Plain or Ringlets* (1860), (Dublin: Nonsuch Publishing, 2006) 247.

112 Albert Smith, *The Adventures of Mr. Ledbury* (London: R. Bentley,1847) 479.

113 Dickens, 32.

114 *How to Dress, or Etiquette of the Toilette* (London: Ward, Lock, etc.,1876) 15.

115 *The Tailor and Cutter.* Quoted in Cunnington and Cunnington, 188.

116 *Ibid.* 1895,173.

117 Blunt, Wilfrid *Cockerel: A biography largely based on diaries and letters* (Hamish Hamilton, 1964) 54.

118 Arthur Bryant, *Set in a Silver Sea;* (London: Harper Collins, 1984) 180.

119 Quoted in Chenoune, 31-2.

[120] Felix MacDonogh, *The hermit in London: or Sketches of English manners,* London: H. Colburn and Co., 1822; 366.

[121] Quoted in Chenoune, 33.

[122] Willet and Cunnington, 107.

[123] Quoted in Toibin, 6.

[124] Honoré de Balzac, *Cousin Bette* trans. Sylvia Raphael, (Oxford: Oxford Paperbacks, 1998) 163-164.

[125] *The Workwoman's Guide*, 83.

[126] Alison Carter, *Underwear: The Fashion History* New York: Drama Books, 1992; 36.

[127] See Thomas V. DiBacco *Made in the U.S.A: The History of American Business* (Beard Books: Washington D.C., 2003), 95-6 Ruth Brandon, *Singer and the Sewing Machine* (London: Barrie and Jenkins, 1977), and Levitt, 15-6.

[128] Levitt, 41.

[129] Jonathan Light Fraser, *The Cultural Encyclopedia of Baseball 2nd edition,* (Jefferson, N.C and London: McFarland 2005) 755.

[130] Quoted in Willet and Cunnington, 143.

[131] *Ibid*, 161.

[132] *The Outfitter*, 29 Sept. 1906.

[133] Mario Theriault, *Great Maritime Inventions 1833-1950*, Fredericton, N.B: Goose Lane, 2001) 35.

[134] *Men's Wear*, March 7, 1903; 377.

[135] Kelly, 166.

[136] *The Workwoman's Guide*, 54-5.

[137] "An Age of Silk," *American Silk Journal,* No. 11, Nov 1882, 200.

[138] "Underwear for New York Swells," *Clothier and Furnisher,* August 1887; 56. Quoted in Diane Maglio, "Silk Underwear for New York Swells in the Age of Victoria," paper delivered at Silk Roads, Other Roads, Eighth Biennial Symposium, Smith College, September 26-28, 2002.

[139] *The Workwoman's Guide*, 59.

[140] See Levitt, 58.

[141] *Ibid*, 117-8.

[142] Alain Corbin, *The Foul and the Fragrant* (Leamington Spa: Berg, 1986) 180.

[143] *Aglaia* (published by the healthy and Artistic Dress Association), 1893. Quoted in Elizabeth Wilson, *Adorned in Dreams: Fashion and Modernity* (London: Virago, 1985) 213-14.

[144] *Les Cahiers Ciba*, Basle, no. 37, June 1944, 1278 ff. Quoted in Chenoune, 100.

[145] S.M. Newton, *Health, Art and Reason: Dress Reform of the Nineteenth Century.* (London: J. Murray, 1974, 1974) 100.

[146] Frank Harris, *Bernard Shaw* (London: Gollancz, 1931) 114.

[147] Quoted in Peter Symms, "George Bernard Shaw's Underwear," *Costume* no.24, 1990; 95.

[148] *Ibid.*

[149] League of Health and Strength, *Correct Breathing for Health: Chest and Lung Development* (London, 1908) 34-5.

[150] *The American Silk Journal*, Vol. 2(7) July 1883; 112. Quoted by Maglio.

[151] Richard M. Langworth, ed. *Churchill by Himself: The Life, Times and Opinions of Winston Churchill*, (London: Ebury Press, 2008) 230.

[152] Moir, Phyllis, "I Was Winston Churchill's Private Secretary," *Life,* Vol. 21 Apr. 79, 1941.

[153] Mary Soames, *Clementine Churchill: the biography of a marriage* (New York: Mariner Books, 2003) 58.

[154] Juliet Nicolson, *The Perfect Summer* (London: John Murray 2006) 56, and Langworth, 230.

[155] David Randall, "Oh, knickers! How a pair of smalls caught out the capo," *The Independent*, Apr.16, 2006. <http://www.independent.co.uk/.>

[156] *Drapers' Record*, March 9, 1895: 568.

[157] *Men's Wear*, March 7, 1903: 377.

[158] Mitchell James P., *How American Buying Habits Change* (United States Bureau of Labor Statistics; U.S. Dept. of Labor, 1959) 128.

[159] *The Tailor and Cutter.* Quoted in Willet and Cunnington, 221.

[160] *Men's Wear* Oct. 1, 1927; 21.

[161] Fitzgerald, 94.

[162] Quoted in Chenoune, 143-51.

[163] *The Manchester Guardian*, 1917. Quoted in Willet and Cunnington, 222.

[164] André de Fouquières, "Les Tendances de la mode," *Les Cahiers de la République des Lettres, des Sciences et des Arts*, no. 7, 1927; 47.

[165] "Dress reform debated", *Tailor and Cutter*, Vol.8, July 1932: 647.

[166] *Adam*, June, 1927. Cited in Chenoune 148,

[167] Eugène Marsan, *Notre costume* (Liège: A la Lampe d'Aladdan,1926) 92-3.

[168] *Adam*, March, 1932. Cited in Chenoune: 148.

[169] *Adam*, Nov. 1934. Cited in Chenoune148.

[170] Anthony Powell, *A Question of Upbringing* (London: Fontana 1988 (1951)) 89.

[171] Quoted in Chenoune, 225.

[172] Tommy Hilfiger, *All American: A Style book* (New York: Universe Publishing, 1997) 63.

[173] Martin, "Ideology and Identity: The Homoerotic and the Homospectorial Look in Menswear Imagery and George Platt Lynes's Photographs of Carl Carlson" Paper delivered at annual meeting of The Costume Society of America, Montreal, May 1994.

[174] Steele, "Clothing and Sexuality," 59.

[175] Mark E. Dixon *A T-Shirt History: From Underwear to Outerwear.* <http://www.markedixon.com/new page 10.html.> Accessed Oct.1, 2010.

[176] Quoted in Patricia Cunningham, *Reforming Women's Fashion, 1850-1920: politics, health, and art* Kent (OH: Kent State University Press, 2003) 79.

[177] *Ibid.*

[178] Gray M. Griffin, *The History of Men's Underwear: From Union suits to bikini briefs* (Los Angeles: Added Dimensions, 1991) 29.

[179] Horace Kephart *Camping and Woodcraft: a handbook for vacation campers and for travellers in the wilderness* 2nd edition (New York: Macmillan Company, 1922) 141.

180 Natalie Kneeland, *Hosiery, Knit Underwear, and Gloves* (A.W. Shaw Company, Chicago and New York, 1924) 49.

181 Fred C. Kelly, *George Ade, Warmhearted Satirist* (The Bobbs-Merrill Company, 1947) 237.

182 Willet and Cunnington, *The History of Underclothes* (London: Michael Joseph) 239.

183 David John Bueger, "The Development of the Mormon Temple Endowment Ceremony," *Dialogue: A Journal of Mormon Thought* Vol. 20(4), 1987: 33–76.

184 *Ibid.*

185 LDS Church *Church Handbook of Instructions: Book 1*, (Stake Presidencies and Bishoprics, LDS Church: Salt Lake City, UT) 2006.

186 See R. H. Cunnington, "Scientific Selling of Branded Underwear," *Advertisers Weekly*, May 16, 1919: 357-8.

187 <http://www.petit-bateau.us/behind_the_scenes.html. >

188 Mike Yve, "Les Dessous du Fantasme" *Prèf*, no. 21, Sept. 2008: 33.

189 F.G. Mayers, "There are Three Main Types of Underwear: Growth of Woven Fabric Productions," *Men's Wear*, Nov. 14, 1936.

190 *Men's Wear*, Oct. 1927.

191 "Outfitting for the Spring." *Men's Wear* Feb. 8, 1930: 165-176.

192 "Leading Features of London Styles. A Guide to Overseas Buyers" *Men's Wear* May 10, 1930: 178.

193 I. and R. Morley, *Men's Wear*, May 10, 1930: 190.

194 *Men's Wear*, 11 April 1928; 131. Quoted in O. E. Schoeffler and William Gale, *Esquire's encyclopedia of 20th century men's fashions* (New York and London: McGraw-Hill, 1973) 374.

195 *MAN and his Clothes*, Vol. 25 Nov.1938, and Paul Jobling, *Advertising, Modernism and Menswear* (Oxford: Breg, 2005) 126.

196 *Men's Wear* Oct. 1, 1927.

197 *Tailor and Cutter*, 1929.

198 "An Outfitter's Mid-Season Reflections: Best of the Season Yet to Come – Bright Outlook for Whitsun Trade – Autumn Underwear Prices," *Men's Wear*, May 24, 1930: 258.

199 "Important factors in the Underwear Trend: Winter weights Becoming Lighter" *Men's Wear*, June 18, 1932: 9.

200 Quoted in Charlotte Brunel, *The T-shirt Book* (New York: Assouline, 2002) 25.

201 Barbara Burman, "Better and Brighter Clothes: The Men's Dress Reform Party, 1929-1940," *Journal of Design History*, Vol. 8, 1995.

202 *(Vivid) Health and Physical Culture*, Dec. 1929: 27. Quoted in Anna Alexandra Carden-Coyne "Classical Heroism and Modern Life: Bodybuilding and Masculinity in the Early Twentieth Century," *Journal of Australian Studies*, 1999.

203 "Important factors in the Underwear Trend: Winter weights Becoming Lighter," *Men's Wear* June 18, 1932: 9.

204 Quoted in Marc Abrahams, "Red Stars and Bras: Undercover agents during the cold war," *The Guardian*, Feb. 21, 2006: 3.

205 Rupert Brooke *Letters from America* (New York: C. Scribner's Sons, 1916) 26.

206 "The Coming Underwear Revolution: Athletic Vests and Elastic Waisted Shorts – British Manufacturers Preparing to Make New Styles for Men," *Men's Wear*, June 14, 1930: 351.

207 *Ibid.*

208 "Important factors..." *Men's Wear*, June 18, 1932: 9.

209 "Mesh is the Next-to-the-Skin Weave for the Autumn," *MAN and his Clothes*, July 1937; 26-7. Quoted in Jobling, 126.

210 Quoted in Les Daniels *Superman: The Complete History* (London: Titan Books, 1998) 18.

211 Vicki Karaminas, "Ubermen: Masculinity, Costume and meaning in Comic Book Heroes," V. *The Men's Fashion Reader*, P. McNeil, and Karaminas, eds. (NY and Oxford: Berg 2009) 183.

212 Michael Carter, *Superman's Costume* in *Form/ Work. An Interdisciplinary Journal of Design and the Built Environment, The Fashion Issue*, No.4, March 2000: 31.

213 Karaminas, 182.

214 Kevin Smith, cited in Karaminas, 182.

215 Carter, 31.

216 -Jennifer Craik, *Face of Fashion: cultural studies in fashion* (London: Routledge,1993), 141

217 Karaminas, 184.

218 "An Outfitter's Mid-Season Reflections: Best of the Season Yet to Come – Bright Outlook for Whitsun Trade – Autumn Underwear Prices," *Men's Wear* May 24, 1930: 258-9.

219 *Ibid.*

220 Quoted in Abrahams, 3.

221 Quoted in Noah Lenstra, "Underwear reveals history of Soviet culture," *The Daily Illini*. <http://www.dailyillini.com/diversions/2005/11/30/ underwear-reveals-history-of-soviet-culture.>

222 Quoted in Abrahams, 3.

223 Louise Jordan, *Clothing: Fundamental problems – a practical discussion in regard to the selection, construction and use of clothing*, (Boston: M. Barrows & Co., 1928) 337.

224 *MAN and his Clothes*, August 1935; 46. Quoted in Jobling, 127.

225 Martin and Harold Koda, "Jockey: The Invention of the Classic Brief," *Textile and Text*, 15 Vol. 2, 1992: 30.

226 *Ibid*, 26.

227 Belton Y. Cooper, *Death Traps: The Survival of an American Armored Division in World War II* (Presidio Press, 1998) 297.

228 Michael Quinion. <http://www.worldwidewords.org/qa/qa-lon2.html.> Accessed Aug. 11, 2008.

229 Dossier, "Carte de vêtements," Archives nationales, F 12 10499. Quoted in Miriam Kochan and Dominique Veillon, *Fashion under the Occupation* (Oxford: Berg, 2002) 55.

230 H. Frankel and P. Ady, 'The Wartime Clothing Budget', *Advertisers Weekly*, June 21, 1945: 26-40.

231 *Men's Wear,* 1942.

232 Elizabeth Shove, *Comfort, Cleanliness and Convenience: The Social Organization of Normality* (Oxford: Berg, 2003) 127-8.

233 *Men's Wear,* June 4, 1949; 10.

234 Fletcher Mansel, 'How they make the perfect pants and socks' *The Times,* Jan. 29, 2008. <http://www.timesonline.co.uk/tol/life_and_style/men/article3265363.ece.> Accessed Oct. 14, 2008.

235 Yve, "Les Dessous du Fantasme," *Prèf* no. 21, Sept. 2008: 33-4.

236 *Men's Wear,* Feb. 25, 1961.

237 Gale Whittington, "Fashion ... The Male's Emergence", *Vector,* April 1969: 16.

238 Steele, "Clothing and Sexuality," 56.

239 Bennett-England, 44-5.

240 Jeff Ynac, "'More Than a Woman': Music, Masculinity and Male Spectacle in Saturday Night Fever and Staying Alive," *Velvet Light Trap,* 1996. <http://www.questia.com.>

241 Susan Bordo, *The Male Body: A New Look at Men in Public and in Private* (New York: Farrar, Straus and Giroux, 1999) 198-9.

242 Brighton Ourstory Project, *Daring Hearts: lesbian and gay lives of 50s and 60s Brighton* (Brighton, Queenspark Books, 1992) 53.

243 National Lesbian and Gay Survey, *Proust, Cole Porter, Michelangelo, Marc Almond and Me: Writings by Gay Men on their Lives and Lifestyles* (London: Routledge, 1993) 57.

244 Shaun Cole, *Don We Now Our Gay Apparel* (Oxford: Berg, 2000; 72.

245 Peter Burton, *Parallel Lives* (London; GMP, 1985) 30.

246 Steele, *Fetish*: Fashion, Sex and Power (Oxford: Oxford University Press, 1996) 129 & 131.

247 Bennett-England, 44.

248 *Men's Wear,* Jan. 19, 1963: 15.

249 *Ibid.*

250 *Ibid.*

251 *Ibid,* June 4, 1966.

252 Helen Benedict, "A History of Men's Underwear" *American Fabrics and Fashion* Winter, 1982: 92.

253 "In Short Pants," *The Times,* May 10, 1968: 2.

254 O. E. Schoeffler and William Gale, *Esquire's encyclopedia of 20th century men's fashions* (New York and London: McGraw-Hill, 1973) 376.

255 Armistead Maupin, *Tales of the City,* (London: Black Swan, 1988) 166-7.

256 Andy Warhol, *The Philosophy of Andy Warhol,* (London: Penguin, 2007): 234-5.

257 *Ibid,* 231.

258 *Ibid,* 235.

259 Jilly Cooper, *Men and Supermen* (London: Eyre Methuen, 1972) 26.

260 Quoted in Bennett-England, 40-41.

261 *Men's Wear,* Jan. 1977.

262 Lisa Marsh, *The House of Klein: Fashion, Controversy and a Business Obsession* (New York; Chichester: Wiley, 2003) 48.

263 Steven Gaines and Susan Churcher, *Obsession: the Lives and Times of Calvin Klein* (New York: Birch Lane Press, 1994) 295.

264 Marsh, 49.

265 Gaines and Churcher, 294.

266 Ingrid Sischy, "Calvin to the Core" *Vanity Fair.* Apr., 2008. <http://www.vanityfair.com/culture/features/2008/04/calvin200804?currentPage=1.>

267 Marsh, 50.

268 Gaines and Churcher, 297.

269 Marion Hume, "Calvin Klein" *Airport*, March 1989.

270 "Calvin's New Gender Benders," *Time*, Sept. 5, 1983: 56.

271 *Ibid.*

272 *Ibid.*

273 <www.bellisse.com/pdf/jstory.doc.>

274 Quoted in Steele, 1996, 129.

275 Bo Lönnqvist, "Fashion and Eroticism: Men's underwear in the Context of Eroticism," *Ethnologia Europaea: Journal of European Ethnology* 31:01, 2001; 9.

276 *Ibid.*

277 John De Greef, *Sous Vetements* (Paris: Booking International, 1989) 61.

278 Quoted in Ashley Heath, "Whole new ball game' *Men's Wear,* Feb. 20, 1992: 19-21.

279 Quoted in Vanessa Astrop, "Boldly Buying," *Men's Wear,* Apr. 11, 1996: 22.

280 Michael Bracewell, "Panting," *The Guardian Weekend,* July 30, 1994: 32.

281 Quoted in David Coad, *The Metrosexual: Gender, Sexuality and Sport* (New York: SUNY Press, 2009) 11.

282 <http://www.showstudio.com/project/boned/blog.>

283 Steele, "Clothing and Sexuality," 57.

284 Astrop, "Undercurrents" *Men's Wear,* Apr. 11 1996: 14-15.

285 Susan Irvine, "Meet big, bold Boudoir Boy," *Evening Standard,* Sept. 6, 1994: 23.

286 Quoted in "Thongs join Y-fronts at M&S," BBC news website. <http://news.bbc.co.uk/go/pr/fr/-/1/hi/business/3224535.stm.> Accessed Jan. 30, 2008.

287 Quoted in Terry Kirby, "The Undercover Story: A briefs history of Y fronts," *The Independent*, May 19, 2006. <http://news/independent.co.uk/uk/this_britain/article548101.ece.> Accessed Jan. 30, 2008.>

288 Irvine, 23.

289 Quoted in A.A. Gill, "A wee problem," *Sunday Times (Style and Travel)* Oct. 31, 1993: 14.

290 *Ibid.*

291 *Menswear,* Apr. 2001: 23.

292 Quoted in Deborah Arthurs, "Is it April Fool's day? Underwear brand claim men are turning to pink pants to perk them up in the credit crunch." <http://www.dailymail.co.uk/femail/article-1168504/Is-April-Fools-day-Underwear-brand-claim-men-turning-pink-pants-perk-credit-crunch.html. > Accessed Dec. 6, 2009.

293 Ayana, "Trend Watch: Hot Fundoshi Underpants," *Ping Magazine,* June 13, 2008. <http://pingmag.jp/2008/06/13/fundoshi.> Accessed Sept. 8, 2008.

294 Jonathan Rutherford, "Who's That Man?" *Male Order: Unwrapping Masculinity,* Rowena Chapman and Jonathan Rutherford, eds. (London: Lawrence & Wishart, 1988) 59.

295 Frank Mort, "Boys Own: Masculinity, Style and Popular Culture," Chapman and Jonathan Rutherford, (London: Lawrence & Wishart: 1988) 193.

296 Bennett-England, 45.

297 Bracewel, 32.

298 Miles Goslett, "Paxman goes to war with M&S: Their pants no longer provide adequate support," *Daily Mail* Jan. 20, 2000.

299 Robert Elms, *The Way We Wore: A Life in Threads* (London: Picador: 2005) 3-4.

300 Miranda Carter, and Tyler Brûlé, "Of mice and men", *Elle* (UK), Apr. 1992: 49-50.

301 Quoted in Emma Johnson, "Retail Therapy / Shopping: Underneath Our Clothes," *Daily Post* (Liverpool, England), Feb. 16, 2006. <www.questia.com.>

302 Quoted in "Tighty-Whiteys Fade To Black As Colorful Men's Styles Surge," *Hartford Courant,* Aug. 9, 2006.

303 Mintel, *Men's underwear – UK – June 2008*. Any discrepancy in total 100 percent was accounted for by men stating they wear more than one type of underwear.

304 Quoted in David Colman, "But What if you get hit by a Taxi," *The New York Times* Apr. 19, 2007: G2.

305 Astrop, "Undercurrents," *Men's Wear,"* 14-15.

306 Mintel, 2008.

307 Astrop, "Undercurrents" *Men's Wear,"* 14.

308 See Naimah Ali, "Hip Hop's Slimdown: The Transition from Prison Yard Sag to 'Skurban' Slim." <http://www.library.drexel.edu/publications/dsmr/HipHopsSlimdown%20final.pdf. June 13, 2009.>

309 Christina Bellantoni, "'Droopy Drawers' Bill Seeks End to Overexposure of Underwear," *The Washington Times*, Feb. 9, 2005.

310 James Earl Hardy, *B-Boy Blues* (New York: Alyson Books, 1994) 19.

311 Quoted in Dan Shaw, "Unmentionable: not when they have designer labels," *The New York Times,* Aug. 14, 1994: 52.

312 *Ibid.*

313 *Ibid.*

314 *Ibid*, 49.

315 Identified by Mintel, 2008.

316 Quoted in Josh Sims, "What sort of underwear should the smart man invest in?" *The Independent*, Jan. 14, 2008. <http://www.independent.co.uk/life-style/fashion/features/what-sort-of-underwear-should-the-smart-man-invest-in-769942.html.> Accessed May 25, 2009.

317 Quoted in Olivia Bergin, "Alexander McQueen launches men's underwear range," *The Daily Telegraph,* March 25, 2010. <http://www.telegraph.co.uk/fashion/fashionnews/7521304/Alexander-McQueen-launches-mens-underwear-range.html. > Accessed March 26, 2010.

318 Gary M. Griffin, 41.

319 Nina Hyde, "Underwear Joe," *The Washington Post,* Nov, 18, 1984. Quoted in Coad, 97.

320 Quoted in Shaw, 49

321 "Tighty-Whiteys Fade To Black As Colorful Men's Styles Surge," *Hartford Courant* August 9, 2006

322 Loren Feldman, "A Cardinal in Peacock's Plume," *GQ* (U.S.), April 1988: 300. Quoted in Coad, 47.

323 Quoted in Susannah Frankel, "Ready To Wear: Pantology - the study of pants" *The Independent*, Nov. 5, 2007. <http://www.independent.co.uk/life-style/fashion/news/ready-to-wear-pantology—the-study-of-pants-759922.html.>

324 Jockey *Pantology,* 2007.

325 Quoted in Nichola Beresford, "All you ever needed to know about men's underwear," *The Munster Express,* Nov. 9, 2007. <http://www.munster-express.ie/opinion/nichola-week/all-you-ever-needed-to-know-about-mens-underwear.>

326 Quoted in Mintel, 2008.

327 Joseph Hancock, *Brand/Story (*New York: Fairchild, 2009) 159.

328 *Ibid.*

329 Sean Lynn, "Let the battle commence," *Men's Wear*, June 20, 1991:12-13.

330 Quoted in Garrett, 79-80

331 Eric Wilson, "Boxers or Briefs?" New York Times, Apr. 27, 2006. <http://www.nytimes.com/2006/04/27/fashion/thursdaystyles/27ROW.html. Accessed Aug. 13, 2008.>

332 Brand marketing executive. Quoted in Mintel, 2008.

333 Suzanne Lee, *Fashioning the Future* (London: Thames & Hudson, 2005) 64.

334 Bradley Quinn, *Techno Fashion* (Oxford: Berg, 2002) 165.

335 Quoted in Khushwant Sachdave, "The Underwear That Stays Fresh for Days," *The Daily Mail*, Oct. 18, 2005.

336 "Aussie jocks set for 'revitalisation,'" *Sydney Morning Herald,* Feb. 3, 2006. <http://www.smh.com.au/news/National/Aussie-jocks-set-for-revitalisation/2006/02/03/1138836413280.html. > Accessed June 26, 2009.

337 Quoted in Richard Gray, "Self-clean technology to remove the mud, sweat and tears of wash day forever," *Daily Telegraph* Dec. 31, 2006. <http://www.telegraph.co.uk/news/uknews/1538211/Self-clean-technology-to-remove-the-mud-sweat-and-tears-of-wash-day-for-ever.html.> Accessed June 26, 2009

338 <http://www.brunobanani.com/history.>

339 <http://www.dow.com.>

340 Email from Jacqueline Häußler to Shaun Cole 2008.

341 Quoted in Shaw, 49.

342 Craik, *Uniforms Exposed: From Conformity to Transgression* (Oxford: Berg, 2005) 141.

343 John Hargreaves, *Sport, Power and Culture: A social and Historical analysis of Popular Sports in Britain* (Cambridge: Polity Press, 1986) 14.

344 Bryant Stamford, "Sports Bras and Briefs: Choosing Good Athletic Support," *The Physician And Sports Medicine* Vol.24(12), Dec. 1996.

345 Quoted in Daniel Akst, "Where Have All the Jockstraps Gone?: The decline and fall of the athletic supporter," *Slate* July 22, 2005. Accessed May 25, 2009.

346 B.K. Doan, Y.H. Kwon, R.U. Newton, et al., "Evaluation of a lower-body compression garment," *Journal of Sports Science* Vol.21(8), Aug. 2003: 601–10

347 Quoted in Michael P. Londrigan, *Menswear: Business to Style* (New York: Fairchild, 2009) 347.

348 R. Munkelwitz and B. Gilbert, "Are boxer shorts really better? A critical analysis of the role of underwear type in male subfertility," *The Journal of Urology*, Vol. 160(4) Oct. 1998: 1329-1333.

349 Narendra Pisal and Michael Sindo, "Can men's underwear damage their fertility?" *Pulse* 8, June, 2003. <http://www.pulsetoday.co.uk/story.asp?sectioncode=19&storycode=4000931.> Accessed June 26, 2009.

350 Michael A. Knipp, "Andrew Christian: From rags to britches," *Gay & Lesbian Times* No. 1043, Dec. 20, 2007.

351 Quoted in Freya Petersen, "aussieBum: Down Under designs in more ways than one," *The New York Times*, February 1, 2008.

352 Quoted in Susie Rushton, "A brief history of pants: Why men's smalls have always been a subject of concern," *The Independent,* Jan. 22, 2008: 4

353 *Menswear,* May 29, 1997: 13.

354 <http://www.hominvisible.com/mark.php.>

355 H. Ohge, J.K. Furne, J. Springfield, S. Ringwala S, and M.D. Levitt, "Effectiveness of devices purported to reduce flatus odor," *The American Journal of Gastroenterology,* Feb. 100 Vol.2, 2005: 397-400.

356 Design director. Quoted in Mintel, June, 2008.

357 <http://news.sawf.org/Fashion/49054.aspx.>

358 <http://www.2xist.com. Accessed 10.01.2010.>

359 Quoted in Court Williams, "Shape Shifters" *WWD,* Jan. 26, 2009: 10.

360 See Cole,149.

361 Keith Howes, *Broadcasting It,* (London: Cassell, 1994) 747.

362 Quoted in Shaw, 52.

363 Gina Pace, "Store Sorry For 'Wife Beater' Shirt Ad," Feb. 23, 2006. <http://www.cbsnews.com/stories/2006/02/23/national/main1341814.shtml.>

364 Quoted in Susie Rushton, "Unravelled! The death of the string vest," *The Independent* Dec. 8, 2007. <http://www.independent.co.uk/life-style/fashion/features/unravelled-the-death-of-the-string-vest-763781.html.>

365 Mark Simpson, "Here come the mirror men", *The Independent*, Nov. 15 1994: 22.

366 *The Future of Men: USA*. Quoted in Coad, 27.

367 *Ibid,* 28.

368 *Ibid,* 30.

369 Christopher Breward, *The Hidden Consumer: Masculinities, fashion and city life 1860-1914,* (Manchester: Manchester University Press, 1999) 2-3.

370 Bill Osgerby, "A Pedigree of the Consuming Male: Masculinity, consumption and the American 'Leisure Class,'" *Masculinity and Men's Lifestyle Magazines,* Bethan Benwell ed. (Oxford: Blackwell, 2003) 58.

371 Quoted in Simon O'Connell, "Rewriting the Brief" *Menswear,* Apr. 17, 1997: 17

372 Sheryl Garratt, "Barefaced Chic," *The Sunday Times,* May 10, 1998: 7.

373 Tom Stubbs, "Fashion: Can straight men wear gay pants?" *The Sunday Times,* July 20, 2003. <http://women.timesonline.co.uk/tol/life_and_style/women/style/article1150167.ece.>

374 Fadi Hanna, "Punishing Masculinity in Gay Asylum Claims," *Yale Law Journal*, Vol. 114, 2005: 31.

375 Astrop, "Boldly Buying," 22.

376 Petersen, <http://www.nytimes.com/2008/01/21/style/21iht-raus.1.9369561.html?pagewanted=all.>

377 Quoted in Coad, 99

378 Telephone interview of Shaun Cole by Phil Elam July 28, 2008.

379 *Ibid.*

380 *Ibid.*

381 *Ibid.*

382 Email from Mike Boila to Cole.

383 Email to Cole from Melissa Wilson, Aug. 29, 2007.

384 Quoted in Hancock, 162

385 *Ibid.*

386 *Menswear,* Apr. 2001, 23.

387 Lynn, 12.

388 Quoted in Lynn, 12-13.

389 Quoted in "Brief encounters," *Time Out,* Nov. 1-8, 1995: 10.

390 Mintel, *Underwear Retailing – UK* – Apr., 2009

391 Quoted in Michelle Slatalla, "Boxers or Briefs? It's a Mystery," *New York Times* Nov. 16, 2006. <http://www.nytimes.com/2006/11/16/fashion/16Online.html.> Accessed Sept. 13, 2008.

392 Sandra Dolbow, "Here, There and Underwear: The Inside Skinny on Skivvies," *Brandweek,* Sept. 10, 2001. <http://www.allbusiness.com/marketing-advertising/branding-brand-development/4670017-1.html.>

393 Mintel, *Men's Underwear – US* – Dec. 2008.

394 Bracewell, 32.

395 Bo Lönnqvist, "Fashion and Eroticism: Men's underwear in the Context of Eroticism," *Ethnologia Europaea: Journal of European Ethnology,* Vol.31(01) 2001: 79.

396 Email to Cole July 16, 2009.

397 Paul Dornan, "Dear Marks & Spencer," *The Independent* June 21, 1995: 3.

398 *Ibid.*

399 Quoted in Coad, 109

400 Simon Beaufoy, *The Full Monty,* (Suffolk: ScreenPress Books, 1997).

401 Quoted in Johnson, <www.questia.com.>

402 <http://www.jockey.com/pressroom/052508_trueunderwearage.aspx.>

403 Quoted in Sam Stein, "Men's Underwear Sales, Greenspan's Economic Metric, Reveal Crisis," *The Huffington Post,* Apr. 8, 2009. <http://www.huffingtonpost.com/2009/04/08/mens-underwear-sales-gree_n_184863.html.>

404 Clark Henley, *The Butch Manual: The Current Drag and How to Do It* (New York: Sea Horse Press, 1982) 66.

405 Quoted in "Scots trip up on kilt style," June 30, 2002. <http://news.bbc.

co.uk/1/hi/scotland/2075844.stm.>

[406] St Andrew is patron saint of Scotland, and his day is celebrated on Nov. 30.

[407] Harriet Arkell, "What lies beneath?" *Evening Standard* Nov. 29. 2002. <http://www.thisislondon.co.uk/news/article-2268428-details/ What+lies+beneath/article.do.>

[408] Marc Horne, "A kick in the pants for true Scots," *Scotland on Sunday* Feb. 14, 2009. <http://scotlandonsunday.scotsman.com/latestnews/A-kick-in-the-pants.4982040.jp.>

[409] *Ibid.*

[410] A pair of these tartan shorts were sold by Kerry Taylor at her London auction house.

[411] Horne, <http://scotlandonsunday.scotsman.com/latestnews/A-kick-in-the-pants.4982040.jp.>

[412] Daniel Engber, "Do Commandos Go Commando?" *Slate Magazine*, Jan. 10, 2005. <http://slate.com/id/2112100/.> Accessed Dec. 23, 2006.

[413] *Ibid.*

[414] <http://en.wikipedia.org/wiki/Going_commando.>

[415] Quoted in Dolly Jones, "The Naked Truth," Nov. 7, 2006. <http://www.vogue.co.uk/news/daily/2006-11/061107-the-naked-truth.aspx.>

[416] Jeremy Farrell, *Socks and Stockings* (London; B.T.Batsford, 1992) 74.

[417] Milton N. Grass, *History of Hosiery* (New York: Fairchild, 1955) 94.

[418] Cited in Penelope Byrde, *The Male Image: Men's Fashion in England 1300-1700* (London: Batsford, 1979) 59.

[419] Quoted in Farrell, 9.

[420] J. Stow, *The Annals or Generall Chronicle of England.* Quoted in Milton N. Grass, *A History of Hosiery*, (New York: Fairchild Publications, 1959) 120-1.

[421] Quoted in F. W. Fairholt, *Costume in England*, (Chapman and Hall, 1885) 591.

[422] *Ibid.*

[423] M. Channing Lithincum, "Malvolio's Cross-Gartered Yellow Stockings," *Modern Philology*, Vol. 25(1), 1927: 87-88.

[424] *Ibid.*

[425] *Ibid.*

[426] *Ibid.*

[427] *Ibid.*

[428] Stubbes. Quoted in Byrde, 196

[429] Quoted in Warren C. Scoville, *The Persecution of Huguenots and French Economic Development, 1680-1720* (University of California Press: Berkeley, 1960) 239-40.

[430] Alice Morse Earle, *Two Centuries of Costume in America,* (New York: Dover Publications) 42.

[431] P. & A. MacTaggart, "The Rich Wearing Apparel of Richard, 3rd Earl of Dorset," *Costume,* Vol.14, 1980: 41-55.

[432] Quoted in Norah Waugh, *The Cut of Men's Clothes, 1600–1900* (London: Faber and Faber: 1964) 43.

[433] Quoted in Farrell, 14.

[434] *Ibid.*

[435] Roy Strong, "Charles I's Clothes for the Years 1633 to 1635', *Costume* 14, 1980: 73-89.

[436] C. Willett & Phillis Cunnington, *A Handbook of English Costume in the Seventeenth Century* (London: Faber and Faber, 1955) 64-5.

[437] *Ibid.*

[438] Samuel Pepys, Diary entry for Nov. 29, 1663. *Ibid*, 16.

[439] Richard Rutt, *A History of Hand Knitting (*London: B.T. Batsford, 1987) 70.

[440] *Ibid.*

[441] See Bryde, "The Sir Thomas Kirkpatrick Costume*" The National Art Collection Fund Review,* 1986: 112-3.

[442] Quoted in Willett & Phillis Cunnington, 82

[443] M. Ghering van Ierlant, "Anglo-French Fashion 1786", *Costume* Vol.17, 1983: 69.

[444] C. P. Moritz, *The Travels of Carl Philip Moritz in England in 1782.* Quoted in Anne Buck, *Dress in Eighteenth Century England*, (London:Batsford, 1979) 58.

[445] Du Mortier, Bianca. "Men's fashion in the Netherlands, 1790 – 1830," *Costume* Vol. 22, 1988: 57-8.

[446] *The Ladies' Penny Gazette,* December 7, 1833: 40. Quoted in Farrell, 88

[447] Quoted in Farrell, 28.

[448] Rutt, 89.

[449] Samuel Bamford, *Tawk o' Searth Lankeshur* (1850) Quoted in Buck, 58.

[450] Farrell, 32.

[451] Quoted in Waugh, 107

[452] John Burgoyne, *The Lord of the Manor: an opera* (London: John Cumberland, 1827) 20.

[453] Richard Brinsley Sheridan, *A Trip to Scarborough* (Whitefish MT: Kessinger Publishing Co., 2004) 26.

[454] Roche, 1994, 252.

[455] Farrell, 40.

[456] Buck, 1979, 95-6.

[457] Quoted in Meredith Wright, *Everyday Dress of Rural America, 1783 – 1800* (New York, Dover Publications, Inc., 1992) 83.

[458] Honoré de Balzac, *Lost Illusions*, trans. Herbert J. Hunt. (London: Penguin, 1971) 619.

[459] *The Whole Art of Dress,* 38-9.

[460] Raisson, *Code de la toilette: Manuel complet d'élégance et d'hygiène*, (Paris, 1828) 116-117. Quoted in Chenoune, 24.

[461] F. A. Barde, *Traité encyclopédique de l'art du tailleur*, (Paris, 1834) 234. Quoted in Chenoune, 28.

[462] *Ibid.*

[463] Edmond and Jules de Goncourt, *Journal Mémoires de la vie littéraire*, (1887 – 1896) (Paris, 1989) Vol. II: 1158. Quoted in Chenoune, 96.

[464] William Gardiner, "Music and Friends; or Peasant recollections of a Dilettante, *The Gentleman's Magazine and Historical Review*, July, 1858: 30.

[465] Quoted in Farrell, 52

[466] Captain Jesse, *The Life of George Brummell Esq*, Vol. I(63) 1886, 63.

[467] *The World of Fashion,* Sept. 1826, 22.

468 *The Whole Art of Dress,* 38.

469 Joris-Karl Huysmans, *A Rebours* (London: Penguin, 2004) 117.

470 *The Whole Art of Dress,* 39.

471 Quoted in Levitt, 1986; 47.

472 Karin Timour, "Patriotic Toil: knitting Socks for Civil War Soldiers" *Piecework,* Vol.17(2), March-April 2009: 23

473 Timour, "The Anatomy of Civil War Socks" *Piecework,* Vol.17(2), March-April 2009: 23.

474 *Ibid.*

475 *Ibid,* 22.

476 A. G. Osler, 'Tyneside Riverworkers: Occupational dress', *Costume* Vol.18, 1984: 74.

477 Farrell, 54.

478 Ruven Feder and J.- M. Glasman, *Socks Story* (Paris: Editions Yocar Feder, 1992) 29, and <http://www.dore-dore.fr/www/histoire.php.>

479 Gustav Jaeger, *Health-culture,* trans. and ed. R. S. Lewis, (London: Tomalin 1887) 26.

480 Burman and Melissa Leventon, "The Men's Dress Reform Party, 1929-1937," *Costume,* Vol.21, 1987: 80.

481 John Withers Taylor. Quoted in N.B. Harte, "The Growth and Decay of a Hosiery Firm in the Nineteenth century', *Textile History,* Vol. 8, 1977: 39.

482 Charles Dickens, *Sketches by Boz* (London: John Macrone,1837) 300.

483 Quoted in Schoeffler and Gale, 284.

484 Quoted in Rutt, 139.

485 E. F. Benson, *Queen Lucia* (London: Black Swan, 1984) 74.

486 Jonathan Light Fraser, *The Cultural Encyclopedia of Baseball,* 2nd edition (Jefferson, NC and London: McFarland, 2005) 982.

487 Marie Clayton, *The Ultimate A to Z Companion to 1,001 Needlecraft Terms,* (New York: St. Martin's Press, 2008) 11.

488 Quoted in Schoeffler and Gale, 285.

489 *Men's Wear,* 1933: 23. Quoted in Schoeffler and Gale, 285

490 Janice Jorgensen, ed., *Encyclopedia of Consumer Brands Vol II* (Detroit: St. James Press, 1994) 82.

491 G.A. Lawnston, "Les Tenues du Prince Charmant," *Adam,* Nov. 1930. Quoted in Chenoune, 169.

492 Quoted in Schoeffler and Gale, 286.

493 *Ibid.*

494 Farrell, 74.

495 Jane Waller, ed., *A Man's book: Fashion in the man's world in the 20s and 30s* (London: Duckworth, 1977) 125.

496 *Men's Wear,* Mar. 11, 1936. Quoted in Schoeffler and Gale, 286.

497 <http://hansard.millbanksystems.com/written_answers/1941/oct/23/clothes-rationing.> Accessed Oct. 11, 2008.

498 Quoted in Schoeffler and Gale, 286-7.

499 Rachel Worth, *Fashion for the People: A History of Clothing at Marks & Spencer* (Oxford: Berg, 2007) 49 and 58.

500 Farrell, 78.

501 Schoeffler and Gale, 289.

502 The Duke of Windsor, *A Family Album* (London: Cassell, 1960) 119.

503 Mass-Observation Sex Survey, *Sexual Behaviour,* Box 4, File E, Appendix 1, Abnormality: 6.7.49.

504 Bob Cant, ed., *Footsteps and Witnesses: Lesbian and Gay Lifestories from Scotland.* (Edinburgh: Polygon, 1993) 47.

505 Peter McNeill, "Australia, New Zealand and the Pacific Islands," *Encyclopedia of World Dress.* Vol. 7: (Oxford: Berg). Unpublished manuscript.

506 Brighton Ourstory Project, 50.

507 <http://www.fashion-era.com/1950s/1950s_4_teenagers_teddy_boys.htm.>

508 Quoted in Terry Rawlings, "Mod: a Very British Phenomenon*,"* *Omnibus* Vol. 39, 2000: 124.

509 George Marshall, *Spirit of '69: a Skinhead Bible* (Dunoon: S.T., 1994) 173.

510 Quoted in Cole, 145.

511 Eddie. Quoted in Brighton Ourstory Project, 53.

512 Quoted in Schoeffler and Gale, 289.

513 *Ibid.*

514 "Non-clinging socks mark new hosiery, "*The Rome News Tribune* June 1, 1971: 10.

515 *Ibid.*

516 Schoeffler and Gale, 289.

517 Charles Hix, *Dressing Right* (New York: St Martins Press, 1978) 168.

518 *Style,* March 1972, Vol. 34. Quoted in Farrell, 83.

519 *Style,* Dec 1971, 26. Quoted in Farrell, 83.

520 Quoted in Schoeffler and Gale, 290.

521 *Ibid.*

522 "Non-clinging socks mark new hosiery, 10.

523 Feder and Glasman, 37.

524 Paul Keers, *A Gentleman's Wardrobe: Classic Clothes and the Modern Man.* (London: Weidenfeld and Nicolson, 1987) 62.

525 Interview with Cole, June 7, 1997.

526 *Ibid.*

527 "Sock Support," *Menswear,* Apr. 11 1996: 18.

528 Richard Roetzel, *Gentleman: A Timeless Fashion* (Cologne: Koneman, 1999) 186.

529 *Ibid.*

530 Quoted in John Harris, "Is wearing red socks enough to make you a fop?" *The Guardian,* Nov. 21, 2005: 3.

531 Quoted in Mintel, 2008.

532 Mintel, 2008.

533 Interview with Cole, May 1997.

534 Charlie Porter, "Sock it to me," *The Guardian,* Jan. 31, 2003.

535 Mintel, 2008.

536 Quoted in Porter, 2003.

537 *Ibid.*

538 Tom Whipple, "Gone With the Wind," *The Times* Apr. 28, 2007.

<http://women.timesonline.co.uk/tol/life_and_style/women/body_and_soul/article1714754.ece.> Accessed Oct. 14, 2008.

539 Trevor Keeble, "When Men Keep on Running: The Technological Sport and Fashion," *One-OFF: collection of essays by postgraduate students on the V&A / RCA course in the History of Design* (London: V&A publications, 1997) 127.

540 *Ibid.*

541 <http://www.okamotocorp.co.jp.>

542 Martin, 1992: 19.

543 Jobling, 2005, 6.

544 Quoted in Richard Martin, "'Feel Like a Million!': The Propitious Epoch in Men's Underwear Imagery, 1939-1952," *Journal of American Culture*, Vol.18(4),1995: 52.

545 Jobling, 6.

546 Quoted in Martin, 1992, 27.

547 F.R.A. Marteau, "How These Tailors Use Advertising – And Why," *Advertisers Weekly,* March 13, 1925: 435-6. Quoted in Jobling, 68.

548 *Advertiser's Weekly,* Nov. 5, 1936: 214. Quoted in Jobling, 124-5.

549 *Men's Wear,* June 21, 1930: 372-3.

550 Martin, 1992, 21.

551 *Ibid.*

552 Gaines and Churcher, 275.

553 Suzy Menkes, "David vs. 'David': Fashion's underwear battle below the belt," *International Herald Tribune*, Jan. 14, 2008.

554 James W. Chesebro and Koji Fuse, "The Development of a Perceived Masculinity Scale," *Communication Quarterly*, Vol. 49(3) Summer 2001: 239.

555 Edisol W. Dotson, *Behold the Man: The Hype and Selling of Male Beauty in Media and Culture* (Binghamton: Haworth Press, 1999) 1 and 3.

556 David Buchbinder, "Objector Ground? The Male Body as Fashion Accessory," *Canadian Review of American Studies* Vol. 34(3) 2004: 222.

557 Emmanuel Cooper, *Fully Exposed: The Male Nude in Photography,* (London and New York: Routledge, 1995) 123.

558 Wolfgang Fritz Haug, *Critique of Commodity Aesthetics* (Cambridge: Polity Press, 1986) 84.

559 Melody Davis, *The Male Nude in Contemporary Photography* (Philadelphia: Temple University Press, 1991) 5.

560 <http://www.brassmonkeys.co.uk/press/default.html.>

561 *Ibid.*

562 Gaines and Churcher, 275.

563 Quoted in Karen Stabiner, "Tapping the Homosexual Market", *The New York Times* Magazine, May 2, 1982:34.

564 Simpson, *Male Impersonators: Men Performing Masculinity,* (London: Cassell, 1994) 4.

565 Bordo, *The Male Body: A new look at men in public and in private* (New York: Farrar, Straus and Giroux) 190.

566 *Ibid,* 188.

567 Email to Cole, Aug. 29. 2007.

568 Jobling, 122.

569 Bruce H Joffe, "Skivvies with the Givvies: Vintage American Underwear Ads Featuring Sexual Innuendo between 'Boys' in the Brands," *Textile*, Vol. 6(1), 2008: 6.

570 D.B. Boyce, "Coded Desire in 1920's Advertising," *Gay and Lesbian Review,* Winter 2000: 26. Quoted in Jobling 131.

571 Martin, 1992, 19.

572 Michael Moffatt, *Coming of Age in New Jersey: College and American Culture,* (New Brunswick, New Jersey: Rutgers University Press, 1989) 86.

573 Martin, 25

574 Ted Hathaway, "From Baseballs to Brassieres: The Use of Baseball in Magazine Advertising, 1890-1960," *Nine*, Vol. 10, 2001. <www.questia.com.> Accessed June 10, 2007.

575 Jonathan Light Fraser, *The Cultural Encyclopedia of Baseball* 2nd edition, (Jefferson, NC and London: McFarland 2005) 977. <www.questia.com.> Accessed June 10, 2007.

576 Roberta Newman, "It Pays to Be Personal: Baseball and Product Endorsements," *Nine*, Vol. 12, 2003: <www.questia.com.> Accessed June 10, 2007.

577 Coad, 93.

578 Marsh, 48.

579 Dominic Lutton, "Ready, Freddie Go: Arsenal's Freddie Ljungberg Is Poised to Usurp David Beckham as Football's Hottest Fashionista," *The Mail on Sunday* May 23, 2004.

580 <http://www.marksimpson.com/blog/2007/12/10/becks-does-freddie-doing-becks.>

581 Menkes, <http://www.nytimes.com/2008/01/14/style/14iht-runder.4.9201035.html.>

582 *Ibid.*

583 Tina Gaudoin, "Armani's David Beckham," *The Times,* Dec. 15, 2007.

584 Steele, "Clothing and Sexuality", 49.

585 Simpson, "Sporno," *Fashion v Sport,* ed. Ligaya Salazar (London: V&A Publishing, 2008) 106-7.

586 *Ibid*, 106

587 Niraj Sheth and Tariq Engineer, "As the Selling Gets Hot, India Tries to Keep Cool. New-Age Dilemma: Too Sexy? Just Fun? The Chocolate Man," *Wall Street Journal,* Sept. 9, 2008 <http://online.wsj.com/article/SB122091360142512207.html.> Accessed Sept. 24, 2008.

588 Quoted in Simon O'Connell, "Rewriting the Brief," *Men's Wear,* Apr.17 1997: 17.

589 <http://www.trendhunter.com/trends/eggo-mens-underwear-flashing.> Accessed Feb. 14, 2008.

590 "The Underwear department: The importance of brands and trade marks," *The Outfitter*, Sept. 29, 1906: 29.

591 Mintel, 2008.

参考文献

"An Age of Silk," *American Silk Journal,* No. 11, Nov., 1882.

"An Outfitter's Mid-Season Reflections: Best of the Season Yet to Come – Bright Outlook for Whitsun Trade – Autumn Underwear Prices," *Men's Wear,* May 24, 1930.

"Aussie jocks set for 'revitalisation,'" *Sydney Morning Herald,* Feb. 3, 2006. <http://www.smh.com.au/news/National/Aussie-jocks-set-for-revitalisati on/2006/02/03/1138836413280.html >.

"Calvin's New Gender Benders," *Time,* Sept. 5, 1983.

"The Coming Underwear Revolution: Athletic Vests and Elastic Waisted Shorts – British Manufacturers Preparing to Make New Styles for Men," *Men's Wear,* June 14, 1930.

"Dress reform debated," *Tailor and Cutter,* July 8, 1932.

"I. and R. Morley," *Men's Wear,* May 10, 1930.

"Important factors in the Underwear Trend: Winter weights Becoming Lighter," *Men's Wear,* June 18, 1932.

"In Short Pants," *The Times,* May 10, 1968.

"Leading Features of London Styles: A Guide to Overseas Buyers," *Men's Wear,* May 10, 1930.

"Outfitting for the Spring," *Men's Wear,* Feb. 8, 1930.

"Non-clinging socks mark new hosiery, *"The Rome News Tribune,* June 1, 1971.

"Sock Support," *Menswear,* April 11, 1996.

"Tighty-Whiteys Fade to Black as Colorful Men's Styles Surge," *Hartford Courant,* Aug. 9, 2006.

"Thongs join Y-fronts at M&S," *BBC News Website.* <http://news.bbc.co.uk/go/pr/fr/-/1/hi/business/3224535.stm>.

Cassell's Household Guide, Vol. III, London: Cassell, Petter, and Galpin, 1869.

Drapers' Record, March 9, 1895.

Gazette of Fashion, Aug. 1, 1861.

How to Dress; or Etiquette of the Toilette, London: Ward, Lock, et al., 876.

Japan: An Illustrated Encyclopedia, Tokyo: Kodansha, 1993.

Mass-Observation Sex Survey, *Sexual Behaviour*, Box 4, File E, Appendix 1, Abnormality: 6.7.49.

Men's Wear, March 7, 1903, Oct. 1, 1927, June 21, 1930, Apr. 10, 1933, Feb. *25* 1961, Jan. 19, 1963, June 4, 1966, and Jan. 1977.

Menswear, May 29, 1997 and Apr., 2001.

The Outfitter, Sept 29, 1906.

The Whole Art of Dress, London: Effingham Wilson, 1830.

The Workwoman's Guide, London: Simpkin, Marshall, 1840.

The World of Fashion, Sept, 1826.

<http://www.bellisse.com/pdf/jstory.doc.>

<http://www.brassmonkeys.co.uk/press/default.html.>

<http://www.brunobanani.com/history.>

<http://www.dow.com.>

<http://www.fashion-era.com/1950s/1950s_4_teenagers_teddy_boys.htm.>

<http://www.jockey.com/pressroom/052508_trueunderwearage.aspx.>

<http://www.hominvisible.com/mark.php.>

<http://www.marksimpson.com/blog/2007/12/10/becks-does-freddie-doing-becks.>

<http://news.sawf.org/Fashion/49054.aspx.>

<http://www.okamotocorp.co.jp.>

<http://www.petit-bateau.us/behind_the_scenes.html.>

<http://www.showstudio.com/project/boned/blog.>

<http://www.trendhunter.com/trends/eggo-mens-underwear-flashing.>

<http://www.2xist.com.>

<http://en.wikipedia.org/wiki/Going_commando.>

Abrahams, Marc. "Red Stars and Bras: Undercover agents during the cold war," *The Guardian*, Tuesday, Feb. 21, 2006.

Albermarle, G. "Flashes of Fashion," *MAN and his Clothes,* Feb. 1931.

Ali, Naimah. "Hip Hop's Slimdown: The Transition from Prison Yard Sag to 'Skurban' Slim," <http://www.library.drexel.edu/publications/dsmr/HipHopsSlimdown%20 final.pdf.>

Akst, Daniel. "Where Have All the Jockstraps Gone?: The decline and fall of the athletic supporter," *Slate,* July 22, 2005.

Arkell Harriet. "What lies beneath?" *Evening Standard,* Nov. 29, 2002. <http://www.thisislondon.co.uk/news/article-2268428-details/ What+lies+beneath/article.do.>

Astrop, Vanessa. "Boldly Buying" *Men's Wear,* Apr. 11, 1996.

Ayana, "Trend Watch: Hot Fundoshi Underpants," *Ping Magazine,* June 13, 2008. <http://pingmag.jp/2008/06/13/fundoshi.>

Balzac, Honoré de. *Cousin Bette,* Trans. Sylvia Raphael, Oxford: Oxford Paperbacks, 1998.

——-. *Lost Illusions* London: Penguin, 1837.

Bamford Francis, ed. *A Royalist's Notebook: The Commonplace Book of Sir John Oglander of Nunwell,* London: Constable and Co, 1936.

Beaufoy, Simon. *The Full Monty,* Suffolk: ScreenPress Books,1997.

Bellantoni, Christina. "Droopy Drawers' Bill Seeks End to Overexposure of Underwear," *The Washington Times,* Feb. 9, 2005.

Benedict, Helen. "A History of Men's Underwear" *American Fabrics and Fashion* Winter; 1982: 92.

Bennett, Arnold. *The Old Wives' Tale* (1908) London: Penguin,1990.

Bennett-England. Rodney. *Dress Optional: The Revolution in Menswear,* London: Peter Owen,1967.

Beresford, Nichola. "All you ever needed to know about men's underwear," *The Munster Express,* Nov. 9, 2007. <http://www.munster-express.ie/opinion/ nichola-week/all-you-ever-needed-to-know-about-mens-underwear.>

Bergin, Olivia. "Alexander McQueen launches men's underwear range," *The Daily Telegraph,* March 25, 2010. <http://www.telegraph.co.uk/fashion/ fashionnews/ 7521304/Alexander-McQueen-launches-mens-underwear- range.html.>

Birgit, Engel. *Underwear,* Berlin: Feierabend, 2003.

Bordo, Susan. *The Male Body: A New Look at Men in Public and in Private,* New York: Farrar, Straus and Giroux, 1999.

Bracewell, Michael. "Panting," *The Guardian Weekend,* July 30, 1994.

Breward, Christopher. *The Hidden Consumer: Masculinities, fashion and city life 1860-1914,* Manchester: Manchester University Press, 1999.

Brighton Ourstory Project. *Daring Hearts: lesbian and gay lives of 50s and 60s Brighton,* Brighton: Queenspark Books, 1992.

Brooke, Rupert. *Letters from America,* New York: C. Scribner's Sons, 1916.

Brunel, Charlotte. *The T-shirt Book,* New York: Assouline, 2002.

Bryant, Arthur. *The Age of Elegance, 1812-1822,* London: Collins, 1950.

——-. *Set in a Silver Sea: A History of Britain and the British People,* Vol.1, London: Harper Collins, 1984.

Bueger, David John. "The Development of the Mormon Temple Endowment Ceremony," *Dialogue: A Journal of Mormon Thought,* Vol. 20(4), 1987.

Buchbinder, David. "Objector Ground? The Male Body as Fashion Accessory," C*anadian Review of American Studies,* Vol. 34(3), 2004.

Buck, Anne. *Dress in Eighteenth Century England,* London: Batsford, 1979.

Burman, Barbara. "Better and Brighter Clothes: The Men's Dress Reform Party, 1929-1940," *Journal of Design History*, Vol. 8, 1995.

——- and Leventon, Melissa. "The Men's Dress Reform Party, 1929-1937," *Costume,* Vol. 21, 1987.

Burton, Peter. *Parallel Lives*, London: GMP, 1985.

Byrde, Penelope. *The Male Image: Men's Fashion in England 1300-1700,* London: Batsford, 1979.

Cant, Bob. ed. *Footsteps and Witnesses: Lesbian and Gay Lifestories from Scotland,* Edinburgh: Polygon, 1993.

Carter, Alison. *Underwear: The Fashion History,* London: B.T. Batsford, 1992.

Carter, Michael. *Superman's Costume* in *Form/ Work. An Interdisciplinary Journal of Design and the Built Environment, The Fashion Issue,* No 4, March, 2000.

Carter, Miranda and Brûlé, Tyler. "Of Mice and Men", *Elle* (UK), April, 1992.

Carden-Coyne, Anna Alexandra. "Classical Heroism and Modern Life: Bodybuilding -and Masculinity in the Early Twentieth Century," *Journal of Australian Studies,* Issue 63, 1999.

Chenoune, Farid. *A History of Men's Fashion,* Paris: Flammarion, 1993.

Chesebro, James W., and Fuse, Koji. "The Development of a Perceived Masculinity Scale," *Communication Quarterly*, Vol. 49, 2001.

Clayton, Marie. *The Ultimate A to Z Companion to 1,001 Needlecraft Terms,* New York: St. Martin's Press, 2008.

Coad, David. *The Metrosexual: Gender, Sexuality and Sport,* New York: SUNY Press, 2009.

Cole, Shaun. *Don We Now Our Gay Apparel,* Oxford: Berg, 2000.

Colman, David. "But What if you get hit by a Taxi," *The New York Times,* Apr. 19, 2007.

Cooper, Belton Y. *Death Traps: The Survival of an American Armored Division in World War II,* New York: Presidio Press, 1998.

Cooper, Jilly. *Men and Supermen,* London: Eyre Methuen, 1972.

Craik, Jennifer. *Face of Fashion: cultural studies in fashion,* London: Routledge, 1993.

——-. *Uniforms Exposed: From Conformity to Transgression,* Oxford; Berg, 2005.

Cunningham, Patricia A. *Reforming women's fashion, 1850-1920: politics, health, and art,* Kent, OH: Kent State University Press, 2003.

Cunnington, C. and Willett, Phyllis. *The History of Underclothes,* London: Michael Joseph, 1951.

Daniels, Les. *Superman: The Complete History,* London: Titan Books, 1998.

Davis, Melody. *The Male Nude in Contemporary Photography,* Philadelphia: Temple University Press, 1991.

De Greef, John. *Sous Vêtements,* Paris: Booking International, 1989.

Dickens, Charles. *The Pickwick Papers*, London: Penguin, 2004.

——-. *Sketches by Boz*, London: John Macrone, 1837.

Doan, B.K., Kwon, Y.H., Newton, R.U., et al., "Evaluation of a lower-body compression Garment," *Journal of Sports Science,* Vol. 21(8), Aug. 2003.

Dolbow, Sandra. "Here, There and Underwear: The Inside Skinny on Skivvies," *Brandweek,* Sept 10, (2001). <http://www.allbusiness.com/marketing-advertising/branding-brand-development/4670017-1.html.>

Dornan, Paul. "Dear Marks & Spencer," *The Independent,* June 21, 1995.

Dotson, Edisol W. *Behold the Man: The Hype and Selling of Male Beauty in Media and Culture,* Binghampton, NY: Haworth Press, 1999.

Du Mortier, Bianca. "Men's fashion in the Netherlands, 1790 – 1830," *Costume,* Vol. 22, 1988.

Earle, Alice Morse. *Two Centuries of Costume in America,* New York: Dover Publications, 1970.

Elms, Robert. *The Way We Wore: A Life in Threads,* London: Picador, 2005.

Engber, Daniel. "Do Commandos Go Commando?" *Slate Magazine,* Jan. 10, 2005. <http://slate.com/id/2112100.>

Fairholt, F. W. *Costume in England*, Chapman and Hall, 1885.

Farrell, Jeremy. *Socks and Stockings,* London: B. T. Batsford, 1992.

Feder, Ruven and Glasman, J.- M. *Socks Story,* Paris: Editions Yocar Feder, 1992

Fitzgerald, F. Scott. *The Great Gatsby*, New York: Collier 1974.

Field, June. "Tailor Brioni Says Men's Underwear Needs More style," *Men's Wear,* Jan. 28, 1961.

Fielding, Henry. *Tom Jones,* Oxford: Oxford University Press, 1996.

Fletcher, Mansel. '"How they make the perfect pants and socks," *The Times,* Jan. 29, 2008. <http://www.timesonline.co.uk/tol/life_and_style/men/article3265363.ece.>

Flugel, J.C. *The Psychology of Fashion,* London: Hogarth Press and the Institute of Psycho-Analysis, 1930.

Frankel, Susannah. "Ready to Wear: Pantology - the study of pants," *The Independent,* Nov. 5, 2007. <http://www.independent.co.uk/life-style/fashion/news/ready-to-wear-pantology—the-study-of-pants-759922.html. >

Fraser, Jonathan Light. *The Cultural Encyclopedia of Baseball 2nd edition,* Jefferson, NC and London: McFarland, 2005.

Froissart, Jean. *Chronicles,* trans. Geoffrey Breeton. London: Penguin, 1978.

Gardiner, William. "Music and Friends; or Peasant recollections of a Dilettante, *The Gentleman's Magazine and Historical Review*, July, 1858.

Gaines, Steven and Churcher, Susan. *Obsession: the Lives and Times of Calvin Klein,* New York: Birch Lane Press, 1994.

Garratt, Sheryl. "Barefaced Chic," *The Sunday Times,* May10, 1998.

Garrett, Valery M. *Chinese Clothing. An illustrated Guide,* Oxford: Oxford University Press, 1994.

Gaudoin, Tina. "Armani's David Beckham," *The Times,* Dec. 15, 2007.

Ghering van Ierlant, Marie J. "Anglo-French Fashion 1786," *Costume* Vol. 17, 1983.

Gill, A.A. "A Wee Problem," *Sunday Times (Style and Travel),* Oct. 31, 1993.

Goslett, Miles. "Paxman goes to war with M&S: 'Their pants no longer provide adequate support'," *Daily Mail,* Jan. 20, 2000.

Grass, Milton N. *History of Hosiery,* New York: Fairchild, 1955.

Gray, Richard. "Self-clean technology to remove the mud, sweat and tears of wash day forever," *Daily Telegraph,* Dec. 31, 2006.

Green, Nancy L. *Ready-To-Wear and Ready-To-Work: A Century of Industry and Immigrants in Paris and New York,* Durham, N.C. and London: Duke University Press, 1997.

Griffin, C.C.M. "The Religion and Social Organisation of Irish Travelers (Part II): Cleanliness and Dirt, Bodies and Borders," *Nomadic Peoples,* Vol. 6, 2002.

Griffin, Gary M. *The History of Men's Underwear: From Union Suits to Bikini Briefs,* Los Angeles: Added Dimensions, 1991.

Hancock, Joseph. *Brand/Story,* New York: Fairchild, 2009.

Hanna, Fadi. "Punishing Masculinity in Gay Asylum Claims," *Yale Law Journal,* Vol. 114, 2005.

Hardy, James Earl. *B-Boy Blues,* New York: Alyson Books, 1994.

Hargreaves, John. *Sport, Power and Culture: A Social and Historical Analysis of Popular Sports in Britain,* Cambridge: Polity Press, 1986.

Harris, Frank. *Bernard Shaw,* London: Gollancz, 1931.

Harris, John. "Is wearing red socks enough to make you a fop?" *The Guardian,* Nov. 21, 2005.

Harte, N.B. "The Growth and Decay of a Hosiery Firm in the Nineteenth Century," *Textile History,* Vol. 8, 1977.

Hathaway, Ted. "From Baseballs to Brassieres: The Use of Baseball in Magazine Advertising, 1890-1960" *Nine,* Vol. 10, 2001.

Haug, Wolfgang Fritz. *Critique of Commodity Aesthetics,* Cambridge: Polity Press, 1986.

Heath, Ashley. "Whole new ball game," *Men's Wear,* Feb. 20, 1992.

Henley, Clark. *The Butch Manual: The Current Drag and How to Do It,* New York: Sea Horse Press, 1982.

Hilfiger, Tommy. *All American: A Style book,* New York: Universe Publishing, 1997.

Hix, Charles. *Dressing Right,* New York: St Martins Press, 1978.

Horne, Marc. "A kick in the pants for true Scots," *Scotland on Sunday,* Feb. 14 2009. <http://scotlandonsunday.scotsman.com/latestnews/A-kick-in-the-pants.4982040.jp.>

Howes, Keith. *Broadcasting It,* London: Cassell, 1994.

Hume, Marion. "Calvin Klein," *Airport,* March, 1989.

Huysmans, Joris-Karl.) *A Rebours,* London: Penguin, 2004.

Irvine, Susan. "Meet big, bold Boudoir Boy," *Evening Standard,* Sept. 6, 1994.

Jaeger, Gustav. *Health-culture,* trans. and ed. Lewis R. S. Tomalin: London, 1887.

Jesse, William. *The Life of George Brummell Esq,* J.C. Nimmo, 1886.

Jobling, Paul. *Man Appeal: Advertising, Modernism and Men's Wear,* Oxford: Berg,

2005. Jockey. Pantology, 2007.

Joffe, Bruce H. "Skivvies with the Givvies: Vintage American Underwar Ads Feature Sexual Innuendo between "Boys 'in the Brands,'" *Textile* Vol. 6, Issue 1, 2008: 4-17.

Johnson, Emma. "Retail Therapy / Shopping: Underneath Our Clothes," *Daily Post* (Liverpool, England), Feb. 16, 2006. <www.questia.com.>

Jones, Dolly. "The Naked Truth" *Vogue.com,* Nov. 7, 2006. <http://www.vogue.co.uk/news/daily/2006-11/061107-the-naked-truth.aspx. >

Jordan, Louise. *Clothing: Fundamental Problems – a practical discussion in regard to the selection, construction and use of clothing,* Boston: M. Barrows & Co, 1928.

Jorgensen, Janice, ed. *Encyclopedia of Consumer Brands* Vol II, Detroit: St. James Press, 1994.

Karaminas, Vicki. "Ubermen: Masculinity, Costume and meaning in Comic Book Heroes," *V. The Men's Fashion Reader,* P. McNeil and Karaminas, eds. NY and Oxford: Berg, 2009.

Kaur Singh, Nikky-Gurinder. "Sacred Fabric and Sacred Stitches: the underwear of the Khalsa," *History of Religions,* Vol. 34 (4), May, 2004, 284-302.

Keeble, Trevor. "When Men Keep on Running: The Technological Sport and Fashion," *One -OFF: collection of essays by postgraduate students on the V&A / RCA course in the History of Design* London: V&A Publications, 1997.

Keers, Paul. *A Gentleman's Wardrobe: Classic Clothes and the Modern Man,* London: Weidenfeld and Nicolson, 1987.

Kelly Fred C. *George Ade, Warmhearted Satirist*; The Bobbs-Merrill Company, 1947.

Kelly, Ian. *Beau Brummell: The Ultimate Dandy,* London: Hodder & Stoughton, 2005.

Kephart, Horace (1909), *Camping and Woodcraft: a handbook for vacation campers and for travellers in the wilderness,* 2nd edition. New York: Macmillan Company.

Kirby, Terry. "The Undercover Story: A Brief History of Y Fronts," *The Independent,* May 19, 2006.

Kneeland, Natalie. *Hosiery, Knit Underwear, and Gloves,* Chicago and New York: A.W. Shaw Company, 1924.

Knipp, Michael A. "Andrew Christian: From rags to britches," *Gay & Lesbian Times,* No. 1043, Dec. 20, 2007.

Langworth, Richard M. ed. *Churchill by Himself: The Life, Times and Opinions of Winston Churchill,* London: Ebury Press, 2008.

Laver, James. *Dandies,* London: Weidenfield and Nicolson, 1968.

LDS Church. *Church Handbook of Instructions: Book 1, Stake Presidencies and Bishoprics,* Salt Lake City, Utah: LDS Church, 2006.

Le Blanc, H. *The Art of Tying the Cravat, London:* Effingham Wilson, 1828.

League of Health and Strength. *Correct Breathing for Health: Chest and Lung Development,* London, 1908.

Lee, Suzanne. *Fashioning the Future London:* Thames & Hudson, 2005.

Leloir, Maurice. *Histoire du costume de l'antiquitei aì 1914,* Paris: Ernst Henri, 1934.

Lenstra, Noah. "Underwear reveals history of Soviet culture," *The Daily Illini.* <http://www.dailyillini.com/diversions/2005/11/30/underwear-reveals-history-of-soviet-culture. >

Levitt, Sarah. *Victorians Unbuttoned,* London: George Allen and Unwin, 1986.

Lithincum, M. Channing. "Malvolio's Cross-Gartered Yellow Stockings," *Modern Philology,* Vol. 25(1), 1927, 87-93.

Londrigan, Michael P. *Menswear: Business to Style,* New York: Fairchild, 2009.

Lönnqvist, Bo. "Fashion and Eroticism: Men's Underwear in the Context of Eroticism,"

Ethnologia Europaea: Journal of European Ethnology Vol. 31(01), 2001, 75-82.

Lower, Mark Antony, ed. *The Lives of William Cavendishe, Duke of Newcastle, and of his Wife, Margaret Duchess of Newcastle,* London: J.R. Smith, 1872.

Lutton, Dominic. "Ready, Freddie Go: Arsenal's Freddie Ljungberg Is Poised to surp David Beckham as Football's Hottest Fashionista,"*The Mail,* May, 2004.

Lynn, Sean. "Let the battle commence," *Men's Wear,* June 20, 1991.

MacDonogh, Felix. *The Hermit in London or Sketches of English Manners*, London: H. Colburn and Co, 1822.

McDowell, Colin. *The Man of Fashion* London: Thames and Hudson, 1997.

McNeill, Peter. *Encyclopedia of World Dress* Vol. 7, Oxford: Berg (unpublished manuscript), 2010.

MacTaggart, P. & A. "The Rich Wearing Apparel of Richard, 3rd Earl of Dorset," *Costume* Vol. 14, 1980: 41-55.

Maglio, Diane. "Silk Underwear for New York Swells in the Age of Victoria," paper delivered at Silk Roads, Other Roads, Eighth Biennial Symposium, Smith College, September 26-28, 2002.

Marsan, Eugène. *Notre costume,* Liège: A la Lampe d'Aladdan, 1926.

Marsh, Lisa. *The House of Klein: Fashion, Controversy and a Business Obsession,* New York; Chichester: Wiley, 2003.

Marshall, George. *Spirit of '69: A Skinhead Bible,* Dunoon: S.T, 1994.

Martin, Richard. "Fundamental Icon: J.C. Leyendecker's male underwear Imagery," *Textile and Text*, Vol. 15(1), 1992, 19-32.

——. "Ideology and Identity: The Homoerotic and the Homospectorial Look in Menswear Imagery and George Platt Lynes's Photographs of Carl Carlson," paper delivered at the annual meeting of The Costume Society of America, Montreal, May 1994.

——. "'Feel Like a Million!': The Propitious Epoch in Men's Underwear Imagery, 1939 -1952" *Journal of American Culture*, Vol. 18(4), 1995, 51-58.

Martin, Richard and Koda, Harold. "Jockey: The Invention of the Classic Brief", *Textile and Text*, Vol. 15(2), 1992: 20-31.

Maupin, Armistead *Tales of the City*, London: Black Swan, 1988.

Mayers, F.G. "There are Three Main Types of Underwear: Growth of Woven Fabric Productions" *Men's Wear* Nov. 14, 1936.

Menkes, Suzy. "David vs. 'David': Fashion's underwear battle below the belt" *International Herald Tribune.* Jan 14, 2008.

Mintel. *Men's Underwear* – UK - June 2008.

——. *Men's Underwear* – US – Dec 2008.

——. *Underwear Retailing* – UK – Apr 2009.

Mitchell, James P. *How American Buying Habits Change by United States Bureau of Labor Statistics*; U.S. Dept. of Labor, 1959.

Moffatt, Michael. *Coming of Age in New Jersey: College and American Culture,* New Brunswick, New Jersey: Rutgers University Press, 1989.

Moir, Phyllis. "I was Winston Churchill's Private Secretary," *Life* Apr. 21, 1941.

Morse Earle, Alice *Two Centuries of Costume in America*, Mdcxx-Mdcccxx: B. Blom, 1968.

Mort, Frank "Boys Own: Masculinity, Style and Popular Culture" *Male Order: Unwrapping Masculinity,* Rowena Chapman and Jonathan Rutherford, eds. London: Lawrence & Wishart, 1988).

Mount, Harry. "They came, they saw... they asked for new underpants," *Daily Mail* Jan. 13, 2008.

Munkelwitz, R. and Gilbert, B. "Are boxer shorts really better? A critical analysis of the role of underwear type in male subfertility," *The Journal of Urology*, Vol. 160(4) Oct. 4, 1998.

National Lesbian and Gay Survey. *Proust, Cole Porter, Michelangelo, Marc Almond and Me: Writings by Gay Men on their Lives and Lifestyles*, London: Routledge, 1993.

Newman, Roberta. "It Pays to Be Personal: Baseball and Product Endorsements," *Nine*, Vol. 12, 2003.

Newton, S.M. *Health, Art and Reason: Dress Reform of the Nineteenth Century,* London: J. Murray, 1974.

Nicolson, Juliet. *The Perfect Summer,* London: John Murray, 2006.

O'Connell, Simon. "Rewriting the Brief," *Menswear* Apr. 17, 1997.

Ohge, H., Furne, J.K., Springfield, J., Ringwala S, and Levitt, M.D. "Effectiveness of devices purported to reduce flatus odor," *The American Journal of Gastroenterology.*; Vol. 100(2), Feb. 2005.

Osgerby, Bill. "A Pedigree of the Consuming Male: Masculinity, consumption and the American 'Leisure Class'" in Bethan Benwell, *Masculinity and Men's Lifestyle Magazines,* Oxford: Blackwell, 2003.

Osler, A. G. "Tyneside Riverworkers: Occupational Dress," *Costume* Vol. 18, 1984.

Pace, Gina. "Store Sorry For 'Wife Beater' Shirt Ad," 2006. <http://www.cbsnews.com/stories/2006/02/23/national/main1341814.shtml. >

Petersen, Freya. "aussieBum: Down Under designs in more ways than one," *New York Times*, Feb. 1, 2008. <http://www.nytimes.com/2008/01/21/style/21iht-raus.1.9369561. html?pagewanted=all, >

Pisal, Narendra and Sindo, Michael. "Can men's underwear damage their fertility?" *Pulse* Vol. 8, June 2003. http://www.pulsetoday.co.uk/story.asp?sectioncode=19&storycode=4000931. >

Porter, Charlie. "Sock it to me," *The Guardian,* Jan. 31. 2003.

Powell, Anthony. *A Question of Upbringing*, London: Fontana, 1988.

Quinn, Bradley. *Techno Fashion,* Oxford: Berg, 2002.

Rabelais, François. *Gargantua and Pantagruel.* Trans. Burton Raffel, New York & London: W.W. Norton & Company, 1990.

Randall, David. "Oh, knickers! How a pair of smalls caught out the capo," *The Independent* Sunday, Apr. 16, 2006. <www.independent.co.uk.>

Rawlings, Terry. *Mod: a Very British Phenomenon,* London: Omnibus, 2000.

Roche, Daniel. *The Culture of Clothing: Dress and Fashion in the Ancien Régime,* trans. Jean Birrell, Cambridge: Cambridge University Press, 1996.

Roetzel, Richard. *Gentleman: A Timeless Fashion,* Cologne: Koneman, 1999.

Rushton, Susie. "Unravelled! The death of the string vest," *The Independent* Dec 8. 2007. <http://www.independent.co.uk/life-style/fashion/features/unravelled-the-death-of-the-string-vest-763781.html.>

Rushton, Susie. "A brief history of pants: Why men's smalls have always been a subject of concern," *The Independent,* Jan. 22, 2008.

Rutherford, Jonathan "Who's That Man?" in Rowena Chapman and Jonathan Rutherford, eds. *Male Order: Unwrapping Masculinity* London: Lawrence & Wishart, 1988.

Rutt, Richard. *A History of Hand Knitting,* London: B.T. Batsford,1987.

Sachdave, Khushwant. "The Underwear That Stays Fresh for Days," *The Daily Mail*, Oct. 18, 2005.

Schoeffler, O. E. and Gale, William. *Esquire's encyclopedia of 20th century men's fashions,* New York and London: McGraw-Hill, 1973.

Scoville, Warren C. *The Persecution of Huguenots and French Economic Development, 1680-1720,* Berkeley And Los Angeles: University of California Press, 1960.

Shaw, Dan. "Unmentionable: not when they have designer labels," *The New York Times,* Aug. 14, 1994.

Shep, R.L. and Cariou, Gail. *Shirts and Men's Haberdashery 1840s to 1920s,* Mendocino: R.L.Shep, 1999.

Sheridan, Richard Brinsley. *A trip to Scarborough,* Whitefish MT: Kessinger Publishing Co., 2004.

Sheth, Niraj and Engineer, Tariq. "As the Selling Gets Hot, India Tries to Keep Cool. New-Age Dilemma: Too Sexy? Just Fun? The Chocolate Man," *Wall Street Journal* Sept. 9, 2008. <http://online.wsj.com/article/SB122091360142512207.html. >

Shove, Elizabeth. *Comfort, Cleanliness and Convenience: The Social Organization of Normality,* Oxford: Berg, 2003.

Sims, Josh. "What sort of underwear should the smart man invest in?" *The Independent,* Jan. 14, (2008). <http://www.independent.co.uk/life-style/fashion/features/what-sort-of-underwear-should-the-smart-man-invest-in-769942.html.>

Simpson, Mark. *Male Impersonators: Men Performing Masculinity,* London: Cassell, 1994.

——-. "Here come the mirror men," *The Independent*, Nov. 15, 1994. <http://www.marksimpson.com/pages/journalism/mirror_men.html.>

——-. "Sporno" *Fashion v Sport,* ed. Ligaya Salazar, London: V&A Publishing, 2008.

Sischy, Ingrid. "Calvin to the Core," *Vanity Fair,* Apr. 2008. http://www.vanityfair.com/culture/features/2008/04/calvin200804?currentPage=1.>

Slatalla, Michelle. "Boxers or Briefs? It's a Mystery," *New York Times,* Nov. 16, 2006. <http://www.nytimes.com/2006/11/16/fashion/16Online.html.>

Smith, Virginia. *Clean: A History of Personal Hygiene and Purity,* Oxford: Oxford University Press, 2007.

Soames, Mary. *Clementine Churchill: The Biography of a Marriage,* New York: Mariner Books, 2003.

Stabiner, Karen. "Tapping the Homosexual Market," *The New York Times Magazine*, May 2, 1982.

Stamford, Bryant. "Sports Bras and Briefs: Choosing Good Athletic Support," *The Physician and Sports Medicine,* Vol. 24(12), Dec. 1996.

Staniland, K. "Clothing and Textiles at the Court of Edward III, 1342-52," *Collectanea Londiniensia,* J. Bird, H. Chapman and J. Clark, eds., London and Middlesex: Archaeological Society, 1978, 223-34.

Steele, Valerie. *Fetish: Fashion, Sex and Power,* Oxford: Oxford University Press, 1996.

——-. "Clothing and Sexuality," *Men and Women: Dressing the Part,* Claudia Brush Kidwell & Valerie Steele, eds., Washington; Smithsonian Institute Press, 1989.

Stein, Sam. "Men's Underwear Sales, Greenspan's Economic Metric, Reveal Crisis," *The Huffington Post,* Apr. 8, 2009. <http://www.huffingtonpost.com/2009/04/08/mens-underwear-sales-gree_n_184863.html.>

Steinmayer,Otto. "The Loincloth Of Borneo," *Sarawak Museum Journal* Vol. XLII, (63), (New Series) Dec. 1991.

Strong, Roy. "Charles I's Clothes for the Years 1633 to 1635," *Costume,* no. 14, 1980.

Stubbs, Tom. "Fashion: Can straight men wear gay pants?" *The Sunday Times,* July 20, 2003 <http://women.timesonline.co.uk/tol/life_and_style/women/style/article1150167.ece.>

Surtees R. S. *Hillingdon Hall,* Bradley Press Stroud: Nonsuch Classics, 2006.

Surtees, R. S. *Mr. Sponge's Sporting Tour*, London: Bradbury & Evans, 1853.

Symms, Peter. "George Bernard Shaw's Underwear," *Costume* no. 24, 1990.

Theriault, Mario. *Great Maritime Inventions* 1833-1950, Fredericton, N.B: Goose Lane, 2001.

Timour, Karin. "Patriotic Toil: Knitting Socks for Civil War Soldiers," *Piecework,* Vol. 17(2), March-Apr. 2009.

——-. "The Anatomy of Civil War Socks," *Piecework*, Vol.17(2) March-Apr. 2009.

Toibin, Shelley. *Inside Out: A Brief History of Underwear*, London: National Trust, 2000.

Vigarello, Georges. *Concepts of Cleanliness: Changing Attitudes in France since the Middle Ages*, Jean Birrell trans. Cambridge: Cambridge University Press/Editions de la Maison des Sciences de l'Homme, 1988.

Vincent, Susan. *Dressing the Elite: Clothes in Early Modern England*, New York: Berg, 2003.

Waller, Jane, ed. A *Man's book: Fashion in the man's world in the 20s and 30s,* London: Duckworth, 1977.

Warhol, Andy. *The Philosophy of Andy Warhol*, London Penguin, 2007.

Waugh, Norah. *The Cut of Men's Clothes 1600-1900,* London: Faber and Faber, 1964.

Whipple, Tom. "Gone With the Wind," *The Times* Apr. 28, 2007. <http://women.timesonline.co.uk/tol/life_and_style/women/body_and_soul/article1714754.ece.>

Whittington, Gale. "Fashion ... The Male's Emergence," *Vector,* Apr. 1969.

Williams, Court. "Shape Shifters," *WWD,* Jan 26. 2009.

Wilson, Elizabeth. *Adorned in Dreams: Fashion and Modernity*, London: Virago, 1985.

Wilson, Eric. "Boxers or Briefs?" *New York Times*, Apr. 27, 2006. <http://www.nytimes.com/2006/04/27/fashion/thursdaystyles/27ROW.html.>

Windsor, Edward, Duke of. *A Family Album, London*: Cassell, 1960.

Worth, Rachel. *Fashion for the People: A History of Clothing at Marks & Spencer,* Oxford: Berg, 2007.

Wright, Meredith. *Everyday Dress of Rural America, 1783 – 1800,* New York: Dover Publications, Inc., 1992.

Woodeforde, Rev. J. *Diary of a Country Parson*, 1758-1781, J. Beresford, ed. Oxford: Oxford University Press, 1924.

Ynac, Jeff. "'More Than a Woman': Music, Masculinity and Male Spectacle in Saturday Night Fever and Staying Alive," *Velvet Light Trap*, 1996.

Yve, Mik. "Les Dessous du Fantasme," *Prèf* no. Sept. 21, 2008.

致谢

承蒙以下人士（与机构）对本书的指教与襄助，在此聊表谢意：

Katherine Baird（伦敦时装学院档案馆）、Djurdja Bartlett、Beatrice Behlen（伦敦博物馆）、Cally Blackman、Adam Briggs、Éliane de Séresin、Fabienne Falluel（巴黎时装博物馆）、John Green、Joe Hancock、Jacqueline Huassler（高端内衣公司）、Justus Boyz（迈克·布瓦拉和菲尔·伊拉姆公司）、Vicki Karaminas、Jim Lahey、Clare Lomas、Marianne Le Gallo、Suzie Leighton、Sally Taylor，and Evelyn Wilson（以上四人所属伦敦文化艺术交流中心）、Céline Maffre、Penny Martin、Guillaume Olive、Alistair O'Neill、Margaret Pederson（布林耶公司）、Andrea Posnett（伦敦艺术大学时尚、身体与物质文化研究中心）、Agnès Rocamora、Ligaya Salazar、John Staley、Helen Thomas、Andrew Tomlin、Vintage Skivvies、Ray Weller、Philip Warkander、Melissa Wilson（Ginch Gonch公司）

承蒙以下设计师与品牌慷慨惠允本书使用其作品图片，特此尤致谢忱：

Athos Fashion

aussieBum

Aertex

Andrew Christian

Bexley

Bleu Forêt

Bruno Banani

Coopers - Jockey

Dim

Ginch Gonch

Hom

L'Homme Invisible

JIL

Justus Boyz

QZ - Quadridgae Zeus

Shreddies

Wolsey

Zimmerli

The Story of Men's Underwear

© [2014] Confidential Concepts, worldwide, USA

© [2014] Parkstone International (English Version)

Image Bar: www.image-bar.com

Text translated into simplified Chinese © 2015, Artron

版权合同登记号：图字：11-2015-8号

责任编辑：王　莉

责任校对：高余朵

责任印制：朱圣学

特约编辑：李　震

中文版制作：范　昱　蒙　希　颜　航

图书在版编目(CIP)数据

内衣的故事. 男士篇 /（英）科尔（Cole, S.）著；
胡彧瑞, 李学佳, 赵晖译. -- 杭州：浙江摄影出版社，
2016.6

ISBN 978-7-5514-0792-2

Ⅰ. ①内… Ⅱ. ①科… ②胡… ③李… ④赵… Ⅲ.
①男服 - 内衣 - 基本知识 Ⅳ. ①TS941.713

中国版本图书馆CIP数据核字(2014)第236074号

内衣的故事 · 男士篇

NEIYI DE GUSHI NANSHIPIAN

[英]肖恩·科尔（Shaun Cole）著

胡彧瑞　李学佳　赵　晖 译

全国百佳图书出版单位

浙江摄影出版社出版发行

地址：杭州市体育场路347号

邮编：310006

电话：0571-85151087

网址：www.photo.zjcb.com

制版：雅昌文化（集团）有限公司

印刷：雅昌文化（集团）有限公司

字数：200千字

开本：787mm×1092mm　1/8

印张：32

版次：2016年6月第1版　2016年6月第1次印刷

ISBN 978-7-5514-0792-2

定价：298.00元

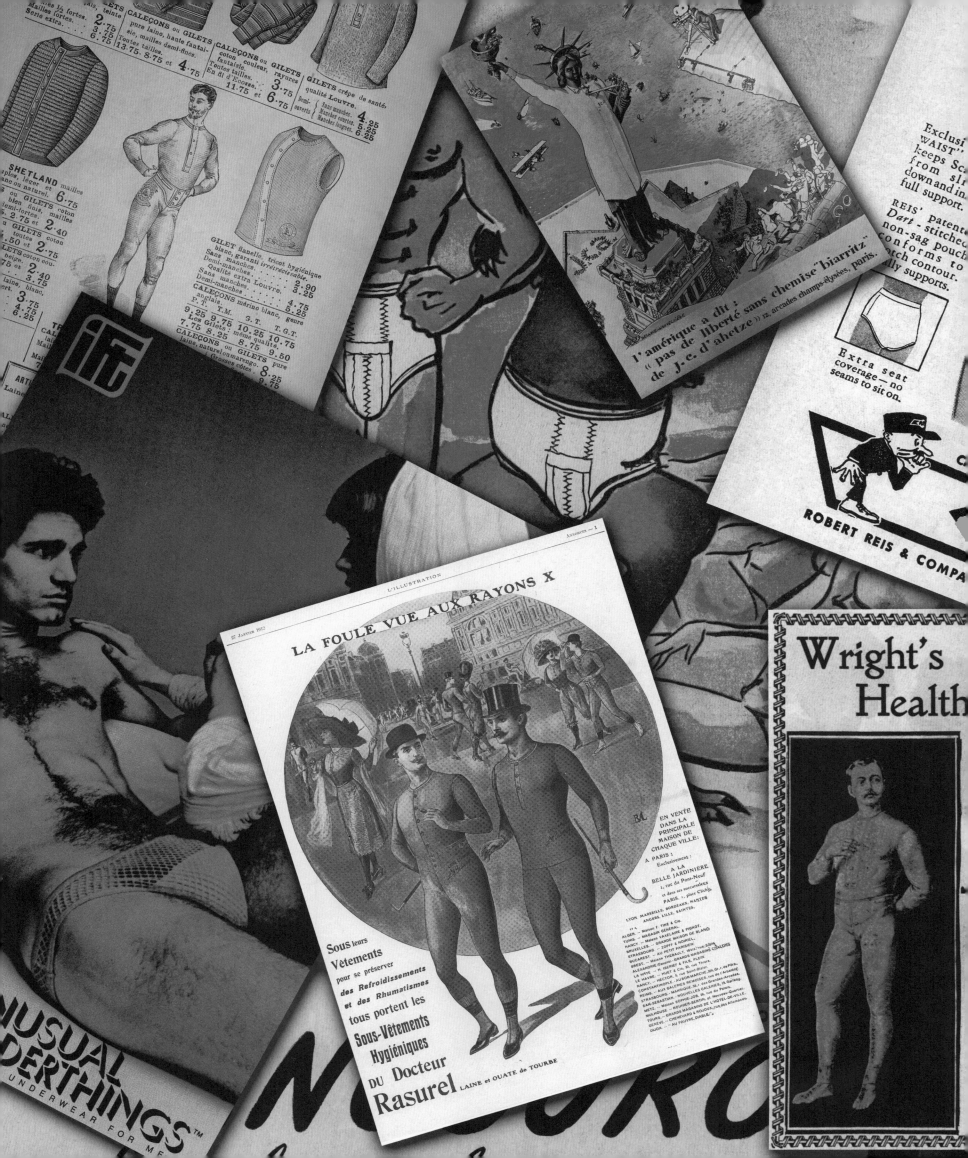